Kopfrechentraining

Beispiel

4

4 · 4 = 16
16 + 8 = 24
24 : 3 = 8
8 · 7 = 56
56 + 16 = 72
72 : 8 = 9
9 · 4 = 36
36 : 3 = 12

1

9

· 6
– 27
: 3
· 4
: 6
· 8
– 16
: 8

2

54

: 6
· 8
: 9
· 3
· 2
: 8
· 7
: 2

3

7

· 7
+ 7
: 8
· 9
+ 9

4

7

· 6
: 7
· 9
: 6
· 8
: 9
· 3
: 4

5

32

: 4
· 9
: 2
: 4
· 7
– 9
: 6
· 3

6

28

+ 26
: 6
· 8
– 36
: 4
· 3
+ 15
: 6

7

27

· 2
– 27
: 9
· 13
+ 27
: 11
· 7
+ 13

8

9

· 4
· 2
– 28
: 2
· 3
+ 6
: 9
· 11

9

64

: 8
· 5
+ 16
: 8
· 7
– 17
: 4
· 7

10

28

· 2
– 32
: 3
· 9
– 16
: 7
· 3
: 4

11

27

: 3
· 8
: 2
: 9
· 7
· 2
: 8
· 5

12

36

: 6
· 3
: 9
· 8
: 2
· 9
: 8
· 7

13

63

: 7
+ 25
· 2
+ 13
: 9
+ 45
: 6
· 12

1 **Natürliche Zahlen** **6**
Umfragen – Diagramme 7
Umfragen – Strichlisten – Diagramme 8
Auswerten von Daten – Noten in der Schule 11
Anordnung der natürlichen Zahlen – Zahlenhalbgerade 12
Zahlenfolgen und Zahlenmengen 14
Das Dezimalsystem 16
Das Dualsystem oder Zweiersystem 18
Römische Zahlzeichen 19
Runden 20
Bayern in Zahlen 22
Vermischte Übungen 23
Team 5 auf Mathe-Tour 24

2 **Addieren und Subtrahieren** **26**
Addieren und Subtrahieren in Zahlenmauern 27
Summe 28
Differenz 29
Vermischte Übungen 30
Rechnen mit Klammern 33
Vorteilhaftes Rechnen 34
Schriftliches Addieren und Subtrahieren 35
Vermischte Übungen 37
Magische Quadrate 39
Team 5 auf Mathe-Tour 40

3 **Multiplizieren und Dividieren** **42**
Multiplizieren und Dividieren 43
Vorteilhaftes Rechnen 46
Punkt-, Strich- und Klammerrechnung 47
Vermischte Übungen 50
Zahlen tarnen 51
Codes entschlüsseln – EAN 52
Codes entschlüsseln – ISBN 53
Schriftliches Multiplizieren 54
Multiplizieren und Potenzieren 56
Schriftliches Dividieren 59
Übungen zu den vier Grundrechenarten 61
Rund um den Bahnhof 63

4 **Einfache Zufallsexperimente** **64**
Baumdiagramm 65
Die Mädchen und Jungen im Schulbus 66
Kombinationsmöglichkeiten 67
Zufallsversuche 68
Einstufige Zufallsversuche 69
Zweistufige Zufallsversuche 70
Vermischte Übungen 72
Team 5 auf Mathe-Tour 74

5 Größen **76**
Größen 77
Rechnen mit Geld, Länge, Masse 79
Rechnen mit der Zeit 82
Vermischte Übungen 83
Briefgewicht und Porto 85
Lösen von Sachaufgaben – Dreisatz 86
Der Maßstab 90
Vermischte Übungen 93
Unterwegs mit Auto und Zug 95
Lösungsstrategien 96
Fermi Aufgaben 97
Die Schnellsten und die Langsamsten 98
Elefanten 99
Team 5 auf Mathe-Tour 100

6 Geometrische Grundbegriffe und Figuren **102**
Strecken zeichnen und messen 103
Geraden und Halbgeraden 104
Vermischte Übungen 105
Gitternetz 106
Senkrechte und parallele Geraden 109
Vermischte Übungen 113
Vierecke 114
Rechteck und Quadrat 115
Besondere Linien im Rechteck und Quadrat 117
Dreiecke 118
Vielecke 121
Kreis 122
Kreismuster zeichnen 123
Kreise zeichnen 124
Vermischte Übungen 125
Folgen von Vielecken 127
Achsensymmetrische Figuren 128
Team 5 auf Mathe-Tour 132

7 Terme – Gleichungen - Ungleichungen **134**
Terme – Gesetzmäßigkeiten an Zäunen 135
Zahlenrätsel 137
Unbekannte Zahlen finden – Gleichungen lösen 139
Vermischte Übungen 141
Allgemeingültige und nicht erfüllbare Gleichungen 142
Lösen von Gleichungen mit dem Computer 143
Ungleichungen 144

8 Teilbarkeit **146**
Teiler 147
Teilermengen – Vielfachenmenegen 148
Primfaktoren und Primzahlen 149
Teilbarkeit durch 2, 4 und 5 150
Teilbarkeit durch 3 und 9 151
Größter gemeinsamer Teiler – kleinstes gemeinsames Vielfache 152

Bestimmung von ggT und kgV 153
Vermischte Übungen 154
Team 5 auf Mathe-Tour 156

9 Räumliche Figuren 158
Verpackungen 159
Soma-Würfel 160
Quader und Würfel 161
Netze 162
Schrägbilder 165
Vermischte Übungen 167

10 Umfang und Flächeninhalt 170
Umfang von Rechteck und Quadrat 171
Flächeninhalt vergleichen 174
Flächeneinheiten 175
Flächeneinheiten umwandeln 176
Flächeninhalt von Rechteck und Quadrat 178
Vermischte Übungen 180
Schätzen und Überschlagen 183

11 Volumen und Oberfläche 184
Volumen vergleichen 185
Volumeneinheiten 187
Volumeneinheiten umwandeln 188
Volumen von Quader und Würfel 189
Oberfläche von Quader und Würfel 191
Vermischte Übungen 193
Kostbares Wasser 196
Pack mer's 197
Team 5 auf Mathe-Tour 198

12 Teste dein Grundwissen 200

Lösungen zu „Teste dein Grundwissen“ 205
Mathematische Zeichen und Gesetze 207
Stichwortverzeichnis 208

So arbeiten wir am Stationszirkel „Team 5 auf Mathe-Tour“

Der Zirkel besteht aus mehreren Stationen.

Die Stationen findest du an den Tischen im Klassenzimmer.

Gleiche Stationen können auch öfters aufliegen, müssen aber nur einmal bearbeitet werden.

Du arbeitest allein, mit deinem Partner oder mit deiner Gruppe.

Die Reihenfolge der Stationen könnt ihr selbst festlegen.
Gebt nicht auf, wenn ihr mit der gestellten Aufgabe nicht zurechtkommen solltet.
Vielleicht bringt euch ein Nachschlag an geeigneter Stelle im Buch weiter.

Notiert die Ergebnisse auf dem Laufzettel, den ihr von eurem Lehrer bekommt.

1 Natürliche Zahlen

Was kannst du auf den Autokennzeichen aus Japan, Libyen und Russland lesen, was nicht?

Zahlen sind viel internationaler als Schriftzeichen, aber auch bei den Zahlen gibt es Besonderheiten, vor allem bei den Sprechweisen.

Alle Kinder haben in ihrer Sprache 82 gesagt:

Anna	zweiundachtzig	zwei und achtzig
Steven	eighty two	achtzig zwei
Jacques	quattre vingt deux	vier(mal)zwanzig zwei
Chiara	ottanta due	achtzig zwei
Serhan	seksen iki	achtzig zwei

Natürlich fällt dir das Zählen und Rechnen in deiner Muttersprache am leichtesten. Schau dir an, wie die Zahlen in den anderen Ländern ausgedrückt werden. Was hältst du davon?

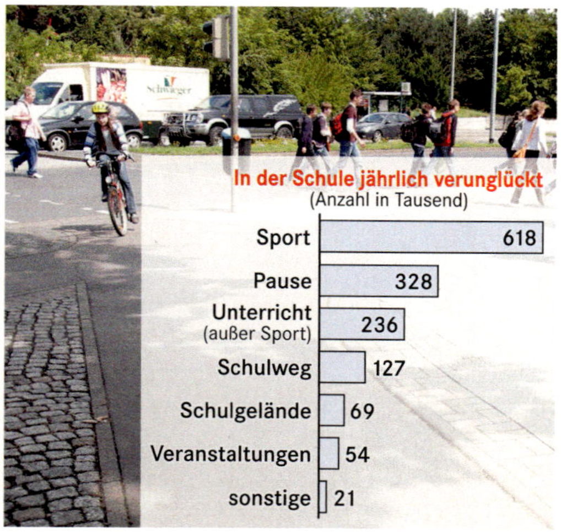

1 Du siehst auf dieser Seite verschiedene Darstellungen mit Zahlen, Säulen, Balken und Linien.

a) Wozu und für wen werden solche Bilder – auch Diagramme genannt – erstellt?
b) Woher kommen die Informationen für die Diagramme?
c) Was bedeutet „Mehrfachnennungen möglich“?

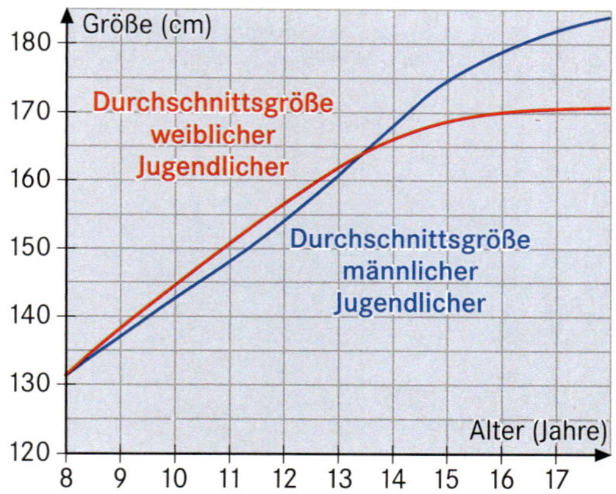

2 Finde aus den Diagrammen die entsprechenden Informationen.

a) Wie viele von 100 Schülern lesen Zeitung, wie viele lesen gar nicht?
b) Im Diagramm oben links steht: „Von 100 Schülern lesen jeden oder fast jeden Tag“. Kann man daraus folgern, dass genau 100 Schüler befragt wurden? Begründe.
c) Wie viele Kinder verunglückten auf dem Schulweg?
d) Mädchen über 13 Jahre wachsen langsamer als gleichaltrige Jungen. Stimmt das?
e) Was kannst du aus den Diagrammen noch herauslesen?

M **Diagramme**

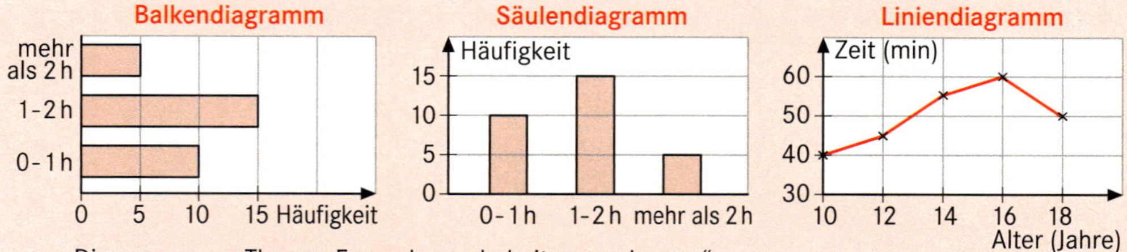

Diagramm zum Thema „Fernsehgewohnheiten von Jungen“

Mit **Balken-** oder **Säulen-** oder **Liniendiagrammen** kann man die Ergebnisse von Umfragen übersichtlich gestalten.

Übung

3 Suche in Zeitungen oder in Zeitschriften nach Diagrammen. Finde heraus, was sie darstellen.

(1) Die Schülerinnen und Schüler der Klasse 5a sind neu an der Schule und möchten mehr über sich erfahren. Dazu haben sie einen Fragebogen ausgearbeitet.

Fragebogen: Name: Anna

Welche Sportart betreibst du am liebsten? Reiten

Hast du ein Haustier? Wenn ja, welches? Pferd

Wie viele Geschwister hast du? 3 Wie lang ist dein Schulweg? 7 km

	Name Vorname	Lieblings-sportart	Haustier	Geschwister	Länge des Schulwegs
1	A. Maxi	Fußball	Hund	2	500 m
2	B. Sabrina	Tanzen	Katze	0	2 km
3	B. Betty	Taekwondo	Meerschweinchen	1	1,5 km
4	C. Lea	Fußball	Hund	2	23 km
5	D. Anna	Reiten	Pferd	3	7 km
6	D. Josef	Fußball	–	1	3 km
7	E. Franz	Basketball	Hund	4	2,5 km
8	F. Laura	Reiten	Hase	0	13 km
9	S. Adem	Taekwondo	Katze	1	5 km
10	T. Sophie	Tennis	Taube	3	23 km
11	B. Mirko	Hockey	Hase	2	1 km
12	S. Anne	Reiten	Hase	1	25 km
13	D. Maria	Tennis	Hund	1	19 km
14	F. Nadine	Volleyball	Katze	0	11 km
15	C. Claudio	Fußball	Hund	1	18 km
16	T. Antonia	Reiten	Wellensittich	3	13 km
17	T. Simon	Badminton	Fasan	0	14 km
18	W. Felix	Klettern	Katze	0	11 km
19	Z. David	Taekwondo	Ratte	0	6 km
20	M. Emily	Fußball	Schildkröte	1	10 km
21	S. Johanna	Leichtathletik	Pferd	2	8 km
22	S. Marie	Tennis	Papagei	2	21 km
23	V. Lena	–	Schlange	1	5,5 km
24	Z. Florian	Fußball	-	2	24 km
25	Z. Julia	Taekwondo	Katze	0	800 m

2 Für die Auswertung haben die Schüler eine Häufigkeitstabelle angefertigt.

Lieblingssportart		
	Strichliste	Häufigkeit
Fußball	~~IIII~~ I	6
Reiten	■	■
Taekwondo	■	■
Tennis	■	■
Sonstige Sportarten	~~IIII~~ II	■

a) Erkläre, wie die Ergebnisse in der Strichliste zustande kommen.
b) Vervollständige die Strichliste und die Häufigkeitstabelle im Heft.
c) Warum ist die Anzahl der Striche kleiner als die Anzahl der Schüler?
d) Welche Informationen gehen in der Häufigkeitstabelle verloren?
e) Warum gibt es den Bereich „Sonstige Sportarten"?

3 Die Ergebnisse zur Lieblingssportart hat die 5a in einem Balkendiagramm dargestellt.

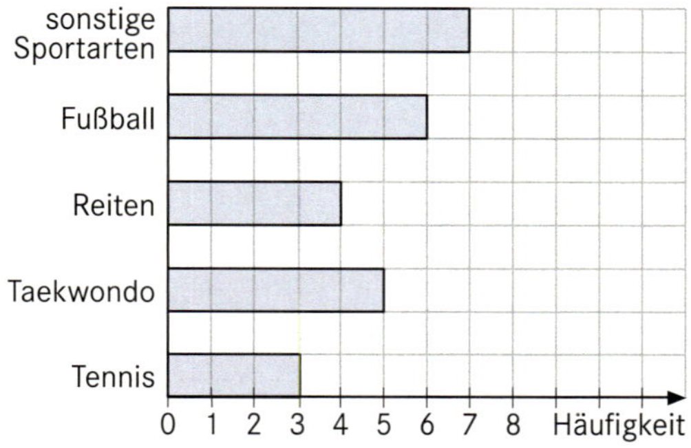

a) Erkläre, wie die Kinder vorgegangen sind. Wo haben sie einen Fehler gemacht?
b) Kann man aus dem Diagramm entnehmen, wie viele Kinder Ballsportarten betreiben? Begründe.
c) Lisa meint: „Das Diagramm zeigt, dass Fußball die beliebteste Sportart ist." „Das stimmt doch nicht, es gibt im Diagramm einen noch längeren Balken", widerspricht Katharina. Was meinst du?

4 So kannst du zu der Anzahl der Geschwister (Tabelle Seite 8) ein Säulendiagramm zeichnen.

B

(1) Erstelle zunächst eine Häufigkeitstabelle. Trage ein, wie viele Schüler keine, ein, zwei, … Geschwister haben.

Anzahl der Geschwister	Häufigkeit
0	7
1	8
2	6
3	3
4	1

(2) Die größte Häufigkeit in der Tabelle gibt an, wie viel Platz du nach oben brauchst. Bringe auf dem nach oben laufenden Pfeil z. B. nach jedem Kästchen eine Markierung an. Beschrifte sie mit 1; 2; …; 8.

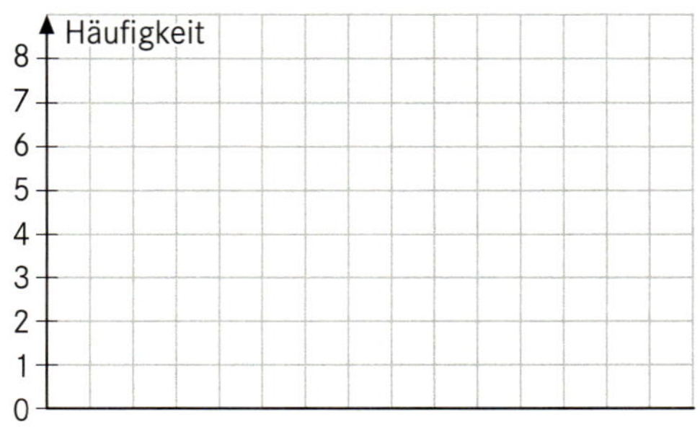

(3) Zeichne die Säulen immer gleich breit und im gleichen Abstand. Die Höhe jeder Säule richtet sich nach der Häufigkeit. Beschrifte die Säulen mit der Geschwisterzahl.

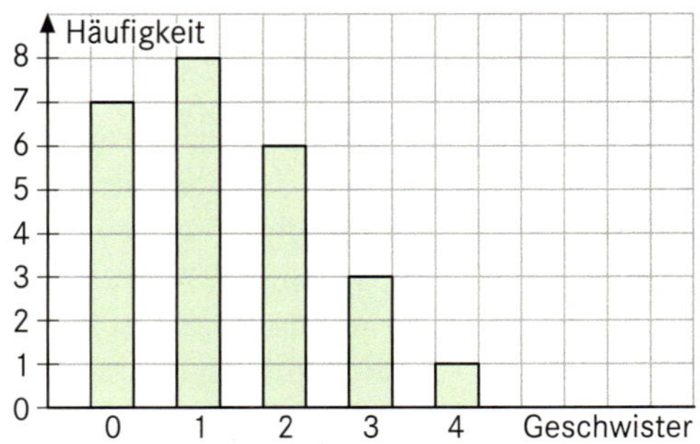

Zeichne für die Haustiere in der Urliste auf Seite 8 ein Diagramm.

5 Du kannst in der Klasse eine Umfrage durchführen. Verwende dazu einen Steckbrief ähnlich dem in der Abbildung. Wenn ihr eure Steckbriefe aufhängt, schmücken sie das Klassenzimmer.

a) Erstelle mit Hilfe der Steckbriefe eine Tabelle mit allen Geburtstagen in deiner Klasse.
b) Entnimm der Liste den Namen deines jüngsten und ältesten Klassenkameraden.
c) Zeichne ein Balkendiagramm zu der Anzahl der Geburtstage in jedem Monat.
d) Wähle aus euren Steckbriefen ein weiteres Merkmal, z. B. das Lieblingsfach, aus. Erstelle dazu ein passendes Diagramm.

6 Nadine, Christoph und Jan haben für das Alter der Schülerinnen und Schüler ihrer Klasse je ein Diagramm gezeichnet.

Christophs Diagramm

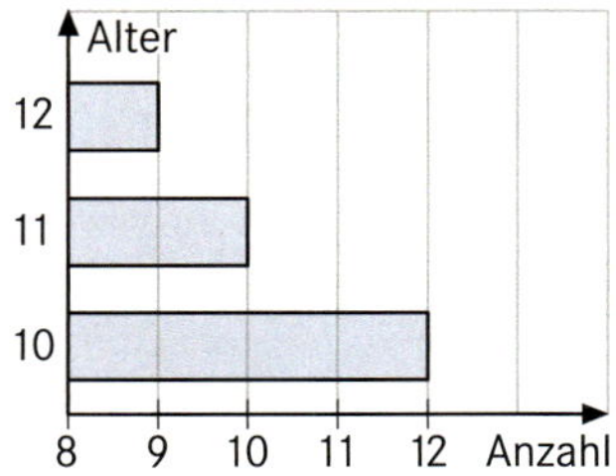

Nadines Diagramm

Jans Diagramm

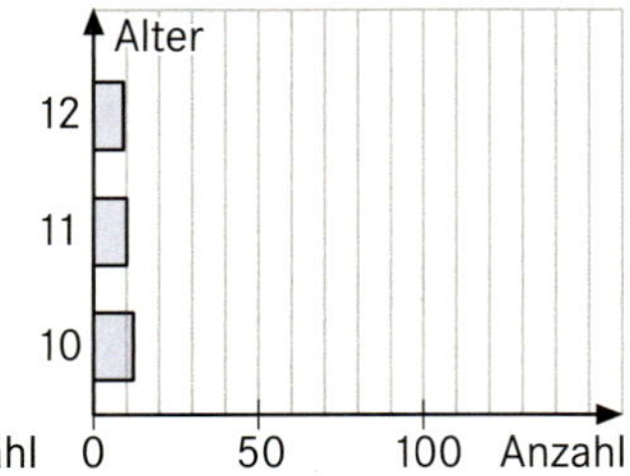

a) Was sagst du zu den beiden Aussagen von Christoph und Nadine? Wer hat Recht?
b) Hat Jan beim Erstellen seines Diagramms etwas falsch gemacht?
c) Suche in Zeitschriften und Zeitungen nach Diagrammen, die einen falschen Eindruck erwecken.

7 Ein Teil der Umfrage der Klasse 5a „Wie lang ist dein Schulweg?" auf Seite 8 ist in der Häufigkeitstabelle bereits ausgewertet.

Länge des Schulwegs	Häufigkeit
0 km bis (unter) 5 km	7
5 km bis (unter) 10 km	
10 km bis (unter) 15 km	
15 km bis (unter) 20 km	
20 km bis (unter) 25 km	

a) Begründe, warum es sinnvoll ist, die Schulweglängen zu einzelnen Bereichen zusammenzufassen, z. B. zum Bereich zwischen 0 km und 5 km. Welchen Nachteil hat dieses Vorgehen?
b) Ergänze in deinem Heft die Häufigkeitstabelle. Zeichne ein passendes Diagramm.

1 Die Abbildung zeigt die Verteilung der Noten in den ersten beiden Mathematikschulaufgaben der Klasse 5a.

a) Wie viele Schüler haben in der ersten bzw. zweiten Schulaufgabe die Noten 3 oder besser erreicht?

b) In einer Schulaufgabe hat ein Schüler nicht mitgeschrieben. Welche Schulaufgabe war das? Begründe.

c) Welche Schulaufgabe ist deiner Meinung nach besser ausgefallen? Begründe.

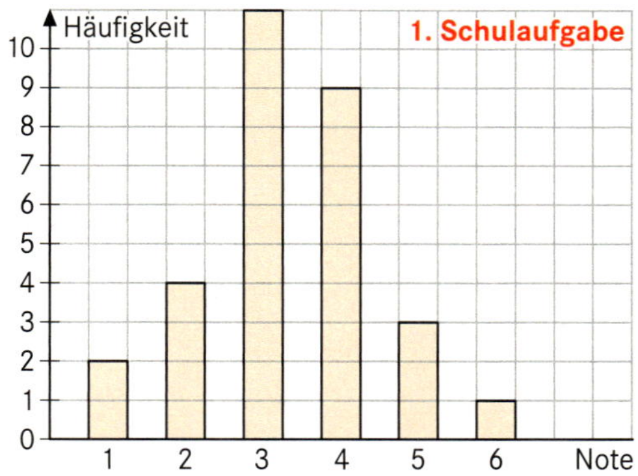

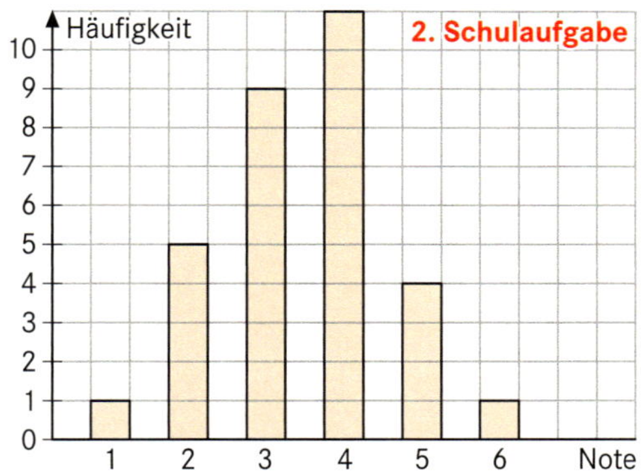

d)

2 Die dritte Schulaufgabe der Klasse 5a ist korrigiert. In der Liste unten links siehst du die von den einzelnen Schülern erreichten Punkte. Daneben findest du den Notenschlüssel.

Anzahl der erreichten Punkte

18 14 21 8 3 17 12 11 10 16

16 15 14 5 6 9 10 19 13 12

12 14 13 23 6 16 7 10 17 18 2

Punkte	Note
23 bis 21	1
20 bis 17	2
16 bis 13	3
12 bis 9	4
8 bis 5	5
4 bis 0	6

a) Erstelle eine Häufigkeitstabelle für die einzelnen Noten und zeichne dazu ein Säulendiagramm.

b) In welchen der drei Schulaufgaben gab es mehr bessere (1–3) als schlechtere (4–6) Noten? In welcher Schulaufgabe wurden die meisten Noten 4 und 5 verteilt?

c) Ergänze in deinem Heft die Häufigkeitstabelle rechts. Was stellst du fest?

Schulaufgabe	1	2	3
Anzahl 5 oder 6			

Vier radeln um die Wette

Anna fährt langsamer als Steffi und Markus, Steffi fährt langsamer als Markus, aber nicht so langsam wie Boris. Wer fährt am schnellsten?

1 Bei den Schulanmeldungen hängt vor dem Büro der Sekretärin ein Kasten mit Nummernkärtchen. Maries Mutter hat das Kärtchen mit der Nummer 56 gezogen, Philips Vater das Kärtchen mit der Nummer 78. Wozu dienen die Nummernkärtchen?

Zahlenhalbgerade

M Mit den Zahlen **1, 2, 3, 4, 5** … kann man zählen und ordnen. Man bezeichnet sie als **natürliche Zahlen.** Es gibt unendlich viele natürliche Zahlen.
Die natürlichen Zahlen und die Zahl 0 lassen sich auf der **Zahlenhalbgeraden** anordnen. Sie hat einen Anfangspunkt, den Nullpunkt, aber keinen Endpunkt.
Die Zahl 0 hat keinen **Vorgänger.** Jede natürliche Zahl hat genau einen **Nachfolger.**
Die Entfernung zwischen den Punkten zweier benachbarter Zahlen ist stets gleich und heißt **Längeneinheit** (LE). Hier im Bild ist die Längeneinheit 1 cm.

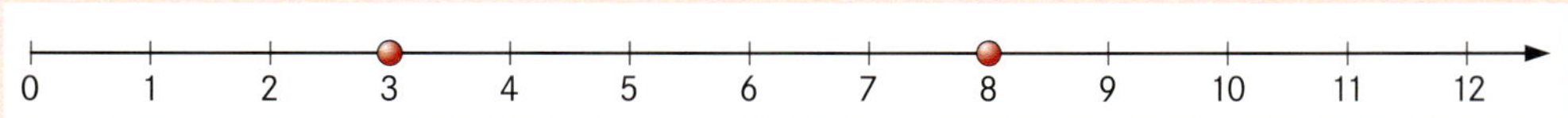

Die Spitze des Kleinerzeichens < zeigt immer auf die kleinere Zahl.

Auf der Zahlenhalbgeraden liegt der Bildpunkt

zur Zahl 3 links von dem zur Zahl 8	zur Zahl 8 rechts von dem zur Zahl 3
3 ist kleiner als 8	8 **ist größer als** 3
$3 < 8$	$8 > 3$

Übungen

2 Übertrage die Tabelle in dein Heft und fülle aus.

a)

Vorgänger	Zahl	Nachfolger
▢	859	▢
513	▢	▢
▢	▢	601

b)

Vorgänger	Zahl	Nachfolger
▢	1 000 000	▢
298 721	▢	▢
▢	▢	2 823 721

3 Lies an den folgenden Zahlenhalbgeraden ab, wie die markierten Zahlen heißen.

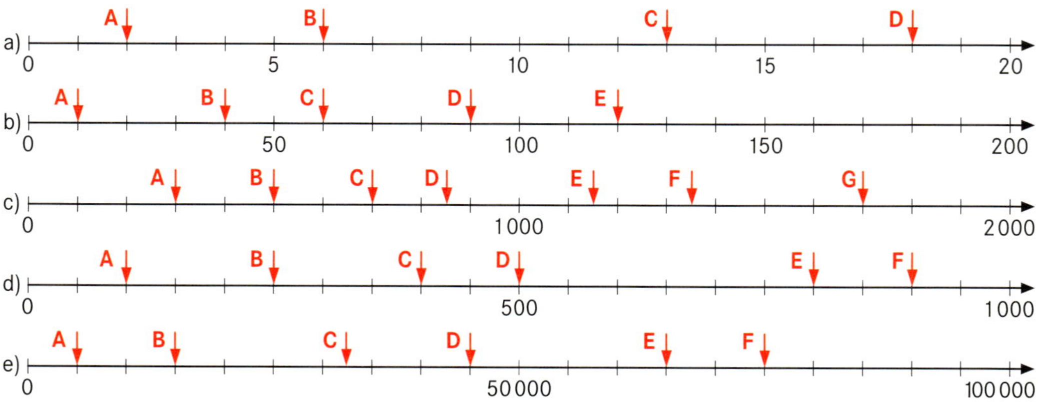

4 Zeichne eine Zahlenhalbgerade und trage darauf die folgenden Zahlen ein. Wähle eine geeignete Längeneinheit.
Ordne anschließend nach der Beziehung „ist kleiner als“ ($1 < 2 < 3$ …)
a) 0, 12, 3, 5, 9, 6, 7, 11, 13
b) 75, 110, 30, 45, 60, 130, 125
c) 450, 300, 200, 250, 650, 550
d) 3500, 2000, 8000, 8500, 7000
e) 600 000, 750 000, 500 000, 450 000
f) 85 000, 60 000, 25 000, 30 000

5 Springe auf der Zahlenhalbgeraden dreimal vorwärts bzw. dreimal rückwärts. Wo landest du?

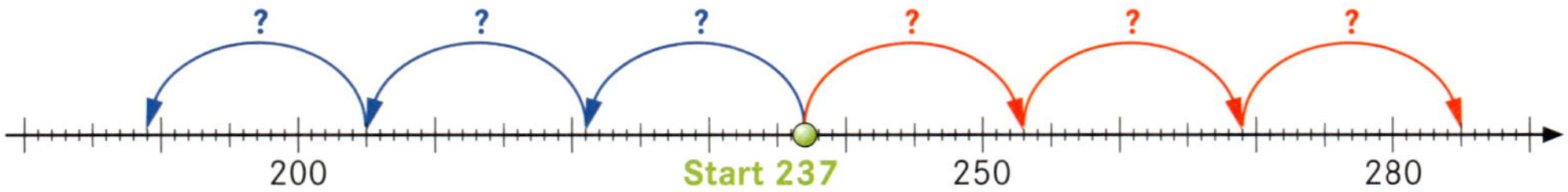

a) Gib eine mögliche Sprungweite für das Bild oben an. Begründe.
b) Start: 237 Sprungweite: 12 (24, 36)
c) Start: 1053 Sprungweite: 23 (46, 69)
d) Erfinde selbst eine Sprungaufgabe.

6 Max und seine Mutter haben bei der Schulanmeldung die Nummer 26 gezogen. Sie werden gerade aufgerufen.
a) Herr Loder hat die Nummer 31. Wie viele Leute warten noch vor ihm und sind noch nicht dran? Erkläre.
b) Die Kärtchen mit den Nummern 26 bis 31 wurden gezogen. Wie viele sind das?

7 So kannst du bestimmen, wie viele Zahlen zwischen zwei angegebenen Zahlen liegen.

Anzahl der Zahlen zwischen 3 und 8
3 | 4 5 6 7 | 8
4 Zahlen
Unterschied zwischen 3 und 8:
$8 - 3 = 5$
Zahlen zwischen 3 und 8: $5 - 1 = 4$

So kannst du die Anzahl der Kärtchen ermitteln, wenn du die erste und letzte Nummer auf den Kärtchen kennst.

Kärtchen Nr. 3 bis Nr. 8
3 4 5 6 7 8
6 Zahlen
Unterschied zwischen 3 und 8:
$8 - 3 = 5$
Kärtchenzahl: $5 + 1 = 6$

a) Julia und ihre Freundinnen gehen ins Kino. An der Kasse erhalten sie Karten mit fortlaufenden Nummern, Julia als erste die Nummer 32 und Fabian als letzter die Nummer 38. Wie viel Karten haben sie insgesamt gekauft?
b) An der Kinokasse werden 187 Karten mit fortlaufenden Nummern ausgegeben. Die erste Nummer ist die Nummer 20. Wie heißt die letzte Nummer?

c) An einer Kasse werden fortlaufend die Nummern von 49 bis 249 ausgegeben. Welche Nummer befindet sich genau in der Mitte zwischen 49 und 249? Mache dazu zunächst eine Skizze.
A 100 **B** 149 **C** 150 **D** 151

① Im Bild siehst du eine Folge von Figuren, die man mit Hölzchen legen kann.

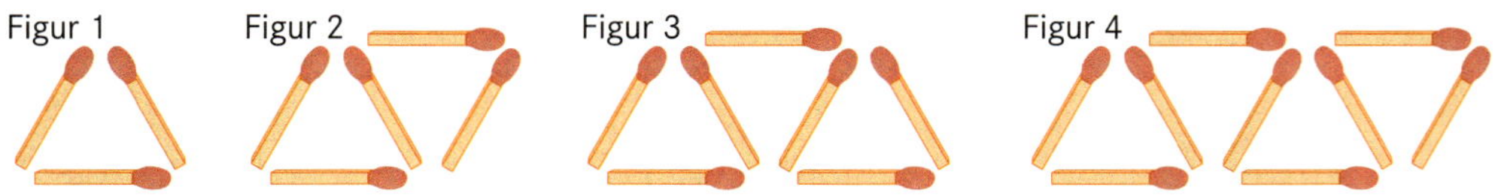

Figur	1	2	3	4	□	□
Anzahl der Hölzchen	□	□	□	□	□	□

a) Gib die Anzahl der Hölzchen an, die man für jede der Figuren 1 bis 4 braucht. Trage die Werte dazu in die Tabelle in deinem Heft ein.
b) Zeichne die Figur 5 in dein Heft.
c) Versuche die Anzahl der Hölzchen für die Figur 6 anzugeben, ohne die Figur zu zeichnen.

Menge

Element

Ⓜ Durch die Anzahl der Hölzchen in Aufgabe 1 wird eine Folge von Zahlen festgelegt, hier 3, 5, 7, 9, … . Diese Zahlen kann man zu einer **Menge** zusammenfassen. Mengen bezeichnet man mit Großbuchstaben, z. B. A, B, C, …
Die einzelnen Zahlen nennt man **Elemente** der Menge. Diese Elemente schreibt man zwischen geschweifte Klammern { }.

$A = \{3;\ 5;\ 7;\ 9;\ ...\}$ *lies: A ist die Menge mit den Elementen 3; 5; 7; 9; …*

$5 \in A$ *lies: 5 ist Element von A*
$6 \notin A$ *lies: 6 ist nicht Element von A*

Besondere Zahlenmengen:
$\mathbb{N} = \{1;\ 2;\ 3;\ 4;\ \dots\}$ Menge der natürlichen Zahlen
$\mathbb{N}_0 = \{0;\ 1;\ 2;\ 3;\ 4;\ \dots\}$ Menge der natürlichen Zahlen einschließlich Null
$G = \{2;\ 4;\ 6;\ 8;\ \dots\}$ Menge der geraden Zahlen
$U = \{1;\ 3;\ 5;\ 7;\dots\}$ Menge der ungeraden Zahlen

Übungen

② Setze für den Platzhalter das richtige Zeichen $\in$ oder $\notin$

a) $3\ □\ \mathbb{N}$; $0\ □\ \mathbb{N}_0$; $5\ □\ \mathbb{N}_0$
b) $0\ □\ \mathbb{N}$; $11\ □\ \mathbb{N}$; $6\ □\ \mathbb{N}$
c) $18\ □\ \{1;\ 3;\ 5;\ \dots\}$; $18\ □\ \{2;\ 4;\ 6;\ \dots\}$; $28\ □\ \{1;\ 3;\ 6;\ 10;\ \dots\}$
d) $26\ □\ \{3;\ 7;\ 11;\ 15;\ \dots\}$; $32\ □\ \{1;\ 2;\ 4;\ 8;\ 16;\ \dots\}$; $53\ □\ \{1;\ 3;\ 9;\ 27;\ \dots\}$

③ a) Betrachte die Figuren. Zeichne in dein Heft die Figur 5 und die Figur 6.

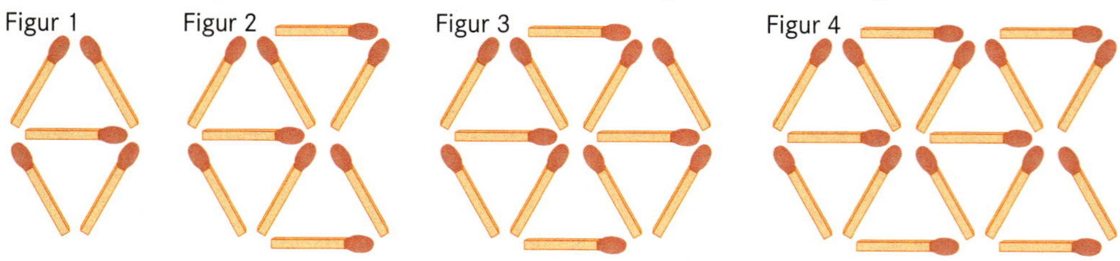

b) Gib für jede Figur die Anzahl der Hölzchen an.
c) Gibt es eine Figur mit 31 Hölzchen? Begründe.
d) Erfinde selber eine Zahlenfolge, die du mit Hölzchen darstellen kannst.

4 Die Zahlen gehören zu Zahlenfolgen. Suche die Regel. Ergänze um vier Zahlen nach rechts.

> 3, 12, 7, 28, 23, …
> *Regel:* Es wird immer mit 4 multipliziert und dann 5 subtrahiert.
> 3, 12, 7, 28, 23, **92, 87, 348, 343**

a) 13, 15, 17, 19, …
b) 15, 21, 28, 36, 45, …
c) 66, 55, 45, 36, 28, …
d) 8, 16, 18, 36, 38, …
e) 2, 6, 5, 15, 14, …
f) 8, 6, 24, 22, 88, …

5 Versuche die Zahlenfolgen in Aufgabe 4 um zwei Zahlen nach links zu ergänzen.

6 Erfinde selbst eine Zahlenfolge. Lasse deinen Nachbarn die Regel finden!

7 Durch die Anzahl der Quadrate im Bild unten wird eine Zahlenfolge festgelegt.
a) Zeichne Figur 4.
b) Ergänze die Tabelle in deinem Heft bis zur Figur 6. Suche die dazugehörigen Zahlenfolgen.

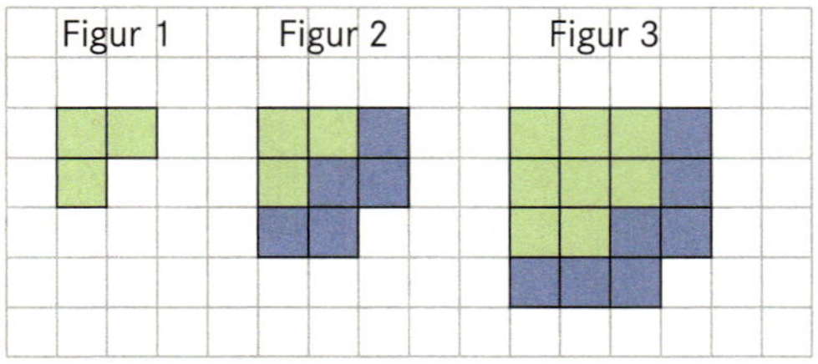

	Figur 1	Figur 2
Anzahl der Quadrate insgesamt	3	
Anzahl der blauen Quadrate	0	

8 a) Zeichne Figur 4, die zum Bild unten passt.
b) Schreibe die Anzahl der grünen Quadrate von der ersten bis zur 6. Figur auf.
c) Notiere die Anzahl der blauen Quadrate von der ersten bis zur 6. Figur.
d) Ergänze die Zahlenfolge, die durch die Anzahl der grünen und blauen Quadrate zusammen festgelegt wird.

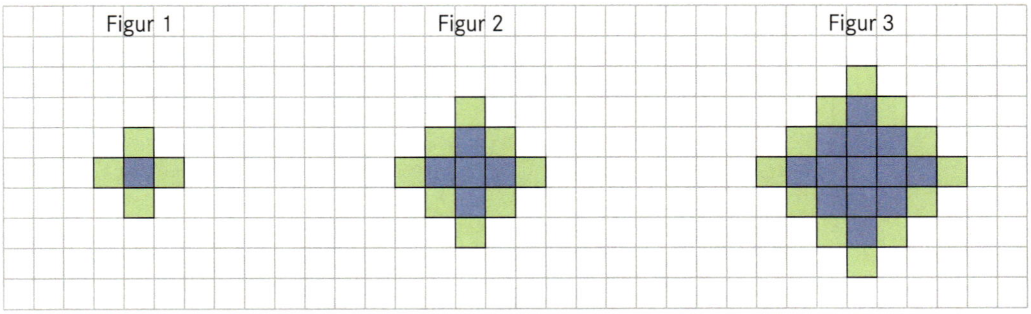

9 Finde zum Bild eine passende Zahlenfolge.

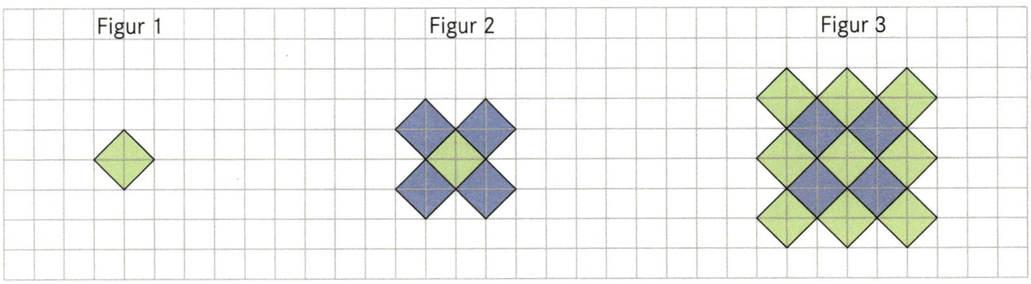

1

a) In der Abbildung siehst du Geräte, die zählen können. Gib an, was sie zählen.
b) Suche bei dir zu Hause nach Geräten, die zählen. Finde heraus, was sie zählen.
c) Überlege, wie weit die Geräte zählen können.

2 In der Abbildung rechts siehst du ein einfaches Zählgerät mit vier Ziffernrädern. Auf allen Rädern befinden sich jeweils die Ziffern 0, 1, …, 9.

a) Welche Räder drehen sich, wenn um sieben weiter gezählt wird? Gib die Zahl an, die dann angezeigt wird.
b) Beantworte die Frage a), wenn um zehn (hundert) weiter gezählt wird. Gib jeweils die Zahl an, die angezeigt wird.
c) Das gelbe Rad dreht sich 38 mal um eins weiter. Nenne die Zahl, die auf der Anzeige steht. Beschreibe, wie sich die Räder drehen.
d) Welchen Werten in unserem Zahlensystem entsprechen die einzelnen Räder?

M

Wir stellen die natürlichen Zahlen in einem **Stellenwertsystem** mit den zehn Ziffern 0, 1, 2, …, 9 dar.

7 0 2
Diese Ziffer hat an dieser Stelle den Wert $2 \cdot 1 = 2$
$0 \cdot 10 = 0$
$7 \cdot 100 = 700$

Dezimalsystem

Die Zahlen **1, 10, 100,** … nennt man **Stufenzahlen.** Multipliziert man eine Stufenzahl mit 10, so erhält man die nächst größere Stufenzahl. Deshalb wird unser Zahlensystem als **Zehnersystem** oder **Dezimalsystem** bezeichnet.

$$\ldots \xleftarrow{\cdot 10} \mathbf{1000} \xleftarrow{\cdot 10} \mathbf{100} \xleftarrow{\cdot 10} \mathbf{10} \xleftarrow{\cdot 10} \mathbf{1}$$

Stellenwerttafel:

Billionen			Milliarden			Millionen			Tausender					
HBio	ZBio	Bio	HMrd	ZMrd	Mrd	HMio	ZMio	Mio	HT	ZT	T	H	Z	E
				3	0	8	1	0	0	0	2	0	1	5

lies: dreißig Milliarden achthundertzehn Millionen zweitausendfünfzehn

Übungen

3 Zeichne eine Stellenwerttafel und trage ein.

a) siebentausendeinunddreißig
hundertvierzehntausendsechs
siebzehntausendfünfhundertzwei

b) dreizehn Billionen fünfhundertachtundachtzig
hundertacht Milliarden achtundzwanzigtausendelf
sechzehn Millionen neunzehntausendneunzehn

c) Trage jeweils das 10fache (100fache) der Zahlen aus a) und b) in die Stellenwerttafel ein. Schreibe diese neuen Zahlen in Worten.

4 Schreibe die angegebenen Zahlen in Worten.

a) 14 506
8062

b) 12 567 183
450 016

c) 1 345 678
780 119

d) 567 340
345 555

Zehnerzahl: 12 346 → 12 350
Tausenderzahl: 12 346 → 12 000

e) Finde zu jeder der Zahlen in a) – d) die am nächsten liegende Zehnerzahl und Tausenderzahl.

5 Mit den Kugeln in den Bechern sollen dreistellige Zahlen dargestellt werden.

Quersumme von 428:
4 + 2 + 8 = 14

a) Nenne die größte Zahl.
b) Wie heißt die drittkleinste Zahl?
c) Wie heißt die größte Zahl mit der Quersumme 15?
d) Gibt es Zahlen mit den Quersummen 12 und 14?

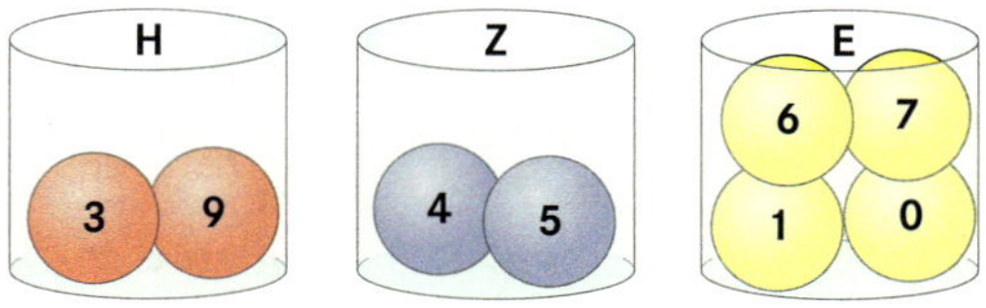

e) Stimmt die Aussage „Von zwei Zahlen hat die größere Zahl die größere Quersumme“?

6 a) Welche Zahl ist die kleinste dreistellige, welche die größte?
b) Welche Zahl ist die kleinste vierstellige, bei der alle Ziffern verschieden sind? Welche ist die größte?
c) Wie heißt der Nachfolger der größten siebenstelligen Zahl?
d) Wie viele dreistellige Zahlen mit der Quersumme 3 gibt es? Schreibe sie auf.

7 a) Hier siehst du Steckbriefe für Zahlen. Finde die Zahlen. Manchmal gibt es mehrere Möglichkeiten.

A Meine Zahl besteht aus fünf Ziffern, die vorwärts und rückwärts gelesen die gleiche Zahl ergeben. Sie liegt möglichst nahe bei 60 000.

B Bei meiner Zahl ist jede Ziffer das Doppelte der vorhergehenden. Sie hat mehr als zwei Ziffern.

C Meine Zahl hat lauter gleiche Ziffern. Deren Summe ist 15.

D Meine Zahl hat 6 Stellen. Die Summe aller Ziffern beträgt 20. Die erste und letzte Ziffer ergeben zusammen 12.

b) Erstelle selbst einen Steckbrief für eine Zahl und tausche ihn mit deinen Nachbarn.

8

Überlege zunächst, wie viele zweistellige Zahlen mit der Endziffer 5 möglich sind. Wie viele dreistellige Zahlen kommen pro Hunderterziffer hinzu?

G

In Computern werden Zahlen im Zweiersystem oder Dualsystem dargestellt. Man verwendet hier nur die Ziffern 0 und 1. Erfinder der Dualzahlen war Wilhelm Leibniz (1646 – 1716). Er war einer der größten und vielseitigsten deutschen Denker. Leibniz erbrachte nicht nur große wissenschaftliche Leistungen in Mathematik, Physik und Technik, sondern auch in der Rechtsprechung, Geschichte, Erdkunde und Religion.
Durch die Beschäftigung mit der Religion kam Leibniz zum Dualsystem. Er behauptete: „Ohne Gott ist nichts".
Für Gott setzte er die 1 und für das Nichts die 0.

1 Die Zahl 19 lässt sich wie im Bild durch eine Reihe von Teelichtern darstellen. Dabei addiert man alle Zahlen, die bei einem leuchtenden Teelicht stehen.

Anstelle der Teelichter setzt man die Ziffern 0 und 1. Die Ziffer 0 bedeutet „Licht aus", die Ziffer 1 „Licht an". Stelle weitere natürliche Zahlen dar. Gib die zugehörige Schreibweise mit den Ziffern 1 und 0 an.

16 + 0 + 0 + 2 + 1 = 19
1 0 0 1 1

M

Dualsystem

Die natürlichen Zahlen können auch mit nur zwei Ziffern (0 und 1) dargestellt werden. Stufenzahlen in diesem System sind die Zahlen **1, 2, 4, 8,** … Man erhält jede Stufenzahl aus der vorhergehenden durch Multiplizieren mit 2. Deshalb heißt dieses Zahlensystem **Zweiersystem** oder **Dualsystem**.

… ← (·2) 16 ← (·2) 8 ← (·2) 4 ← (·2) 2 ← (·2) 1

Stellenwerttafel:

64	32	16	8	4	2	1
			1	0	1	0
1	1	0	0	1	0	0

lies im Zweiersystem:
eins – null – eins – null
eins – eins – null – null – eins – null – null

Vom **Dualsystem** zum **Dezimalsystem**

$\mathbf{1010_2} = \mathbf{1} \cdot 8 + \mathbf{0} \cdot 4 + \mathbf{1} \cdot 2 + \mathbf{0} \cdot 1 = 10$

$\mathbf{1100100_2} = \mathbf{1} \cdot 64 + \mathbf{1} \cdot 32 + \mathbf{0} \cdot 16 + \mathbf{0} \cdot 8 + \mathbf{1} \cdot 4 + \mathbf{0} \cdot 2 + \mathbf{0} \cdot 1 = 100$

Vom **Dezimalsystem** zum **Dualsystem**

$15 = \mathbf{1} \cdot 8 + \mathbf{1} \cdot 4 + \mathbf{1} \cdot 2 + \mathbf{1} \cdot 1 = \mathbf{1111_2}$

$16 = \mathbf{1} \cdot 16 + \mathbf{0} \cdot 8 + \mathbf{0} \cdot 4 + \mathbf{0} \cdot 2 + \mathbf{0} \cdot 1 = \mathbf{10\,000_2}$

Übung

2 Übertrage folgende Zahlen vom Dualsystem ins Zehnersystem bzw. vom Zehnersystem ins Dualsystem.
a) 10_2 b) 11_2 c) 1110_2 d) 11001_2 e) 5 f) 9 g) 34

1

Römische Jahreszahlen an Gebäuden erinnern an den Einfluss der Römer in Europa.

Die Römer hatten keine eigenen Zahlzeichen für ihre Zahlen, sie verwendeten einzelne Buchstaben ihres Alphabets.

Grundzahlen	I	X	C	M
	1	10	100	1000
Zwischenzahlen	V	L	D	
	5	50	500	

Bedeutung der römischen Zahlzeichen:

M … lateinisch **m**ille (1000)
D … die Hälfte von M
C … lateinisch **c**entrum (100)
L … die Hälfte von C
V … Zeichen für eine Hand mit gespreiztem Daumen
X … das Doppelte von **V**
I … Zeichen für einen Finger

M

Römische Zahlen

Die **römischen Zahlen** wurden nach festen Regeln gebildet:

1. Gleiche Ziffern nebeneinander werden addiert. Es dürfen höchstens drei **Grundzahlen** nebeneinander stehen. — III = 3
2. Kleinere Ziffern rechts von größeren werden addiert, links von größeren subtrahiert. — XI = 11; IX = 9

   Zwischenzahlen dürfen nicht subtrahiert werden. — XLV = 45
3. Die Grundzahlen I, X, C dürfen nur von der nächsthöheren Zwischen- oder Grundzahl subtrahiert werden. — CD = 400; CM = 900

Übungen

2 Folgende Zahlen sind in römischen Zahlzeichen dargestellt.
Finde jeweils die richtige Lösung.

a) **24**	**A** XXIIII	**B** XXIV	**C** XXVI	**D** IVXX
b) **19**	**A** IXX	**B** XIX	**C** XVIV	**D** XVIIII
c) **49**	**A** XLVIIII	**B** IL	**C** XLIX	**D** XXXXIX

3 Übersetze.

a) X	b) XXXVIII	c) XXII	d) CCXC	e) MMMDCLX
IV	LXXXII	LII	MMMCCCXXIII	MDLXVI

4 Übertrage in römische Zahlzeichen.

a) 38	b) 550	c) 1900	d) 1971	e) dein Geburtsjahr
66	940	1956	1985	

1 Abgedruckt sind Informationen über die sechzehn deutschen Bundesländer.

a) Suche in deinem Atlas ihre jeweilige Lage.

Land	Fläche in km²	Einwohner am 31.12.06	Hauptstadt	Einwohner am 31.12.06
Baden-Württemberg	35 752	10 738 753	Stuttgart	591 550
Bayern	70 552	12 492 658	München	1 294 608
Berlin	892	3 404 037		3 404 037
Brandenburg	29 479	2 547 727	Potsdam	148 819
Bremen	404	693 979		547 934
Hamburg	755	1 754 182		1 754 182
Hessen	21 114	6 075 359	Wiesbaden	275 562
Mecklenburg-Vorpommern	23 170	1 693 754	Schwerin	96 280
Niedersachsen	47 612	7 982 685	Hannover	516 343
Nordrhein-Westfalen	34 079	18 028 745	Düsseldorf	499 111
Rheinland-Pfalz	19 852	4 052 860	Mainz	196 425
Saarland	2570	1 043 167	Saarbrücken	177 870
Sachsen	18 413	4 249 774	Dresden	504 795
Sachsen-Anhalt	20 446	2 441 787	Magdeburg	229 826
Schleswig-Holstein	15 770	2 834 254	Kiel	235 366
Thüringen	16 171	2 311 140	Erfurt	202 658

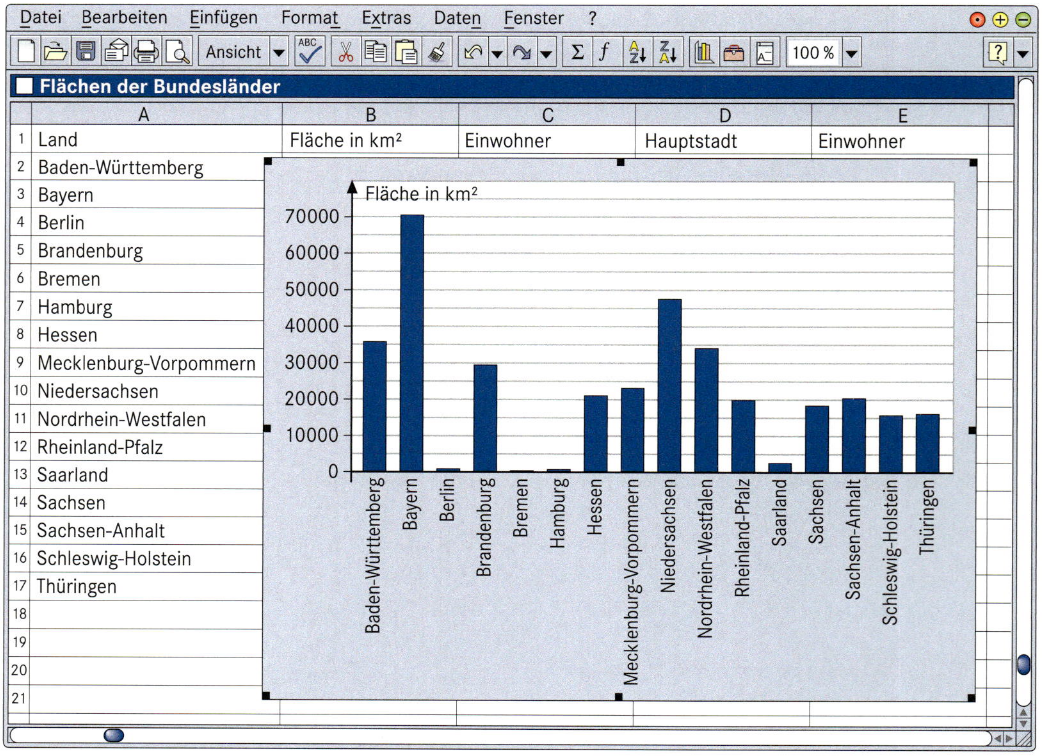

b) Für die Flächen der Bundesländer wurde mit dem Computer ein Säulendiagramm erstellt. Entnimm dem Diagramm die Flächen von Bayern und den angrenzenden Bundesländern. Vergleiche mit den Zahlenwerten.

Rundungsregeln

Große Zahlen lassen sich im Diagramm nicht immer genau darstellen. Sie werden deshalb gerundet.

Bei den Ziffern **0 1 2 3 4** **runde ab!**

Bei den Ziffern **5 6 7 8 9** **runde auf!**

Runde **70 522** (Fläche von Bayern in km²) auf Tausender.

T
70 552 ≈ 71 000

└ Diese Stelle gibt an, ob auf- oder abgerundet wird.
└ Auf diese Stelle soll gerundet werden. (hier: Tausenderstelle)

Übungen

2 Überlege, wo du runden darfst. Falls ja, dann runde sinnvoll!
a) Herr Gerner ist 12 458 m gewandert. Seine Postleitzahl beträgt 83512.
b) Nürnberg hat 487 145 Einwohner. Die Telefonvorwahlnummer ist 0911.
c) Herr Bergmaier ist 1,82 m groß. Sein Autokennzeichen ist M – SW 569
d) 22 Spieler kämpfen im mit 66 375 Zuschauern ausverkauften Stadion.
e) Suche weitere Beispiele, bei denen man runden oder bei denen man nicht runden darf.

3 Erkläre, wie hier gerundet wurde.
a) 5249 ≈ 5200 b) 218 340 ≈ 218 000
c) 960 946 ≈ 960 950 d) 12 999 ≈ 13 000

1357 ≈ 1400
Hier wurde auf **H** aufgerundet.

4 Runde auf die angegebene Stelle.
a) auf Zehner: 542 637 59 44 1553
b) auf Tausender: 43 951 623 149 56 399

5 a) In einem Zeitungsbericht steht, dass in einem Park ungefähr 6300 Bäume angepflanzt worden sind. Die Zahl wurde auf Hunderter gerundet. Welche der folgenden Zahlen kann die tatsächliche Anzahl der gepflanzten Bäume sein?
A 6199 **B** 6248 **C** 6351 **D** 6269
b) Wie groß kann der genaue Zahlenwert gewesen sein?

2400 (auf **H** gerundet)
von 2350–2449 möglich

3000 (auf T gerundet); 3700 (auf H gerundet); 3740 (auf Z gerundet)

6 Anna, Thomas und Maria überschlagen beim Einkauf an der Kasse die Preise.
Anna: „Ich runde immer so, wie wir es in Mathe gelernt haben."
Thomas: „Ich lasse die Cent weg. Dann ist das Rechnen einfach".
Maria: „Ich rechne immer mit dem nächst höheren Eurobetrag".
Wie würdest du rechnen? Wo bist du sicher, dass das Geld reicht?

a)
2,99 €
1,29 €
3,79 €
0,89 €

b)
4,49 €
3,99 €
8,18 €
4,25 €

c)
1,45 €
2,19 €
1,78 €
0,79 €

1 Die Tabelle rechts zeigt die Einwohnerzahl der nach München fünf größten Städte in Bayern.

Stadt	Einwohner
Nürnberg	497 254
Augsburg	262 140
Würzburg	133 188
Regensburg	129 175
Ingolstadt	120 575

a) Pia und Robert wollen ein Säulendiagramm zu den Einwohnerzahlen zeichnen.
Was meinst du zu ihren Überlegungen?

b) So kannst du ein Säulendiagramm für die in der Tabelle aufgeführten Einwohnerzahlen anfertigen.

B

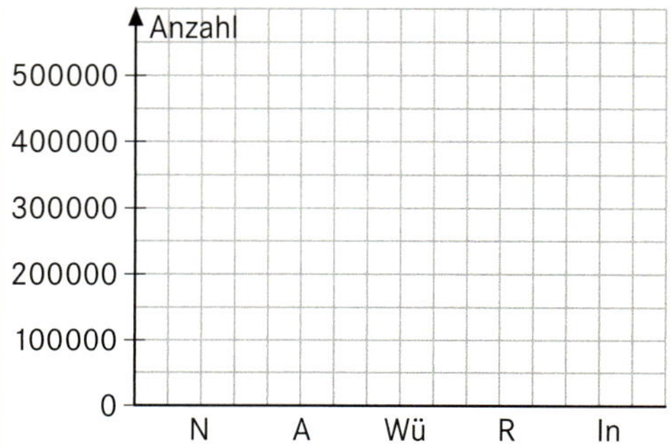

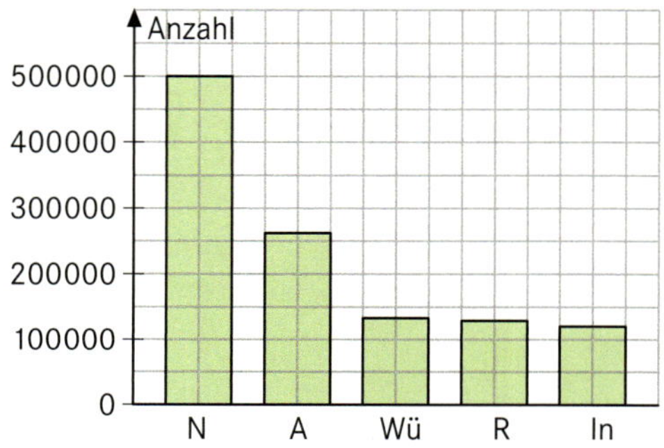

Runde die Einwohnerzahlen auf Zehntausend und wähle eine passende Einteilung für die Säulen. Beschrifte dein Diagramm.

c) Überlege, ob es sinnvoll ist, die Einwohnerzahlen auf Hunderttausend oder auf Millionen zu runden.

Schau auf Seite 20 nach.

d) Zeichne das Säulendiagramm für die fünf größten Landeshauptstädte Deutschlands.

2

Regierungsbezirk	Hauptstadt	Fläche in km²	Einwohner
Oberbayern		17 530	4 232 962
Niederbayern		10 330	1 197 631
Oberpfalz		9691	1 090 318
Oberfranken		7231	1 103 239
Mittelfranken		7245	1 708 841
Unterfranken		8531	1 342 308
Schwaben		9992	1 789 698

a) Schreibe die Hauptstädte der Regierungsbezirke in dein Heft.
b) Stelle in einem Säulendiagramm die Einwohnerzahlen der einzelnen Regierungsbezirke dar.
c) Stelle die Flächen der einzelnen Regierungsbezirke in einem Diagramm dar.

1 Hier siehst du zwei verschiedene Zahlenfolgen abgebildet.

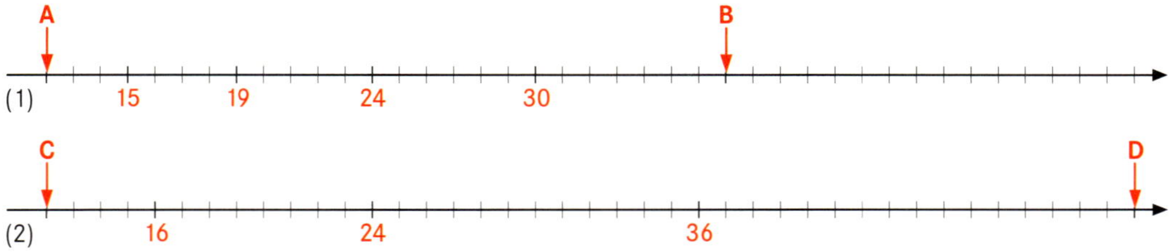

a) Die Buchstaben geben an, wie die Folgen nach vorne und nach hinten fortgesetzt werden. Schreibe die Zahlen auf und erkläre dein Vorgehen deinem Nachbarn.
b) Erfinde eine Aufgabe wie oben dargestellt. Stelle sie deinem Nachbarn.

2 Mit den Kugeln in den vier Bechern lassen sich vierstellige Zahlen darstellen.
a) Nenne die kleinste Zahl und die größte Zahl, die jeweils möglich ist.
b) Wie heißt die größte vierstellige Zahl mit der Quersumme 21? Nenne die kleinste vierstellige Zahl mit dieser Quersumme.
c) Nenne die Zahl, die am nächsten an 5000 liegt.
d) Lege zusätzlich eine Kugel in einen Becher deiner Wahl.

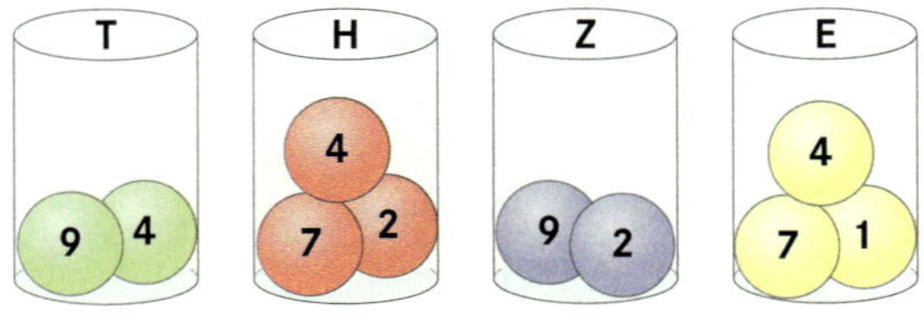

3 Wenn du die Zahlenkärtchen nebeneinanderlegst, ergeben sich wieder neue Zahlen.

96	990	99	909	9

a) Schreibe die größte Zahl mit Ziffern und mit Worten, die du mit allen Kärtchen legen kannst.
b) Lege einige Kärtchen so, dass sich eine Zahl möglichst nahe bei einer Million ergibt.
c) Lege eine Zahl mit der Quersumme 36, die möglichst groß, und eine, die möglichst klein ist.
d) Stelle die Kärtchen auf den Kopf. Führe wieder die Aufgaben a) – c) durch.

4 In der Stellenwerttafel sind Zahlen durch Plättchen dargestellt, oben die fünfstellige Zahl 41 321. Durch Wegnehmen eines Plättchens an der Zehntausenderstelle entsteht die neue Zahl 31 321.

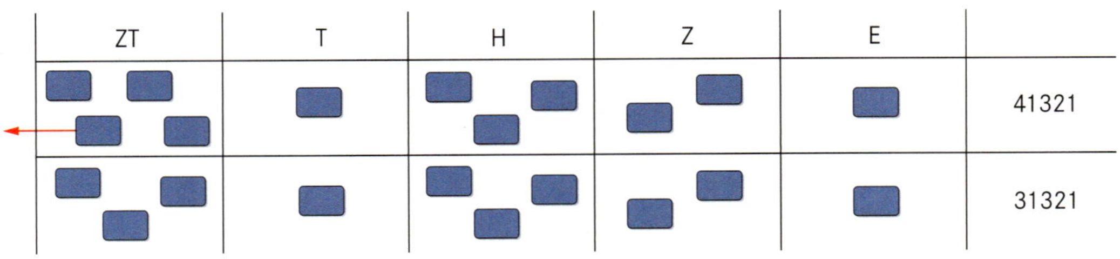

Wähle eine eigene fünfstellige Zahl.
a) Wie viele neue Zahlen findest du, wenn du ein Plättchen wegnimmst? Begründe. Schreibe alle neuen Zahlen der Größe nach geordnet auf.
b) Wie viele Zahlen kannst du neu bilden, wenn du ein Plättchen dazulegst?
c) Es werden zwei neue Plättchen hinzugelegt. Untersuche wieder.
d) Ein Zehntausender wird auf die Einerstelle verschoben. Wie ändert sich der Wert der Zahl?

1 Auf einem Millimeterpapier steht ein kleines Quadrat für die Zahl 1.

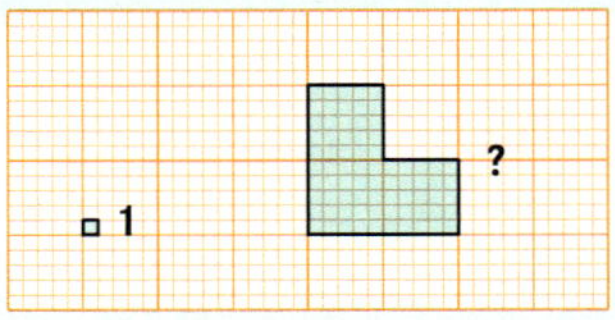

a) Welche Zahl ist im Bild rechts dargestellt?

b) Färbe auf einem Millimeterpapier die Darstellung der Zahl 250 ein. Wie lange brauchst du in etwa dazu? Wie lange würdest du zum Zählen brauchen?

c) Kannst du auf einer Seite die Zahl 10 000 einfärben? Begründe.

4

(OVB vom 10.8.2006)

„Wir sind zur Zeit zum Bersten voll", klagt die Leiterin des Tierheims. „Urlaubszeit heißt für viele Tiere Leidenszeit: Wer Glück hat, wird nach den Urlaubswochen von Herrchen oder Frauchen wieder abgeholt, ein Großteil fristet künftig sein Dasein im Tierheim".

a) Nenne Gründe, warum in den Sommermonaten besonders viele Tiere ausgesetzt werden.

b) Wie viele Hunde, wie viele Katzen befinden sich in „normalen" Monaten im Tierheim?

c) Das Tierheim hat Platz für 17 Hunde. Deshalb müssen Tiere bei tierfreundlichen Privatleuten untergebracht werden. In welchen Monaten ist dies der Fall?

d) Für die täglichen Futterkosten rechnet das Tierheim bei Hunden mit 4 € und bei Katzen mit 2 €. Zusätzlich entstehen pro Tier bei der Erstaufnahme ca. 300 € Kosten für die Untersuchung durch den Tierarzt. Berechne, um wie viel € die Kosten im August höher sind als im Juni.

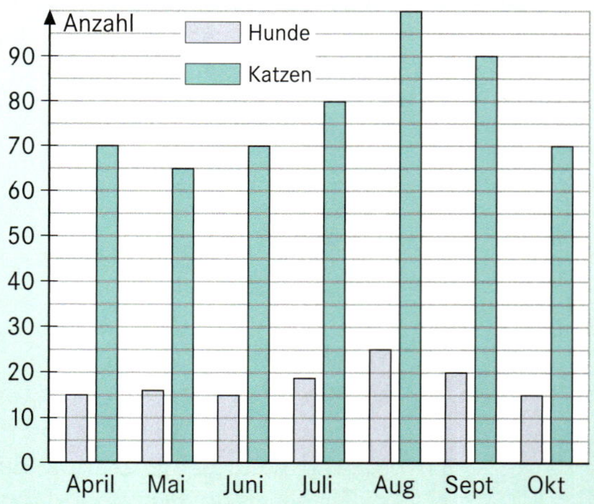

2 Die abgebildete Stellenwerttafel lässt Tausender T, Hunderter H, Zehner Z und Einer E zu. In dieser Stellenwerttafel ist die dreistellige Zahl 321 durch Plättchen dargestellt. Wenn du Plättchen umlegst, kannst du neue Zahlen bilden, z. B. die Zahl 1221.

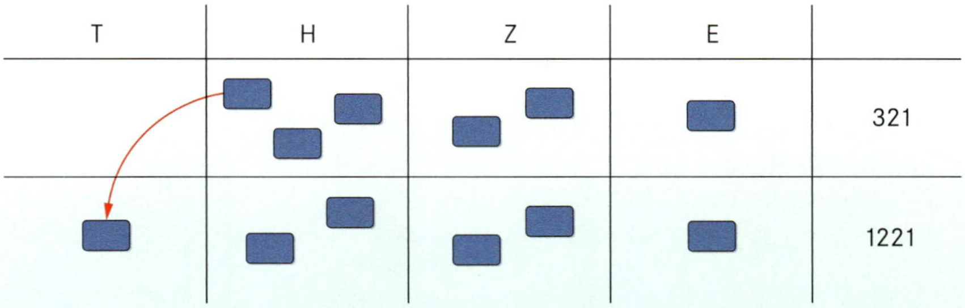

a) Wie viele Zahlen kannst du neu bilden, wenn du immer nur ein Plättchen umlegst? Schreibe alle neuen Zahlen der Größe nach geordnet auf.
b) Wie viele Zahlen findest du, wenn du ein Plättchen wegnimmst?
c) Wie viele neue Zahlen entstehen, wenn du ein Plättchen hinzufügst?
d) Es werden zwei neue Plättchen hinzugelegt. Untersuche wieder.

3 Superdetektiv Knödlmeier fahndet nach dem Komplizen des Einbrechers Knattermann. Dessen Name beginnt ebenfalls mit K. Die weiteren Buchstaben sind in dem Kreis versteckt.

Das rote Kästchen gibt die Stelle an, auf die gerundet werden soll.

Im Startfeld siehst du innen die Zahl **7 6 9 1 0**. Die dazu passende gerundete Zahl **7 7 0 0 0** findest du genau gegenüber im grünen Feld außen. Das **L** im selben Feld ist der nächste Buchstabe im Lösungswort. Weiter geht es nun mit der Zahl darunter, der **7 6 4 4 3**.

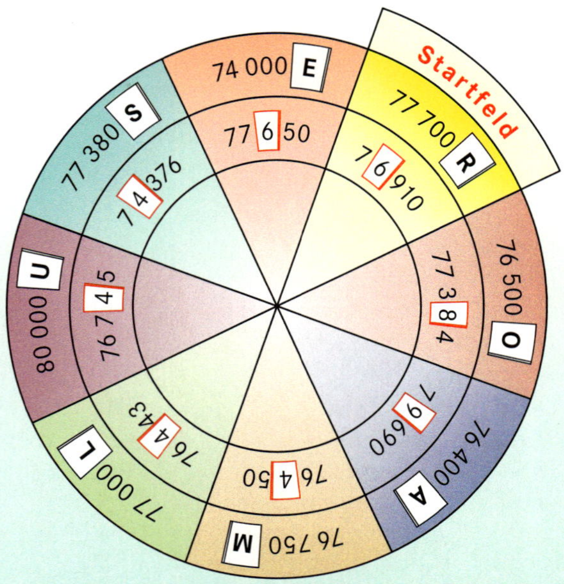

Lösung: K L _ _ _ _ _ _ _

2 Addieren und Subtrahieren

In Goethes „Faust“ wird beschrieben, wie man ein magisches 3x3-Zahlenquadrat anfertigt. Beim Brauen eines Zaubertranks sagt eine Hexe das Hexeneinmaleins auf:

Magische Quadrate sind Zahlenquadrate, bei denen die Summe der Zahlen jeder Zeile, jeder Spalte und der Diagonalen immer gleich ist. Wir übersetzen jetzt das Hexeneinmaleins und machen aus einem Zahlenquadrat mit den Zahlen Eins bis Neun ein magisches Quadrat.

Originaltext

Du musst verstehn!
Aus Eins mach Zehn

Übersetzung

Wir sollen in das erste Feld unseres Zahlenquadrats eine 10 schreiben.
Die 1 bleibt übrig.

10 →

~~1~~	2	3
4	5	6
7	8	9

und Zwei lass gehn
und Drei mach gleich –
so bist du reich!

Wir sollen die 2 einen Platz weiter schieben und mit der 3 das Gleiche machen. Alle anderen Zahlen wandern dann ebenfalls um einen Platz weiter.
Die 1 ist immer noch übrig, dazu 9.

10		2
3	4	5
6	7	8

Verlier die Vier!
Aus Fünf und Sechs –
so sagt die Hex –
mach Sieben und Acht:

Die 4 sollen wir einfach streichen. Statt 5 sollen wir 7 und statt der 6 die 8 schreiben.
Nun sind die 1, 4, 5, 6 und 9 übrig.

10		2
3		7
8		

Dann ist's vollbracht.
Und Neun ist Eins
und Zehn ist keins.
Das ist das Hexen-Einmaleins!

Die 9 soll in das erste freie Feld geschrieben werden und die 10 wird gestrichen.
Es bleiben die 1, 4, 5 und 6 übrig.

	9	2
3		7
8		

Jetzt musst du die übrig gebliebenen Zahlen noch so in dein Zahlenquadrat verteilen, dass ein magisches Quadrat entsteht.

1 a) Übertrage die vierstöckigen Additionsmauern in dein Heft und fülle sie aus.

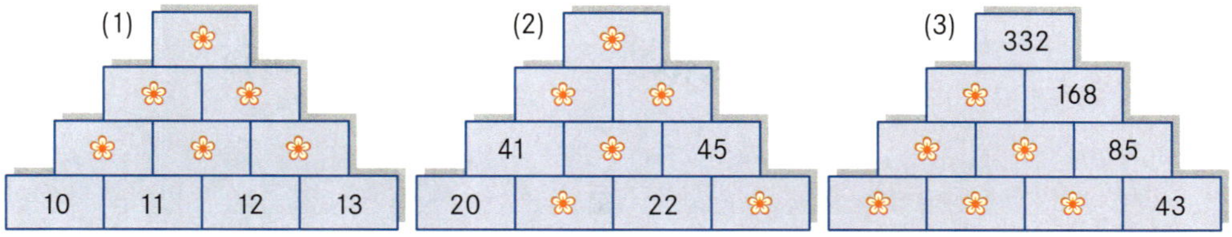

b) Welche Gemeinsamkeiten haben die drei Zahlenmauern? Vergleiche dazu jede Reihe der Zahlenmauern miteinander.

c) Kannst du deine Feststellungen erklären?

2 Untersuche dreistöckige Zahlenmauern!
In den drei Grundsteinen stehen die Zahlen 3, 7 und 11.

a) Wie viele verschiedene Zahlenmauern gibt es? Schreibe alle möglichen Zahlenmauern in dein Heft.

b) Was fällt dir bei diesen Zahlenmauern auf? Vergleiche dazu jede Reihe der Zahlenmauern miteinander.

c) Wie kannst du nur mit Hilfe der Zahlen in den Grundsteinen die Zahl im obersten Stein vorhersagen?
Hinweis: Schreibe nicht das Ergebnis in jeden Stein, sondern die Rechnung.

d) Überprüfe deine Vermutung aus c) anhand einer selbst erfundenen dreistöckigen Zahlenmauer.

e) Wie ändert sich die Zahl im Deckstein, wenn du die Zahl im mittleren (rechten, linken) Grundstein um drei vergrößerst?

f) Wie ändert sich die Zahl im Deckstein, wenn du die Zahl im mittleren (rechten, linken) Grundstein um zwei verkleinerst?

3 Hier stimmt etwas nicht!

4 Die Zahl im obersten Stein der vierstöckigen Zahlenmauer soll immer 75 sein.

a) Finde solche Zahlenmauern.

b) Finde Zahlenmauern, bei denen zwei Zahlen der Grundsteine gleich groß sind.

c) Wie kannst du nur mit Hilfe der Zahlen in den Grundsteinen die Zahl im obersten Stein vorhersagen?
Hinweis: Schreibe nicht das Ergebnis in jeden Stein, sondern die Rechnung.

1 Die fünf Freunde Christoph, Benedikt, Sebastian, Philipp und Lukas wollen einen Fitnesslauf durchführen.
Wie bei einem Staffellauf laufen sie hintereinander.
Derjenige, der gerade läuft, wird von den anderen auf Rädern begleitet.
Christoph läuft als erster drei Kilometer, Benedikt schafft zwei Kilometer.

Du kannst die gelaufene Strecke an einer Zahlenhalbgeraden mit Pfeilen darstellen.

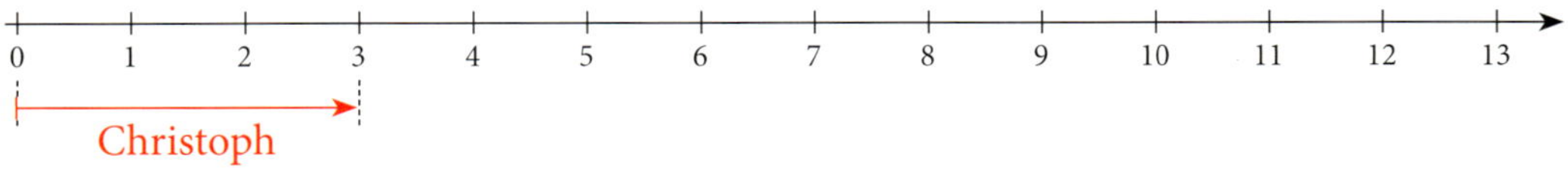

a) Zeichne die Zahlenhalbgerade in dein Heft (sieben Zentimeter lang) und ergänze den Pfeil für Benedikts gelaufene Strecke.
b) Zeichne einen Pfeil für die gemeinsame Lauflänge von Christoph und Benedikt ein. Wie weit kommen Christoph und Benedikt zusammen? Schreibe die Rechnung auf deinen eingezeichneten Pfeil.
c) Erkläre, wie du an der Zahlenhalbgeraden zum Ergebnis einer Additionsaufgabe kommst.

M

Summe

Summe

4 + 3 = 7

1. Summand + 2. Summand = Summenwert

Spitze – Fuß – Kopplung

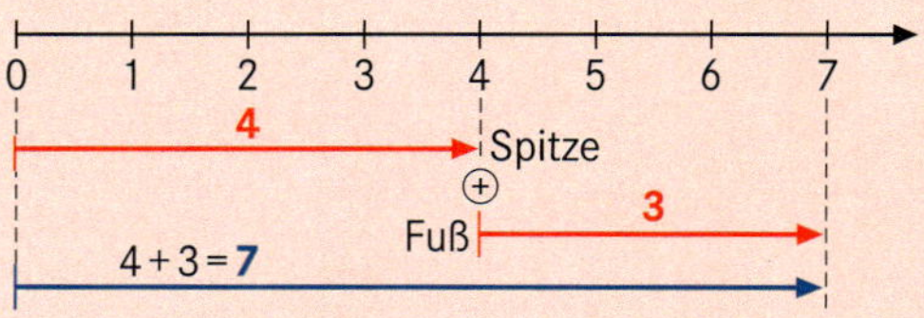

Darstellung an der Zahlenhalbgeraden:
An die **Spitze** des Pfeils für den 1. Summanden wird der **Fuß** des Pfeils für den 2. Summanden gezeichnet.

Übungen

2 Welche Rechnungen sind an den folgenden Pfeilbildern dargestellt?

a)
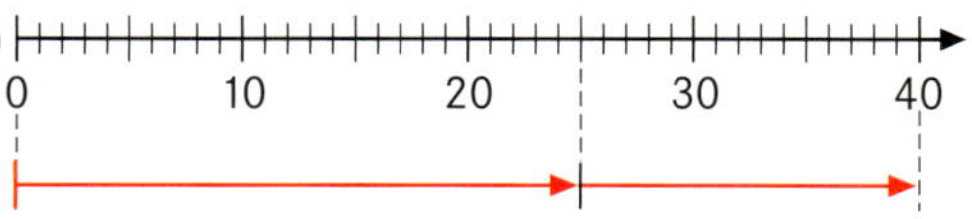

b)
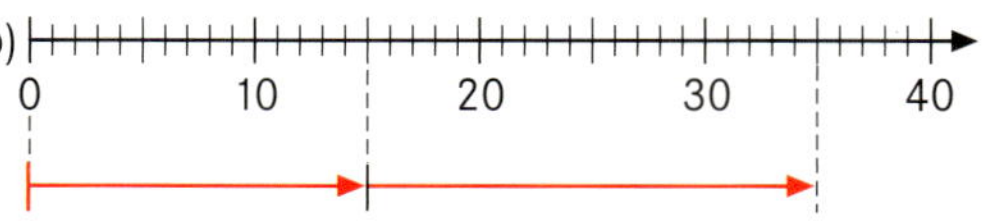

c)
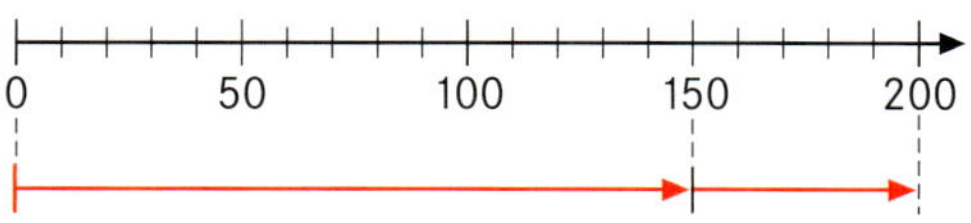

d)
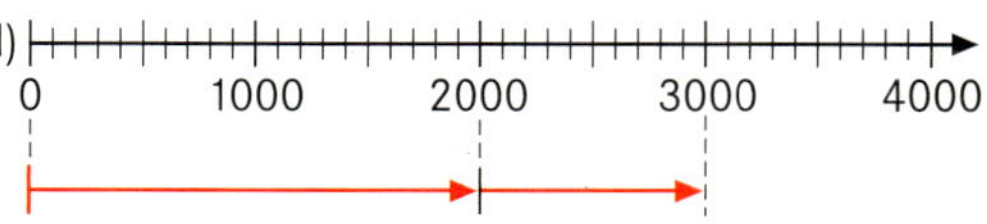

3 Veranschauliche mit Pfeilen. Wähle eine geeignete Einheit auf der Zahlenhalbgeraden.

a) 25 + 15 b) 8 + 7 c) 120 + 60 d) 350 + 250 e) 6500 + 4500
f) 75 + 35 g) 15 + 35 h) 300 + 650 i) 1200 + 200 k) 125 + 50

(1) Christophs Mutter ist Sportlerin und läuft dreimal in der Woche mit ihren Mannschaftskameradinnen. Sie läuft schon mal 12 Kilometer am Stück, während ihre Freundin Barbara drei Kilometer weniger schafft.

a) Wie weit läuft Barbara?

b) Diese Subtraktionsaufgabe löst du spielend im Kopf. Aber kannst du die Rechnung auch an der Zahlenhalbgerade darstellen? Übertrage dazu die Zeichnung in dein Heft und vervollständige sie. Schreibe auch die Rechnung auf deinen Pfeil.

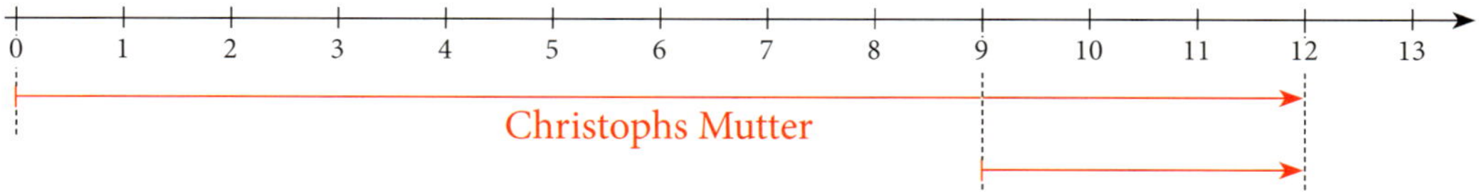

c) Erkläre, wie du den Ergebnispfeil gezeichnet hast.

d) Wie musst du die Pfeile für die Zahlen 12 und 3 bei der Subtraktion verknüpfen? Vergleiche mit der Addition.

Differenz

Spitze – Spitze – Kopplung

(M)

Differenz

10 − 4 = **6**

Minuend − **Subtrahend** = **Differenzwert**

Der Minuend muss dabei größer als der Subtrahend sein.

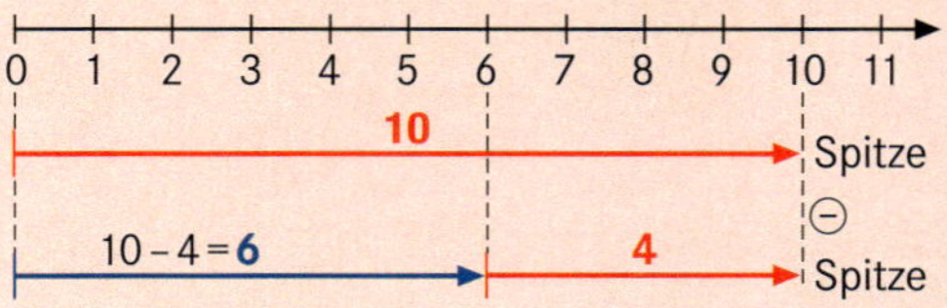

Darstellung an der Zahlenhalbgeraden: An die **Spitze** des Pfeils für den Minuenden wird die **Spitze** des Pfeils für den Subtrahenden gezeichnet.

Übungen

(2) Welche Rechnungen sind an den folgenden Pfeilbildern dargestellt?

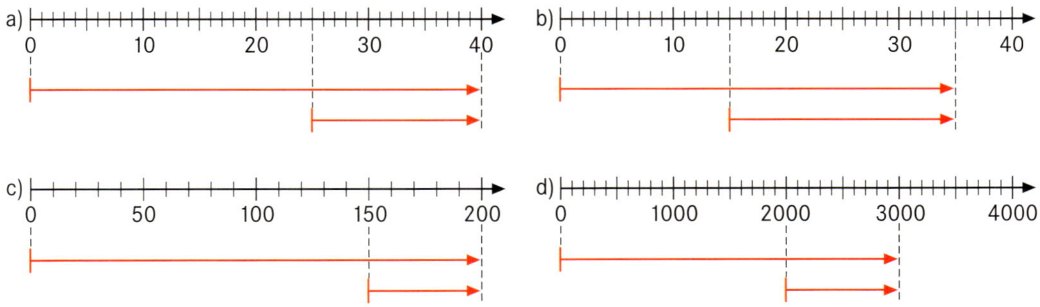

(M)

Addition und Subtraktion sind Umkehrungen voneinander.

14 + 3 = 17   17 − 3 = 14

(oder 17 − 14 = 3)

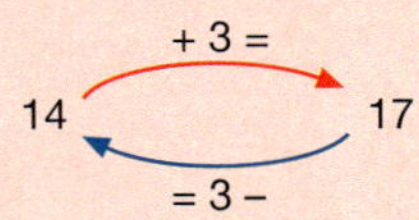

(3) Veranschauliche mit Pfeilen. Wähle eine geeignete Einheit auf der Zahlenhalbgeraden.

a) 25 − 15	b) 100 − 70	c) 65 + 30	d) 350 − 250	e) 1500 + 3500
10 + 15	70 + 30	95 − 65	250 + 100	5000 − 1500

1 Fülle in deinem Heft die Platzhalter aus. Schreibe auf, wie du gerechnet hast.

a)	b)	c)	d)
□ + 56 = 199	□ − 125 = 275	159 − □ = 88	1185 − □ = 886
□ − 38 = 83	170 + □ = 334	□ − 102 = 574	6700 − □ = 3410
77 + □ = 141	680 − □ = 532	148 + □ = 267	□ + 255 = 1665
□ − 62 = 58	245 + □ = 777	1450 − □ = 225	□ + 4650 = 29 750

2 Der erste Summand ist 178. Der zweite Summand ist um 31 größer als der erste Summand, der dritte Summand ist um 49 kleiner als der erste Summand.
a) Wie groß ist der zweite Summand?
b) Wie groß ist der dritte Summand?
c) Berechne den Summenwert.

3 Stelle fünf mögliche Rechnungen zusammen.
Hier hilft dir eine Überschlagsrechnung:

> 387 − 57 = □
> Überschlag: 400 − 60 = 340

4 a) Der Minuend ist 125, der Subtrahend ist 36. Wie groß ist der Differenzwert?
b) Welche Zahl muss man von 360 subtrahieren, um den Differenzwert 115 zu erhalten?
c) Der erste Summand ist 580, der zweite Summand ist um 120 größer. Berechne den Summenwert.
d) Die Summe aus drei Summanden hat den Wert 1000. Der erste Summand ist 120, der dritte Summand ist 750. Wie heißt der zweite Summand?

5 Schreibe zu folgenden Rechenausdrücken einen Text und berechne.

a)	b)	c)
560 − 170	82 + □ + 361 = 1000	241 + 159 − 64
715 + 691	965 − 453 − □ = 200	523 − 420 + 98

6 a) Subtrahiere vom Vorgänger der Zahl 1042 den Nachfolger der Zahl 1040.
b) Addiere zur größten dreistelligen Zahl den Nachfolger von 1000.
c) Der erste Summand ist 138, der dritte Summand ist der Nachfolger von 201. Der Summenwert beträgt 800. Wie groß ist der zweite Summand?
d) Addiere den Nachfolger von 1009 zum Vorgänger von 191.
e) Addiere zur zweitgrößten zweistelligen Zahl die kleinste dreistellige Zahl mit der Quersumme 8.

Benutze für die Sternchen die angegebenen Ziffern. Jede Ziffer darf nur einmal eingesetzt werden.

a) 5; 6; 7; 8; 9
* * + * * = 16*

b) 1; 2; 3; 4; 5; 6; 7; 8; 9
* * * + * * = 163
* * + * * = 143

7 Die Zahlen in den Drachen von zwei Geschwistern ergeben zusammen 1234.
Erkläre wie du vorgehst, um wenig rechnen zu müssen.
Welches Kind hat weder einen Bruder noch eine Schwester?

8 Ergänze zum nächsten Hunderter. 3250 + 50 = 3300

a) 154 212 541 1245
b) 3366 5147 618 7709
c) 901 4063 26 148 7767
d) 14 806 20 480 585 439 64 318

9 Christian soll 99 + 74 berechnen.

99 + 74
= 100 + 74 − 1
= 174 − 1 = 173
Christian

Nicole soll 170 − 98 berechnen.

170 − 98
= 170 − 100 + 2
= 70 + 2 = 72
Nicole

a) Erkläre, wie Christian und Nicole gerechnet haben.
b) Rechne so geschickt wie die beiden und schreibe die Rechnungen in dein Heft.

99 + 26	387 − 99	199 + 216	461 − 199	4687 − 999
18 + 99	236 − 98	38 + 102	934 − 298	999 + 238
99 + 443	529 − 101	101 + 458	714 − 201	8550 − 1998

10 Bastle dir folgende vier Ziffernkarten und lege sie wie die Platzhalter.

4 **6** **8** **9**

☐ ☐ + ☐ ☐ =

☐ ☐ − ☐ ☐ =

a) Das Ergebnis soll möglichst groß (klein) sein.
b) Das Ergebnis soll 37 betragen.
c) Das Ergebnis soll 144 betragen.

11 Setze + oder − in die Platzhalter ein, damit die Aufgabe richtig ist.

a) 50 ☐ 130 ☐ 90 ☐ 10 = 100
85 ☐ 40 ☐ 25 ☐ 60 ☐ 30 = 100
63 ☐ 37 ☐ 24 ☐ 62 ☐ 12 = 100
85 ☐ 17 ☐ 23 ☐ 64 ☐ 39 = 100

b) 31 ☐ 104 ☐ 67 ☐ 36 ☐ 4 = 100
350 ☐ 180 ☐ 360 ☐ 15 ☐ 92 ☐ 7 = 100
280 ☐ 210 ☐ 170 ☐ 36 ☐ 50 ☐ 54 = 100
122 ☐ 233 ☐ 332 ☐ 78 ☐ 19 ☐ 20 = 100

12 Rechne die Aufgaben von Ismael und Derya im Kopf. Was fällt dir auf?

13

Beispielzahlen: 20 und 6
Der Minuend 20 wird um 4 verkleinert, d. h. der neue Minuend ist 16. Der Subtrahend wird um 3 vergrößert, d. h. der neue Subtrahend ist 9.

$$\begin{array}{ccccc} 20 & - & 6 & = & 14 \\ \downarrow -4 & & \downarrow +3 & & \downarrow -7 \\ 16 & - & 9 & = & 7 \end{array}$$

Der Differenzwert wird um 7 kleiner.

a) Löse die Aufgabe mit einem anderen Zahlenbeispiel. Erhältst du dasselbe Ergebnis?
b) Wie ändert sich der Differenzwert, wenn man den Minuenden um 14 vergrößert und gleichzeitig den Subtrahenden um 6 verkleinert? Suche dir zwei passende Zahlenbeispiele.
c) Vom Summenwert zweier Zahlen wird der erste Summand wieder subtrahiert. Wie groß ist nun der neue Wert? Suche dir passende Zahlenbeispiele.
d) Zum Differenzwert zweier Zahlen wird der Subtrahend wieder addiert. Wie groß ist der neue Wert? Suche dir passende Zahlenbeispiele.
e) Erfinde selber solche Aufgaben und stelle sie deinem Nachbarn.

14 Welche Zahl spuckt das Krokodil aus?

Setze für den Platzhalter nacheinander verschiedene Zahlen ein. Was fällt dir auf?

1 

Carolin und Niko lösen zwei Subtraktionsaufgaben.
Warum erhalten sie unterschiedliche Ergebnisse, obwohl doch die Zahlen gleich sind?

Klammern

M **Klammern** musst du **zuerst** berechnen!
Sind in einer Aufgabe keine Klammern vorhanden, so rechnet man **schrittweise von links nach rechts.**

Übungen

2 Mit Rechenbäumen kann man Rechenausdrücke gliedern. Sie können somit beim Berechnen hilfreich sein.

Rechenausdruck 176 – (69 – 44)

Rechenbaum

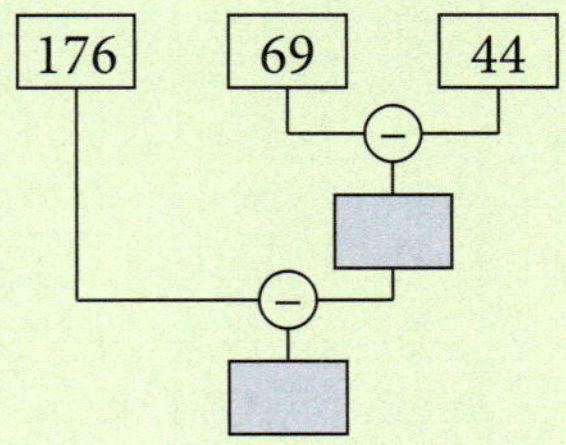

a) Zeichne den Rechenbaum ab und vervollständige ihn.
b) Berechne folgende Rechenausdrücke mit Hilfe eines Rechenbaums.
(81 – 54) + 73 95 + (64 – 38) (53 + 22) – (41 + 14)

3 (1)
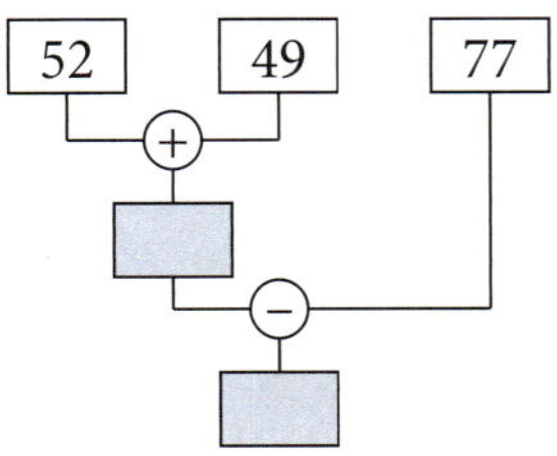

(2)
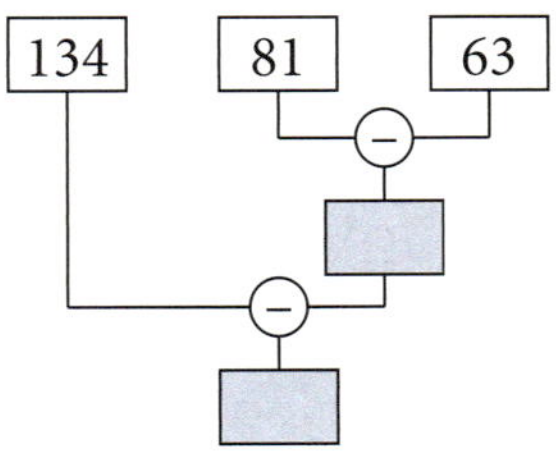

(3)
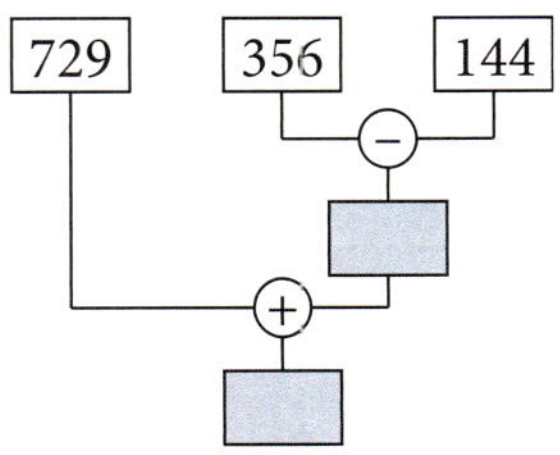

a) Schreibe zu jedem Rechenbaum den dazugehörigen Rechenausdruck. Berechne.
b) Sind bei jedem Rechenausdruck Klammern notwendig?

4 Berechne.

a)	b)	c)
(33 + 45) – 28	49 + (99 – 68)	(25 + 46) – (81 – 65)
100 – 19 + 21	23 + 54 – 55 + 18	78 + (99 – 41) – 26
(136 – 52) – 14	153 + 222 – (141 – 106)	(139 + 28) – 39 + 92

5 Bei einigen Rechnungen fehlen die Klammern. Setze sie so, dass das Ergebnis stimmt.

a)	b)	c)
24 + 31 – 14 = 41	45 – 25 – 8 = 28	73 – 18 + 35 = 90
55 – 25 – 18 = 12	64 – 34 – 20 = 50	67 – 43 – 24 = 48
80 – 30 + 20 = 30	73 – 23 + 13 = 63	80 – 35 – 45 = 0

1 Smila und Klaus haben dieselbe Aufgabe gerechnet. Hier siehst du, wie sie angefangen haben.
a) Übertrage die Anfänge in dein Heft und rechne zu Ende.
b) Vergleiche die beiden Rechenwege. Was stellst du fest?
c) Würdest du wie Smila oder wie Klaus rechnen? Begründe deine Antwort.

2 Berechne. Was fällt dir auf?

a) (18 + 24) + 31
18 + (24 + 31)

b) (36 + 52) + 6
36 + (52 + 6)

c) 158 + (21 + 78)
(158 + 21) + 78

M Wenn du mehrere Zahlen addieren sollst, kannst du dir durch geschicktes Rechnen Vorteile verschaffen.

geschicktes Rechnen

75 + 44 + 25 + 66
= 75 + 25 + 44 + 66
= (75 + 25) + (44 + 66)
= 100 + 110
= 210

Rechnen von links nach rechts

75 + 44 + 25 + 66
= 119 + 25 + 66
= 144 + 66
= 210

Kommutativgesetz

Assoziativgesetz

Bei der Addition darfst du die Reihenfolge der Summanden beliebig vertauschen. Das Ergebnis ändert sich dabei nicht. (**Kommutativgesetz der Addition**)
Bei der Addition darfst du beliebig Klammern setzen oder weglassen. Das Ergebnis ändert sich dabei nicht. (**Assoziativgesetz der Addition**)

Übungen

3 Vertausche die Zahlen und setze die Klammern so, dass du vorteilhaft rechnen kannst.

a) 46 + 73 + 64
32 + 84 + 68
51 + 111 + 39
93 + 123 + 77

b) 47 + 35 + 33 + 65
56 + 12 + 28 + 14
19 + 87 + 13 + 71
35 + 44 + 25 + 66

c) 63 + 23 + 57 + 27
88 + 32 + 12 + 68
78 + 96 + 62 + 14
99 + 88 + 12 + 11

Lösungen: 110, 170, 170, 180, 183, 184, 190, 200, 201, 210, 250, 293

4 Gilt das Kommutativgesetz und das Assoziativgesetz auch für die Subtraktion? Suche dir jeweils zwei Zahlenbeispiele.

5 Bilde aus den Zahlen mehrere Aufgaben. Das Ergebnis soll möglichst nahe an 1000 liegen.

514 3725 227 2666 132 93 6395 411 308 4729 7860 260

6 Schreibe jeweils einen Rechenausdruck auf und berechne. Verwende Klammern.
a) Addiere zu 5698 die Summe der Zahlen 302 und 4573.
b) Subtrahiere von der Differenz der Zahlen 2345 und 234 die Differenz der Zahlen 134 und 45.
c) Warum dürfen bei der Aufgabe b) die Klammern nicht weggelassen werden? Begründe.

1 Bastle dir Ziffernkarten von 1 bis 9. Lege mit den Ziffernkarten 1 bis 8 zwei vierstellige Zahlen untereinander.

4	**1**	**7**	**3**
5	**8**	**6**	**2**

a) Addiere die beiden Zahlen.
b) Subtrahiere die beiden Zahlen.
c) Bilde eine Aufgabe mit einem möglichst großen (kleinen) Ergebnis.
d) Bilde eine Additionsaufgabe mit einem Ergebnis möglichst nahe an 10 000.
e) **9** Ersetze eine Ziffernkarte durch die 9, so dass du eine Aufgabe mit dem Ergebnis 10 000 erhältst.
Welche Zahl hast du ersetzt?

M Beim **schriftlichen Addieren** und **Subtrahieren** werden die Einer, Zehner, Hunderter, … jeweils untereinander geschrieben.

Schriftliches Addieren

Schriftliches Subtrahieren

Addition:

		T	H	Z	E	
			8	6	2	
		1	0	3	4	
	+	1	7	5	1	
		1	1			
		3	6	4	7	

Subtraktion:

		ZT	T	H	Z	E	
			8	16	3	13	
		3	~~9~~	~~6~~	~~4~~	~~3~~	
	–		7	8	2	6	
		3	1	8	1	7	

Alle Einer, Zehner, Hunderter, … werden nacheinander addiert.

Nacheinander werden Einer, Zehner, Hunderter, … subtrahiert und bei Bedarf von der nächsten Stelle geborgt.

Übungen

2 Ordne die Ergebnisse der Größe nach, dann erhältst du das Lösungswort.

309	2036	1012	498	1618	1087	1301	1207
+ 92	+ 88	+ 209	+ 730	+ 64	+ 2306	+ 1290	+ 493
+ 105	+ 447	+ 320	+ 74	+ 492	+ 1724	+ 1066	+ 2008
C	U	M	O	P	R	T	E

3 Berechne.

a)	b)	c)	d)	e)	f)
825	3512	121 212	4987	681 725	567 324
– 647	– 2896	– 97 683	– 2443	– 350 424	– 345 210

PIPPI-Zahlen sind fünfstellige Zahlen, die wie mein Name PIPPI aufgebaut sind. Also zum Beispiel: 67 667, 83 883 oder 14 114. Ist das nicht toll?

4 Pippi Langstrumpf hat auf ihrer Schiffsreise nach Taka-Tuka-Land entdeckt, dass sie mit ihrem Namen besondere Zahlen bilden kann: PIPPI-Zahlen.

a) Bilde zu einer PIPPI-Zahl die dazugehörige andere PIPPI-Zahl mit den gleichen Ziffern, z. B. 14 114 und 41 441. Subtrahiere die kleinere von der größeren.
b) Schreibe vier andere solcher Aufgaben auf und rechne sie aus. Welche Ergebnisse hast du gefunden? Vergleiche mit deinem Nachbarn.
c) Tragt alle möglichen Ergebnisse in der Klasse zusammen. Sortiert die Ergebnisse der Größe nach. Was fällt euch auf?

5 Onkel Justus zählt wieder einmal die „Häupter seiner Lieben", sprich: sein Geld!

a) Onkel Justus schreibt die Einzelbeträge sorgfältig in ein großes Buch:
293 568 + 1 398 576 + 590 048 + 2 408 733 + …

Onkel Justus rechnet also:

293 568 + 1 398 576 + 590 048 + 2 408 733 + 689 900 + 6 266 100 (Übertrag 2) = …… 2 5

Kannst du erklären, wie Onkel Justus vorgeht, damit er wirklich die Einer, Zehner usw. addiert?

b) Übertrage die Rechnung in dein Heft und führe sie zu Ende.

c) Onkel Justus behauptet, dass auch das Subtrahieren geht, wenn man die Zahlen nebeneinander schreibt. Probiere es doch einmal für 3512 − 2896 aus. Erkläre, wie du dabei vorgegangen bist.

So kannst du die Zahlen auch nebeneinander addieren oder subtrahieren. Achte darauf, dass du immer stellenweise vorgehst. Markiere dir die Stelle mit einem Punkt.

B

862 + 1034 + 1751 = 3647 (Überträge: 1 1)

39643 − 7826 = 31817 (umgewandelt: 8 16 3 13)

6 Rechne nebeneinander. Was fällt dir auf?

a) 66 632 + 56 824
28 513 + 94 943
13 892 + 109 564
74 661 + 48 795

b) 16 342 − 16 330
6589 − 6466
48 957 − 47 723
24 513 − 12 168

c) 5682 + 45 + 84 273
46 524 + 5698 + 27 778
28 645 + 36 485 + 4870
49 + 36 370 + 23 581

d) 27 954 − 27 621
8670 − 5337
48 274 − 14 941
416 266 − 82 933

e) 1307 − 1295
56 913 − 56 889
7121 − 7073
10 057 − 9961

f) 7692 + 3721 − 10 192
5184 + 3523 − 5154
63 917 + 8325 − 64 795
7812 + 33 561 − 31 704

1 Die Billardkugeln haben die Nummern **1** bis **15**. Jede Kugel – außer die der ersten Reihe – berührt zwei Kugeln aus der davor liegenden Reihe. Die Lagen der Kugeln mit den Nummern **3, 6, 14** sind bekannt. Skizziere die Kugeln in dein Heft.

Verteile die Zahlen auf die Kugeln so, dass die Nummer jeder Kugel aus der 2. bis 5. Reihe gleich der Differenz der beiden Kugeln ist, die sie in der davor liegenden Reihe berührt.

2 Rechne geschickt.

a) 99 + 53
150 − 90
374 − 101

b) 101 + 187
36 + 98
853 − 302

c) 236 + 299
783 − 299
27 + 198

d) 459 − 399
573 − 402
402 + 667

e) 998 + 646
153 + 399
1540 − 999

43 + (31 − 19) + 26
= 43 + 12 + 26
= 81

3 Berechne.

a) 18 + (54 − 13 + 21)
46 + (24 + 78) − 62
(72 − 15 + 32) − 51
(25 + 46) − (81 − 69)

b) 43 + (51 − 16) + 78
(27 + 72) − 15 + 23
80 − (14 + 29) − 17
36 + (99 − 41) − 26

c) 94 − (11 + 15 + 34)
(82 − 16 − 26) + 75
75 − (33 + 28) + 77
23 + 54 − 55 + 18

Lösungen: 20, 34, 38, 40, 59, 68, 80, 86, 91, 107, 115, 156

4 Bestimme die fehlenden Zahlen.

a) (19 + □) + 28 = 80
(□ + 31) − 15 = 30

b) (13 + □) + 120 = 160
106 + (□ + 24) = 141

c) 162 + (117 − □) = 231
(□ − 128) + 146 = 302

5

20 + (50 − 10)
Addiere zur Zahl 20 die Differenz der Zahlen 50 und 10.

(60 + 25) − 12
Subtrahiere von der Summe der Zahlen 60 und 25 die Zahl 12.

Schreibe zu den Rechenausdrücken einen Text wie in den Beispielen oben.

a) 40 + (60 − 20)
b) (50 + 30) − 25
c) 98 − (62 − 15)
d) (88 + 20) + (45 − 30)
e) (101 − 71) + (35 + 58)
f) 79 − 47 − (15 + 17)

6 Berechne die Summe und die Differenz aus der größten und der kleinsten Zahl, die man aus den gegebenen Ziffern bilden kann.

a) 2, 4, 6
b) 1, 7, 5
c) 3, 8, 4, 9
d) 9, 2, 5, 7, 3

7 Rechne zuerst die innere (runde) Klammer aus, dann die äußere [eckige] Klammer.

a) 76 + [84 − (19 +27)]
b) (121 − 11) − [(15 + 36) − 18]
c) [138 − (64 − 19)] − 11
d) [(28 + 39) − 16] + [46 − (19 + 16)]
e) [(63 − 17) − 13] + [(88 + 47) − 40]
f) [125 − (126 − 26)] + [(125 − 26) + 126]

Lösungen: 62, 77, 128, 82, 114, 250

8 Ein Parkhaus hat 1352 Plätze. Während der Nacht waren 25 Autos im Parkhaus abgestellt. Im Laufe des Vormittags fahren 1579 Autos hinein und 428 Autos heraus. Stimmt die Anzeige im Bild?

9 Du musst zwischen die Ziffernkarten das Plus- und Minuszeichen setzen. Die Reihenfolge der Ziffern darf dabei nicht vertauscht werden.

[3] [4] [5] [6] [7] [8] [9] [+] [−]

a) Wo musst du das Plus- und Minuszeichen setzen, damit das Ergebnis 367 ist?
b) Kann das Ergebnis größer als 35 000 werden?
c) Wie lautet das kleinste Ergebnis?

10 Lehrer Trick sagt zu seinen Schülern: „Ich kann in die Zukunft schauen! Wenn ihr mit mir abwechselnd Zahlen aufschreibt und wir alle Zahlen addieren, kann ich euch jetzt schon den Summenwert sagen. Ich schreibe die Zahl auf einen Zettel."

a) Bedingung: Es dürfen nur dreistellige Zahlen addiert werden. Die erste Ziffer darf nicht 9 sein.

Herr Trick beginnt:	687
Lea notiert:	+ 473
Herr Trick ergänzt:	+ 526
Stefan schreibt:	+ 401
Herr Trick setzt darunter:	+ 598

Auf Lehrer Trick's Zettel steht: 2685
Überprüfe, ob das stimmt.

b) Bedingung: Es dürfen nur vierstellige Zahlen addiert werden. Die erste Ziffer darf nicht 9 sein.

Herr Trick beginnt:	3170
Lea notiert:	+ 8869
Herr Trick ergänzt:	+ 1130
Stefan schreibt:	+ 5687
Herr Trick setzt darunter:	+ 4312

Auf Lehrer Trick's Zettel steht: 23 168
Überprüfe, ob das stimmt.

c) Kommst du Lehrer Trick auf die Schliche? Wenn ja, dann teste diesen Trick bei deinen Mitschülern.

11 Der indische Mathematiker D. R. Kaprekar fand 1949 eine ganz bestimmte Zahl. Auch du kannst sie finden, halte dich an folgende Anweisungen:
- Wähle vier verschiedene Ziffern aus.
- Bilde aus deinen Ziffern die größte und die kleinste Zahl.
- Subtrahiere die kleinste von der größten Zahl.
- Bilde aus den Ziffern deines Differenzwertes wieder die größte und kleinste Zahl.
- Führe das achtmal durch. Vielleicht findest du aber auch schon eher die ganz bestimmte Zahl.

Sind deine Mitschüler auf dieselbe Zahl gekommen?

1

Wie du auf Seite 26 erfahren hast, könnte es sich hier um ein magisches Quadrat handeln.

15	10	3	6
4	5	16	9
14	11	2	7
1	8	13	12

a) Befolge die Anweisung des alten Chinesen.

b) Übertrage die nachfolgenden magischen Quadrate in dein Heft und vervollständige sie. Gib jeweils die magische Zahl an.

2		
7	5	3

22		20	
4		6	26
	18	12	
28		30	

15	2		6	
	14	1		10
9		13	5	
16	8		12	4
3		7		11

c) Vergleiche für jedes magische Quadrat die Summe aller Zahlen im magischen Quadrat mit der dazugehörigen magischen Zahl. Was fällt dir auf?

2 Suche dir ein magisches 5x5-Quadrat.

a) Vergrößere bei dem Zahlenquadrat jede Zahl um eins. Was stellst du fest?

b) Vergrößere nun jede Zahl um zwei. Was fällt dir auf?

c) Was fällt dir auf, wenn du jede Zahl verdoppelst bzw. verdreifachst?

d) Erkläre deine Beobachtungen aus den Aufgaben a), b) und c).

3 a) Wie heißt die magische Zahl jedes dieser 4x4-Zahlenquadrate?

2	3	4	1
3	2	1	4
1	4	3	2
4	1	2	3

8	12	16	4
12	8	4	16
4	16	12	8
16	4	8	12

28	27	26	29
27	28	29	26
29	26	27	28
26	29	28	27

36	39	42	33
39	36	33	42
33	42	39	36
42	33	36	39

b) Bei diesen Zahlenquadraten findest du die magische Zahl nicht nur als Summe der Zeilen, Spalten und Diagonalen. Suche weitere Wege, um die magische Zahl zu erhalten.

c) Was fällt dir noch bei diesen magischen Quadraten auf? Schreibe deine Beobachtungen auf.

d) Zeichne ein leeres 4x4-Zahlenquadrat in dein Heft und fülle es so mit den Zahlen 3, 6, 9 und 12 nach obigem Muster aus, dass es ein magisches Quadrat wird.

e) Erfinde ein 4x4-Zahlenquadrat mit der magischen Zahl 18.

1 Wer kommt der Zahl 500 am nächsten?

Jeder Wurf mit den drei farbigen Würfeln bedeutet eine dreistellige Zahl. Jeder würfelt dreimal hintereinander. Bilde die Summe aus den ersten zwei Würfen.
Bei den ersten beiden Würfen gibt es keine Vorschrift, welche Würfelfarbe für die Einer-, Zehner-, Hunderterstelle zuständig ist.
Von der nun gebildeten Summe musst du jetzt die gewürfelte Zahl des dritten Wurfs subtrahieren.
Beim dritten Wurf ist festgelegt:
Die Augenzahl des blauen Würfels gibt die Einer, die des roten Würfels die Zehner, die des grünen Würfels die Hunderter an.
Ziel: Wer kommt am Schluss der Zahl 500 am nächsten?

Beispiel: 1. Wurf  521
2. Wurf  + 632
1153
3. Wurf:  − 641
512

Differenz zu 500: 12

4

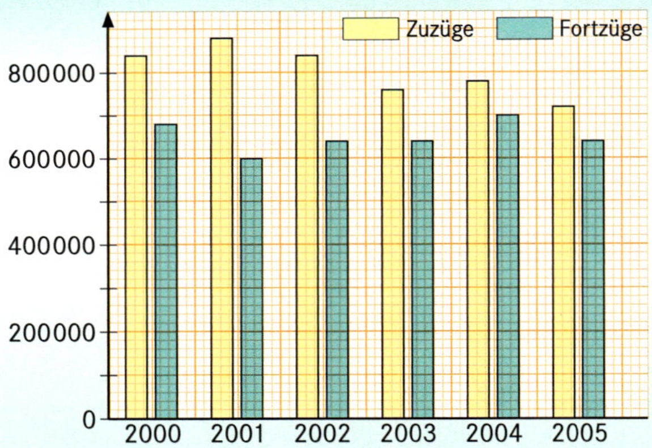

a) Wie viele Menschen sind von 2000 bis 2005 aus Deutschland abgewandert?
b) Wie viele Menschen sind in diesem Zeitraum nach Deutschland gezogen?
c) In welchem Jahr war das Bevölkerungswachstum am größten? Findest du das Jahr auch ohne zu rechnen? Begründe!

2

BLUE PLANET®

EIN PORTRAIT UNSERER ERDE

Im Traumschiff IMAX-Theater verlassen Sie die Erde. Sie blicken zurück über den Horizont des Mondes und sehen eine winzige Oase im weiten, leeren Raum – unsere Erde. Die Ozeane leuchten blau und türkis zwischen zarten, filigranen Wolken. Kontinente, Länder werden sichtbar – Europa, Afrika. Von Gibraltar bis zum Horizont erscheint das Mittelmeer …

a) Am Wandertag fahren mehrere Klassen der RS Wasserburg ins IMAX. Die Eintrittskarten der Wasserburger Schüler haben folgende Nummern:
Erste Karte: **NR. 876**
Letzte Karte: **NR. 1021**
Wie viele Wasserburger Schüler wollen die Show im IMAX sehen? (Hilfe: Seite 13)

b) Im Film versucht ein Außerirdischer untenstehende Aufgabe zu lösen. Dabei steht jedes Zeichen für eine bestimmte Zahl.

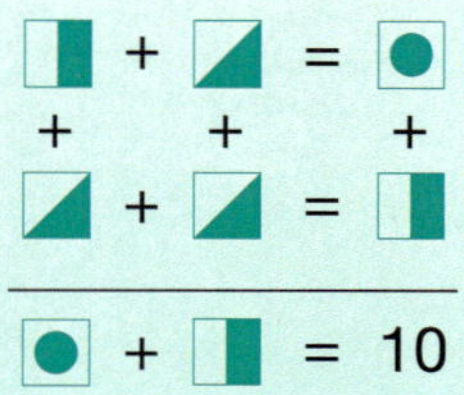

3

Im Frühjahr, wenn es wieder wärmer wird, wechseln die Autofahrer ihre Winterreifen gegen die Sommerreifen. Auch einige Motorradfahrer kaufen sich neue Reifen und lassen sie in einer Werkstatt montieren.
Jörg ist Auszubildender und will seinen Meister beeindrucken: „Ich habe heute insgesamt 42 Räder an 14 Fahrzeugen gewechselt."
An wie vielen Autos und Motorrädern hat Jörg die Reifen gewechselt?

3 Multiplizieren und Dividieren

Wie viele CD-Hüllen siehst du an der rechten Wand?

Die 5 b macht Leichtathletik: Die 30 Schülerinnen und Schüler laufen die 4 x 50 m Staffel. Kann jeder mitmachen?

1

Steile Wanderwege sind oft mit Drahtseilen gesichert. Die Drahtseile bestehen aus mehreren einzelnen Drähten.

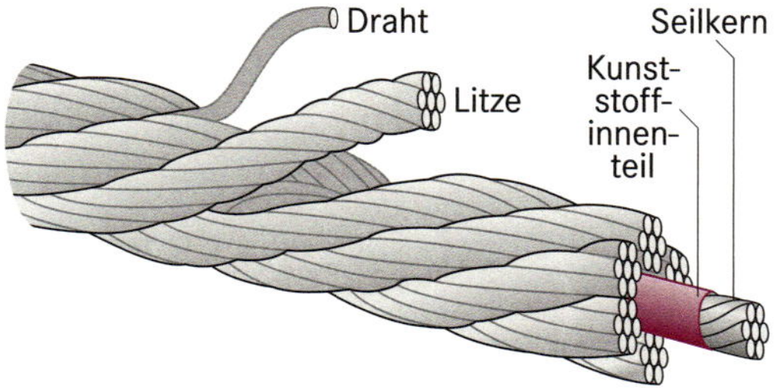

a) Rechts siehst du den Querschnitt eines Drahtseils. Aus wie vielen Drähten besteht dieses Seil?

b) Wie kannst du die Anzahl der Drähte berechnen?
Schreibe die dazugehörige Rechnung auf.

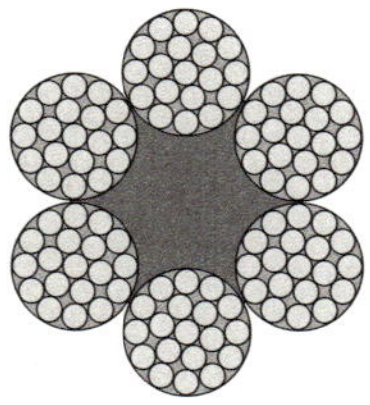

Querschnitt eines Drahtseils

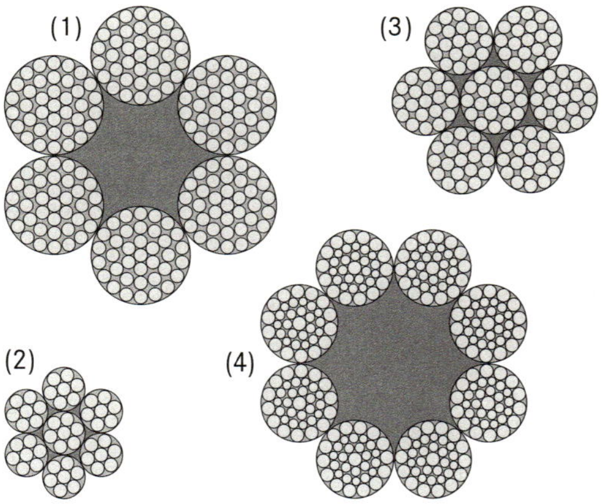

c) Drahtseile werden auch beim Brückenbau verwendet oder beim Heben von schweren Lasten. Deswegen gibt es ganz unterschiedliche Drahtseile. Links siehst du vier Querschnitte. Ordne jedem Querschnitt die richtige Rechnung unten zu!
Berechne anschließend die Anzahl der Drähte.

37 · 6 | 16 · 7 | 36 · 8 | 7 · 7 | 19 · 7

d) Dieses abgebildete Drahtseil besteht aus 133 einzelnen Drähten. Wie viele Drähte verlaufen in einer Litze?

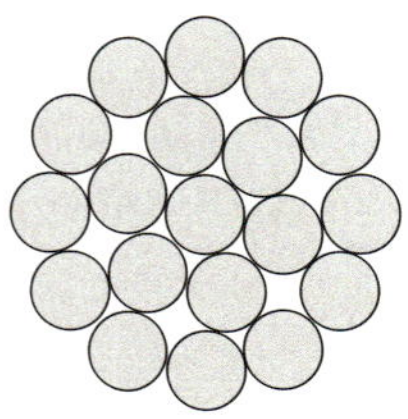

Produkt

M

Multiplikationsaufgabe: **Produkt**

9	·	17	=	153
1. Faktor	·	**2. Faktor**	=	**Produktwert**

Quotient

Divisionsaufgabe: **Quotient**

36	:	4	=	9
Dividend	:	**Divisor**	=	**Quotientenwert**

Übungen

2 Hüpf in der Reihe. Dein Ergebnis sagt dir, welche Aufgabe du als nächstes rechnen musst. Die Zielzahl findest du im Dach.

a) **66**

9 · 9 = ☐
54 : 9 = ☐
162 : 3 = ☐
81 · 2 = ☐
6 · 11 = ☐

b) **3**

28 : 4 = ☐
168 : 8 = ☐
56 · 3 = ☐
21 : 7 = ☐
7 · 8 = ☐

c) **24**

32 : 2 = ☐
8 · 9 = ☐
72 : 3 = ☐
48 : 6 = ☐
16 · 3 = ☐

3
a) Die beiden Faktoren heißen 14 und 5. Berechne den Produktwert.
b) Der Produktwert ist 48. Der eine Faktor ist 4. Wie groß ist der andere Faktor?
c) Dividiere ich die Zahl durch 9, so erhalte ich 9 (7, 8, 11, 20).
d) Multipliziere ich die Zahl mit sich selbst, so erhalte ich 49 (81, 100, 121).
e) Multipliziere ich die Zahl mit 7, so erhalte ich 56 (77, 280, 350, 4200).

4 Erstelle einen Rechenausdruck. Berechne anschließend.
a) Bilde den Quotienten aus 108 und 12.
b) Verdopple das Produkt von 5 und 18.
c) Multipliziere die beiden Zahlen 12 und 9 und halbiere den Produktwert.
d) Dividiere das Produkt aus 15 und 8 durch 12.
e) Multipliziere die Zahl 50 mit dem Quotienten aus 100 und 5.

5 Setze für die Platzhalter passende Zahlen ein. Berechne zuerst die runde und dann die eckige Klammer.

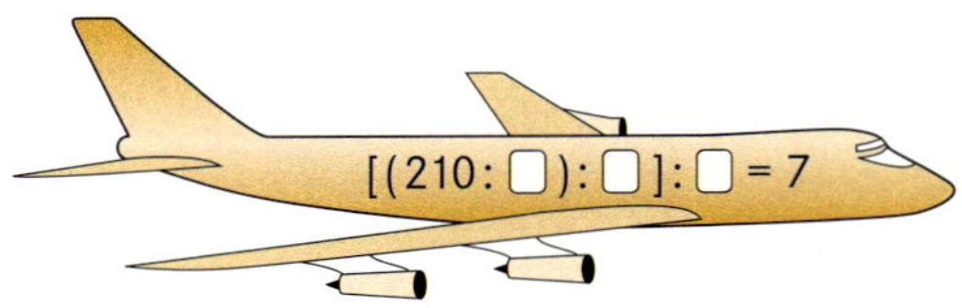

6
a) Wie ändert sich der Produktwert, wenn der erste Faktor verdoppelt wird und der zweite Faktor gleichzeitig verdreifacht wird?
b) Wie ändert sich der Quotientenwert, wenn der Dividend vervierfacht und gleichzeitig der Divisor halbiert wird?
c) Wie ändert sich der Produktwert, wenn der erste Faktor verdreifacht wird und der zweite Faktor gleichzeitig vervierfacht wird?
d) Erfinde selbst solche Aufgaben und löse sie. Stelle deine Aufgaben dann deinem Nachbarn.

7 5 6 1 3

Du hast diese vier Ziffernkarten zur Verfügung.

a) Bilde zwei zweistellige Zahlen, so dass der Produktwert möglichst groß ist. Begründe deine Wahl.
b) Bilde zwei zweistellige Zahlen, so dass der Produktwert möglichst klein ist.

8 In der Wolke sind mehrere Produktwerte. Schreibe zu jedem Produktwert zwei passende Faktoren.
Finde jeweils mehrere Möglichkeiten.

9 Lass die Schlange die Zahl 36, 48 und 12 schlucken und notiere das Ergebnis. Was fällt dir auf?

10 Bestimme den Platzhalter.

a) $\square \cdot 6 = 0$ b) $2000 \cdot \square = 0$ c) $24 \cdot 0 = \square$ d) $\square \cdot 0 = 0$

11 a) Dividiere 0 durch verschiedene Zahlen.

b) Michaela probiert, ob man auch durch Null dividieren kann. Deshalb schreibt sie zu jeder Aufgabe die Umkehraufgabe.

12 : 0 = 0
Umkehraufgabe:
0 · 0 = 12 (falsch)

12 : 0 = 12
Umkehraufgabe:
12 · 0 = 12 (falsch)

Begründe, warum man durch Null nicht dividieren darf.

M Multiplikation und Division sind Umkehrungen voneinander.

$12 \cdot 8 = 96$ $96 : 8 = 12$
$(96 : 12 = 8)$

12 → · 8 = → 96
96 → = 8 : → 12

Durch Null darfst du nicht dividieren.

12 Bestimme den Platzhalter. Formuliere anschließend eine Regel für die Multiplikation und Division mit Stufenzahlen.

a) $5 \cdot 10 = \square$
$\square \cdot 21 = 210$
$9200 : \square = 92$

b) $\square : 1000 = 19\,000$
$100 \cdot 52 = \square$
$470 \cdot \square = 4700$

c) $1000 : 10 = \square$
$600 : \square = 6$
$\square \cdot 13 = 1300$

13 a) 36 000 : 900
8400 · 20
4800 : 400
9000 : 1000
300 · 8000
56 · 200

b) 45 000 : 9000
100 · 120
66 · 2000
54 000 : 600
8000 : 20
1000 · 110

c) 2400 : 60
250 000 : 5000
6000 · 800
300 · 37
720 000 : 24 000
5200 : 40

70 · 500
= 7 · 5 · 1**0** · 1**00**
= 35 **000**

350~~0~~ : 7~~0~~
= 350 : 7
= 50

14 Philipp hat insgesamt sechs Fehler gemacht. Finde sie heraus.
Schreibe die Aufgaben dann richtig in dein Heft.

a) 39 : 39 = 0
67 : 1 = 67
0 : 55 = 0
79 : 1 = 79

b) 1 · 29 = 29
44 : 44 = 44
22 : 1 = 0
0 : 8 = 0

c) 0 · 91 = 91
26 : 26 = 1
37 : 0 = 37
0 : 46 = 46

1 a) Schreibe mindestens drei Rechenwege in dein Heft, die zum Ergebnis führen.
b) Vergleiche die Rechenwege. Bei welchen Rechenwegen hast du dir durch geschicktes Rechnen Vorteile verschafft?

2 Berechne. Was fällt dir auf?

a) $(20 \cdot 4) \cdot 3$	b) $2 \cdot (12 \cdot 4)$	c) $(4 \cdot 25) \cdot 6$	d) $(40 \cdot 8) \cdot 2$	e) $(200 \cdot 5) \cdot 8$
$20 \cdot (4 \cdot 3)$	$(2 \cdot 12) \cdot 4$	$4 \cdot (25 \cdot 6)$	$40 \cdot (8 \cdot 2)$	$200 \cdot (5 \cdot 8)$

3 Bei der Addition und Subtraktion hast du gelernt, wie du vorteilhaft rechnen kannst.
a) Schreibe in deinem Heft auf, wie du bei der Addition geschickt rechnen kannst.
b) Vergleiche mit deinen Entdeckungen aus Aufgabe 1 und 2.

M Wenn du mehrere Zahlen multiplizieren sollst, kannst du dir durch **geschicktes Rechnen** Vorteile verschaffen.

Geschicktes Rechnen	*Rechnen von links nach rechts*
$4 \cdot 2 \cdot 15 \cdot 25$	$4 \cdot 2 \cdot 15 \cdot 25$
$= 4 \cdot 25 \cdot 2 \cdot 15$	$= (4 \cdot 2) \cdot 15 \cdot 25$
$= (4 \cdot 25) \cdot (2 \cdot 15)$	$= (8 \cdot 15) \cdot 25$
$= 100 \cdot 30$	$= 120 \cdot 25$
$= 3000$	$= 3000$

Kommutativgesetz

Bei der Multiplikation darfst du die Reihenfolge der Faktoren beliebig vertauschen. Das Ergebnis ändert sich dabei nicht. **(Kommutativgesetz der Multiplikation)**

Assoziativgesetz

Bei der Multiplikation darfst du beliebig Klammern setzen oder weglassen. Das Ergebnis ändert sich dabei nicht. **(Assoziativgesetz der Multiplikation)**

Übungen

4 Vertausche, falls nötig, die Zahlen und setze die Klammern so, dass du vorteilhaft rechnen kannst.

a) $27 \cdot 2 \cdot 5$	b) $25 \cdot 8 \cdot 7$	c) $10 \cdot 19 \cdot 2 \cdot 5$	d) $9 \cdot 20 \cdot 5 \cdot 7$
$10 \cdot 64 \cdot 2$	$11 \cdot 125 \cdot 4$	$7 \cdot 4 \cdot 5 \cdot 4$	$4 \cdot 3 \cdot 7 \cdot 25$
$25 \cdot 9 \cdot 4$	$19 \cdot 18 \cdot 0$	$2 \cdot 43 \cdot 125 \cdot 8$	$45 \cdot 5 \cdot 2 \cdot 2$

Lösungen: 1400, 900, 0, 1280, 6300, 270, 900, 86 000, 2100, 560, 1900, 5500

1 Die Anzahl der Saftflaschen auf den beiden Fotos kann man auf verschiedene Weise berechnen.

(1) $4 + 6 \cdot 2$
(2) $4 \cdot 2 + 6 \cdot 2$
(3) $(4 + 6) \cdot 2$

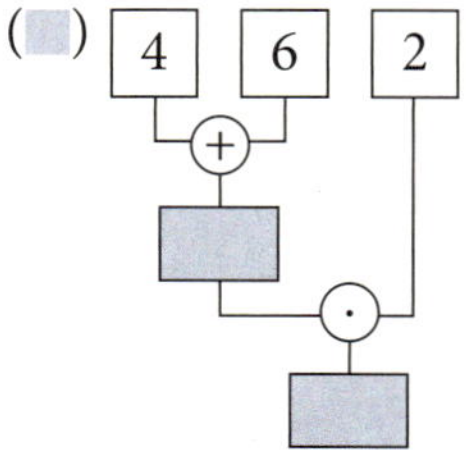

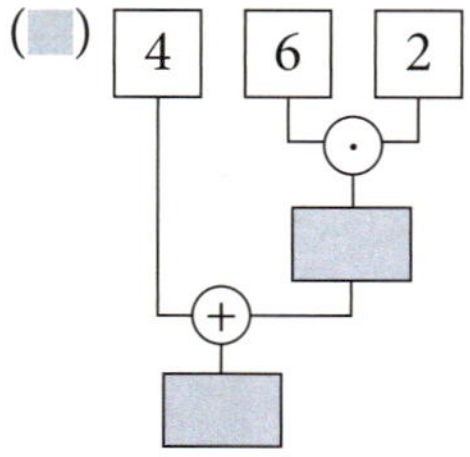

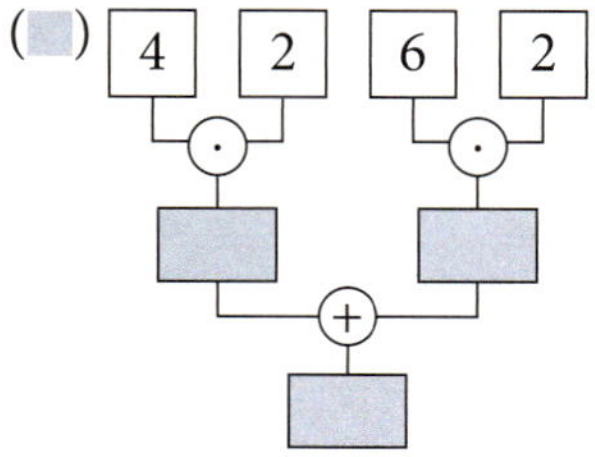

a) Ordne die Rechenausdrücke, die Rechenbäume und die Anzahl der Saftflaschen in den Bildern richtig zu.
b) Übertrage die Rechenbäume in dein Heft und vervollständige sie.
c) Beschreibe für den Rechenausdruck (1) und (3), welche Rechnungen du nacheinander ausführst, um auf das richtige Ergebnis zu kommen.
Woran erkennst du das am Rechenbaum?
d) Vergleiche die Rechenausdrücke (2) und (3). Was fällt dir auf?

M

Enthält eine Aufgabe Punkt und Strichrechnung, dann gilt:
Punktrechnung (· und :) kommt vor Strichrechnung (+ und –).

$20 + 12 : 3$	$80 - 4 \cdot 12$
$= 20 + 4 = 24$	$= 80 - 48 = 32$

Enthält eine Aufgabe Klammern, dann gibt es folgende zwei Möglichkeiten:
Die Klammer zuerst berechnen.

$(30 + 6) \cdot 8$	$(80 + 16) : 8$
$= 36 \cdot 8 = 288$	$= 96 : 8 = 12$

Distributivgesetz

Das Distributivgesetz anwenden, d. h. jeden Summanden in der Klammer mit der Zahl außerhalb der Klammer multiplizieren oder durch die Zahl außerhalb der Klammer dividieren.

$(30 + 6) \cdot 8$	$(80 + 16) : 8$
$= 30 \cdot 8 + 6 \cdot 8$	$= 80 : 8 + 16 : 8$
$= 240 + 48 = 288$	$= 10 + 2 = 12$

Übungen

2 Zeichne den dazugehörigen Rechenbaum und berechne anschließend.

a)	b)	c)	d)	e)
$60 - 80 : 4$	$(70 - 63) : 7$	$1000 - 80 \cdot 9$	$32 + 80 : 8$	$15 - 6 : 3$
$(20 + 30) \cdot 5$	$14 + 5 \cdot 3$	$(420 + 42) : 6$	$(12 + 9) \cdot 3$	$20 + 4 \cdot 9$
$25 \cdot 8 - 16$	$51 \cdot 5 - 41$	$810 : 9 - 47$	$96 : 6 + 26$	$(67 - 12) \cdot 4$

3 Rechne geschickt.

a)	b)	c)	d)
$60 : (18 - 12)$	$4 \cdot (20 + 6)$	$(22 - 7) \cdot 5$	$(90 + 6) : 3$
$(50 - 1) \cdot 7$	$(37 - 27) \cdot 11$	$3 \cdot (15 - 4)$	$6 \cdot (20 - 8)$
$(19 + 7) : 2$	$(88 + 32) : 8$	$(52 + 28) : 8$	$(400 + 7) \cdot 5$

4 Das Dart-Spiel wurde in England erfunden. 1896 ordnete der Zimmermann Brian Gamlin Zahlen auf einem Holzbrett so an, wie es auch heute noch beim Dart der Fall ist. Einem Wirt wurde von einem Gericht zunächst das Dart-Spiel in seiner Wirtschaft untersagt, weil es als Glücksspiel galt. Vor Gericht zeigte der Wirt sein großes Können. Er traf mit drei Pfeilen dreimal die 20. Ein Richter, der es ebenfalls versuchte, verfehlte jedes Mal die ganze Scheibe. Als Folge entschied das Gericht: „This is no game of chance.“ („Das ist kein Glücksspiel.“)

Spielregeln

- Jeder hat drei Pfeile, die er hintereinander wirft.
- Anschließend ist der nächste Spieler an der Reihe.
- Die erzielten Punkte werden von 501 ausgehend rückwärts gezählt.
- Sieger ist, wer als erster *genau* Null Punkte erreicht.

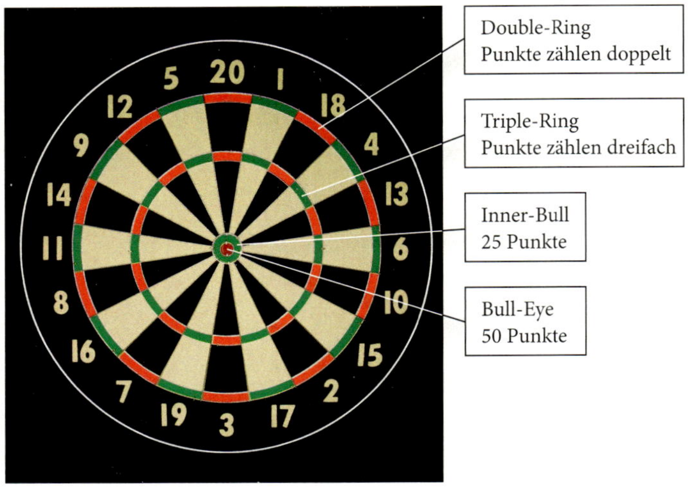

a) Der Spieler Joe Dragon trifft in der ersten Runde (also mit drei Pfeilen) auf die 11 und zwei Mal auf die 20 im Triple-Ring. Im zweiten Durchgang trifft er die 20, das Bull-Eye und den Inner-Bull. Wie ist nun sein Punktestand?
A 486 **B** 333 **C** 275 **D** 221

b) Wie viele Runden braucht Joe Dragon noch mindestens, um auf Null zu kommen? Mit welchen Würfen ist das möglich?

c) Maxi Spick spielt Dart mit seiner Schwester Stefanie. Nach einer Runde Werfen berechnet Maxi seinen Punktestand so:

$$501 - (1 + 2 \cdot 16 + 18) = 501 - (1 + 32 + 18)$$
$$= 501 - 51$$
$$= 450$$

Welche Felder hat Maxi mit seinen Pfeilen getroffen? Schreibe dazu einen Text.

d) Stefanie kontrolliert ihren Bruder mit folgender Rechnung:

$$501 - 1 - 2 \cdot 16 - 18 = 500 - 2 \cdot 16 - 18$$
$$= 498 - 16 - 18$$
$$= 482 - 18$$
$$= 464$$

Wie haben Stefanie und Maxi bei ihren Rechnungen gedacht? Wer hat deiner Meinung nach richtig gerechnet? Begründe.

Double Out: Der letzte Pfeil muss im Double-Ring landen.

e) Die große Kunst beim Dart ist, in nur drei Durchgängen, also mit insgesamt neun Pfeilen und einem *Double Out* das Spiel zu beenden. Beispiel: Punktestand vor dem letzten Wurf ist 36. Der letzte Pfeil muss im Double 18 landen. Dies ist bisher bei Turnieren erst ganz Wenigen geglückt.
Finde ein Beispiel für neun mögliche Würfe. Schreibe dazu den passenden Rechenausdruck, in dem Klammern und Punkt vor Strich vorkommen.

5 So kannst du mit dem Malkreuz eine Multiplikationsaufgabe durch geschicktes Zerlegen der Faktoren berechnen.

B

Multiplikationsaufgabe: 17 · 23 = (10 + 7) · (20 + 3)

1. Malkreuz anlegen

·	20	3	
10			
7			

2. Alle Produkte berechnen und eintragen

·	20	3	
10	200	30	
7	140	21	

3. Zeile für Zeile addieren

·	20	3	
10	200	30	230
7	140	21	161

4. Summenwerte addieren

·	20	3	
10	200	30	230
7	140	21	161
			391

5. Zur Kontrolle Spalte für Spalte addieren

·	20	3	
10	200	30	230
7	140	21	161
	340	51	391

6 Welche Multiplikationsaufgabe wird hier mit dem Malkreuz berechnet? Übertrage das Malkreuz in dein Heft und fülle es vollständig aus.

a)

·	50	6	
20	■	■	■
1	■	■	■
	■	■	■

b)

·	600	10	5	
10	■	■	■	■
3	■	■	■	■
	■	■	■	■

c)

·	200	20	2	
7	■	■	■	■
	■	■	■	■

7 Löse folgende Multiplikationsaufgaben mit dem Malkreuz.

a) 14 · 28 b) 9 · 16 c) 110 · 19 d) 42 · 21 e) 311 · 56

1 Denke an die Regeln: Punktrechnung vor Strichrechnung. Klammern zuerst berechnen.

a) $27 + 3 \cdot 80$
$180 - 17 \cdot 2$
$(88 + 12) \cdot 34$

b) $14 - (3 + 5)$
$20 + 60 : 5$
$(13 + 31) : 11$

c) $(3 + 8) \cdot (16 - 9)$
$3 \cdot 21 - 2 \cdot 14$
$6 \cdot 11 + 4 \cdot 15$

d) $42 : 7 + 3 \cdot 6$
$6 \cdot 5 + 9 \cdot 6$
$320 : 4 + 180 : 6$

2 a) $4 \cdot 12 + 13 \cdot 2$
$64 : 8 + 72 : 9$

b) $120 : 3 - 2 \cdot 16$
$4 \cdot 9 + 28 : 2$

c) $(90 - 36) : 3$
$90 - 36 : 3$

d) $75 : 5 + 144 : 2$
$8 \cdot 12 - 7 \cdot 13$

Lösungen 1 und 2: 4, 5, 6, 8, 16, 18, 24, 30, 32, 35, 44, 50, 74, 77, 78, 84, 87, 110, 126, 146, 267, 400, 583, 3400

3 Ordne den Aufgaben die richtigen Ergebnisse zu. Du erhältst ein Lösungswort.

a) $(4 + 6) \cdot (5 + 10)$
$4 + 6 \cdot 5 + 10$
$(4 + 6) \cdot 5 + 10$
$4 + 6 \cdot (5 + 10)$

b) $(16 + 4) \cdot (6 + 14)$
$16 + 4 \cdot 6 + 14$
$(16 + 4) \cdot 6 + 14$
$16 + 4 \cdot (6 + 14)$

c) $(240 + 80) : (8 - 6)$
$240 + 80 : 8 - 6$
$(240 + 80) : 8 - 6$
$240 + 80 : (8 - 6)$

150	F
400	N
44	R
280	T
134	S
96	C
34	F
94	U
160	H
54	D
60	E
244	A

4 Bei richtiger Zuordnung erhältst du ein Lösungswort.

a) $(60 - 36) : (6 - 2)$
$60 - 36 : 6 - 2$
$(60 - 36) : 6 - 2$
$60 - 36 : (6 - 2)$

b) $(10 \cdot 4 + 3) \cdot 5$
$10 \cdot 4 + 3 \cdot 5$
$10 \cdot (4 + 3) \cdot 5$
$10 \cdot (4 + 3 \cdot 5)$

c) $(5 \cdot 6 - 2) \cdot 3$
$5 \cdot 6 - 2 \cdot 3$
$5 \cdot (6 - 2) \cdot 3$
$5 \cdot (6 - 2 \cdot 3)$

6	M
24	I
52	O
51	N
0	E
350	I
60	K
190	N
55	A
2	U
215	T
84	B

5 Der Fahrer einer Getränkefirma liefert Säfte in Kisten zu je 12 Flaschen aus. Familie Moser erhält für ihre Party 6 Kisten, die Firma Gräper für ihre Betriebsfeier 13 Kisten und Familie Hauser 1 Kiste. Wie viele Flaschen liefert die Firma?

6 Ein Lastwagen hat Reiswaffeln geladen. In jeder Packung sind 21 Waffeln. 12 Packungen sind in einem Karton verpackt. Der Lastwagen hat $16 \times 10 \times 10$ Kartons geladen.
Wie viele Reiswaffelpackungen befinden sich auf dem Lastwagen?

7 3 5 8 2

Bilde mit den vier Zahlen einen Rechenausdruck. Du musst Klammern und alle Rechenzeichen (genau einmal) verwenden.

a) Das Ergebnis soll möglichst klein sein.
b) Das Ergebnis soll möglichst groß sein.

1

	40	Zahl
=	(4 · 10)	einfache Tarnung
=	(4 · (8 + 2))	zweifache Tarnung
=	(4 · ((20 – 12) + 2))	dreifache Tarnung
=	(4 · ((20 – (24 : 2)) + 2))	vierfache Tarnung

a) Erkläre die einzelnen Tarnungen im Beispiel. Hinweis: Achte auf die Farben.
b) Ergänze das Beispiel mit einer fünffachen Tarnung der Zahl 40.

2 Tarne die Zahl 80 jeweils dreifach. Verwende Farben.

a) 80
(100 – 20)

b) 80
(5 · 16)

c) 80
(2400 : 30)

3 Wähle eine dreistellige Zahl. Führe für deine Zahl eine vierfache Tarnung durch. Dein Nachbar soll deine Zahl enttarnen.

4 Welche Zahl wurde getarnt? Wie oft wurde sie getarnt?
a) (5 · (13 – 2))
b) (13 + ((200 – 192) + 7))
c) (3 · ((20 – (36 : 2)) + 5))

5 Zur besseren Übersicht kann man auch runde und eckige Klammern verwenden. Welche Zahl wurde getarnt?
a) 100 – [200 – (80 + 11) – 99] · 3
b) [140 – (27 – 15) · 5] + 114
c) 204 + [38 + (100 – 91) + 29] · 2
d) (635 – 125) – [(25 + 35) – 30 : 5]
e) [800 – (1000 – 250) – (40 – 11)] + 56
f) [(8 · 7 + 44) : 10 + (64 – 4 · 16)] – (88 – 79)
g) 24 + [(720 – 580) – (980 – 850)] + 42 · 3
h) [(36 – 4 · 6) + 84] + [(88 + 47) – 50] + 26
i) 88 – [240 – (360 – 190)] + 210 : 5
k) 3 · [(112 – 98) : 2 + (22 + 38) : 5]

Lösungen: 456, 1, 70, 60, 207, 194, 160, 77, 57, 356

6 Hier wurden bei der Tarnung die Klammern vergessen. Setze sie so, dass die Rechnung stimmt.
a) 37 + 3 · 5 = 200
b) 18 + 11 · 2 : 10 = 4
c) 109 – 10 + 3 : 6 = 16
d) 111 + 32 – 4 · 20 – 8 = 95
e) 18 – 6 + 2 · 12 = 168
f) 4 + 36 : 6 · 100 = 1000

7

Welche Zahlen von 0 bis 10 schaffst du so mit den vier „Fünfen“ zu tarnen?

1

Die meisten Artikel sind heute mit einem Strichcode versehen, der von Datenkassen oder Computersystemen gelesen werden kann. Am gebräuchlichsten ist der EAN-Code.

Länderkennziffern	
30–37	Frankreich
40–44	Deutschland
80–83	Italien
84	Spanien
90–91	Österreich
94	Neuseeland

4 034567 890121

EAN 13 – Code
(Europäische Artikel Nummerierung)
Durch eine Abfolge von verschieden breiten Balken und Lücken wird die darunter stehende Zahl codiert, damit sie von einem Scanner gelesen werden kann.

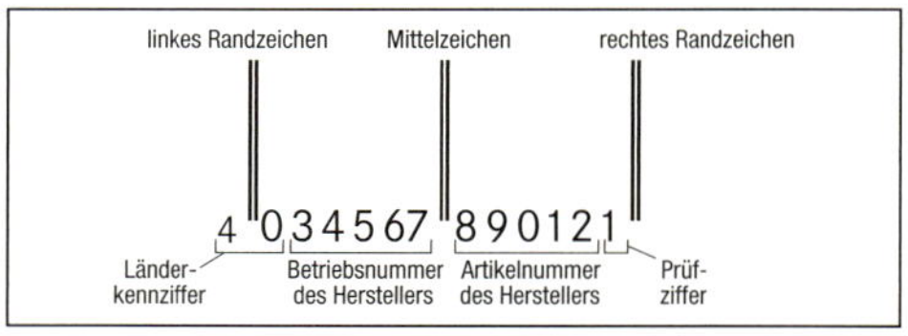

Die Grafik zeigt die Zusammensetzung des EAN-Codes.
Bei defektem Balkencode kann die 13-stellige Codezahl auch von Hand eingegeben werden. Die sogenannte **Prüfziffer** dient der Überprüfung der Eingabe und wird rechnerisch aus den ersten 12 Ziffern des Codes ermittelt. Stimmt die errechnete Prüfziffer nicht mit der Prüfziffer in der Artikeldatei überein, wird eine Fehlermeldung ausgegeben.

Berechnung der Prüfziffer
Multipliziere die einzelnen Ziffern abwechselnd mit 1 und 3.
Addiere die Produktwerte und bilde die Differenz zur nächsthöheren Zehnerzahl.

EAN	4	0	3	4	5	6	7	8	9	0	1	2	
multipliziert mit	1	3	1	3	1	3	1	3	1	3	1	3	
=	4	0	3	12	5	18	7	24	9	0	1	6	

Summe 4 +0 +3 +12 +5 +18 +7 +24 +9 +0 +1 +6 = 89

Prüfziffer: 90 – 89 = **1**

2 a) Sammle Gegenstände mit EAN-Codes, notiere den Code und „überprüfe" die Prüfziffer.
b) Berechne die Prüfziffer für die nebenstehenden Strichcodes:

4 0 34545 34862
4 0 54432 76442
4 0 22345 76771
9 0 87694 23323
8 0 14207 00013

3 Herr Bertram, der Kassierer, gibt die Codezahl von Hand ein und macht dabei einen Fehler.
a) Begründe, warum der Fehler sofort nach der Eingabe vom Computersystem bemerkt wird.
b) Begründe, warum sogar sogenannte „Zahlendreher" bei der Eingabe vom Kassensystem anhand der Prüfziffer bemerkt werden.

Eingabe: 4 0 12345 98665 2

1 Schon seit Jahrzehnten gibt es bei Büchern die **Internationale-Standard-Buchnummer ISBN.** Sie wurde eingeführt, um die einzelnen Bücher, die täglich auf der Welt neu erscheinen, eindeutig zu kennzeichnen. Wenn die ISBN eines gewünschten Buches bekannt ist, kann es vom Buchhändler sofort über das Internet oder per Fax bestellt werden.

ISBN 978 - 3 - 14 - 121641 - 7

ISBN 978 - 3 - 89124 - 549 - 1

Die Angabe des Buchtitels, des Autors und des Verlages ist somit nicht notwendig. Der Verlag ist verpflichtet, die ISBN in das Buch und nach Möglichkeit auch auf die Rückseite des Buches zu drucken. Seit 2007 hat die ISBN 13 Stellen und besteht aus fünf Teilen.

Beispiel: **978 - 3 - 14 - 159611 - 3**

Präfix	Sprachgruppe	Verlag	Titel	Prüfziffer
978	**deutsch**	**Westermann**	**Natur bewusst Biologie 5/6**	**3**

Der erste Teil der ISBN ist eine dreistellige Zahl, die von EAN International vorgegeben wird. Diese Präfix ist seit 2007 neu. Damit hat sich auch die Berechnung der Prüfziffer geändert und sie wurde der Berechnung der Prüfziffer des EAN-Codes angepasst.

Berechnung der Prüfziffer

Multipliziere die ersten 12 Ziffern abwechselnd mit 1 und 3.
Addiere die Produktwerte.
Finde die nächstgrößere durch 10 teilbare Zahl.
Subtrahiere die Summe von der nächstgrößeren Zehnerzahl.

ISBN	9	7	8	3	1	4	1	5	9	6	1	1	
multipliziert mit	1	3	1	3	1	3	1	3	1	3	1	3	
Produktwerte	9	21	8	9	1	12	1	15	9	18	1	3	

Summe 9 +21 +8 +9 +1 +12 +1 +15 +9 +18 +1 +3 =107

nächstgrößere Zehnerzahl: 110 (= 11 · 10)
Prüfziffer: 110 – 107 = 3

Sonderfall: Die ISBN 978-3-14-291659-0 hat die Prüfziffer 0.
Wenn du das obige Verfahren anwendest, erhältst du die Prüfziffer 10. Rechne nach!
Da die Prüfziffer eine einstellige Zahl ist, wird anstelle der 10 die Zahl 0 verwendet.

2 ISBN 978-5-89029-312-
ISBN 978-2-07-040850-
ISBN 968-0-7475-8752-

In welcher Sprache wurde das jeweilige Buch gedruckt?
Berechne die Prüfziffern.

Sprachgruppe	
0,1	englisch
2	französisch
3	deutsch
4	japanisch
5	russisch

3 Von der ISBN eines Buches ist die zwölfte Stelle unleserlich. Ermittle die Ziffer an dieser Stelle.

ISBN 978-3-14-12183 -0
9 783141 2183 0

1 In früheren Zeiten wurden beim schriftlichen Rechnen ganz andere Verfahren verwendet als heute. In Ägypten wurde eine Methode entwickelt, bei der man nur verdoppeln, halbieren und addieren können musste. In Russland war dieses Verfahren bis in die Neuzeit besonders bei Bauern gebräuchlich.

Aufgabe: 38 · 69

(1) Der größere Faktor wird immer verdoppelt und gleichzeitig der kleinere halbiert. Bleibt beim Halbieren ein Rest, wird er einfach weggelassen.	~~38 · 69~~ 19 · 138 9 · 276 ~~4 · 552~~ ~~2 · 1104~~ 1 · 2208 **2622**

(2) Die Produkte, bei denen der kleinere Faktor eine gerade Zahl ist, werden gestrichen.

(3) Die Summe der größeren Faktoren ist das Ergebnis der Multiplikation.

a) Erkläre deinem Banknachbarn, wie 38 · 69 berechnet wurde.
b) Berechne die Produkte 71 · 17 und 55 · 24 nach dieser Methode.

2 Heutzutage zerlegen wir die Faktoren beim Multiplizieren. Eine Möglichkeit ist das Malkreuz, das du auf Seite 49 kennengelernt hast. Beim schriftlichen Multiplizieren, das du in der 4. Klasse gelernt hast, wird nur noch ein Faktor zerlegt.
a) Welcher Faktor wurde im Beispiel zerlegt?
b) Erläutere die Rechenschritte.

2332 · 213 = ▢		
Überschlag: 2300 · 200 = 460000		
2332 · 213		
466400	←	2332 · 200
23320	←	2332 · 10
6996	←	2332 · 3
496716		

3 Berechne.

a)	b)	c)	d)	e)
232 · 12	5234 · 12	4563 · 21	3042 · 77	1212 · 34
343 · 22	4343 · 31	723 · 33	16103 · 66	3232 · 44
222 · 44	111 · 88	369 · 66	4051 · 44	5656 · 55

Lösungen: 2784, 7546, 9768, 9768, 23859, 24354, 41208, 62808, 95823, 134633, 142208, 178244, 234234, 311080, 1062798

4 a) Vergleiche beide Rechenwege miteinander. Welchen würdest du wählen? Begründe.
b) Rechne geschickt.
9 · 23068 12 · 8945
66 · 7076 2464 · 133

33 · 20478	20478 · 33
66	61434
00	61434
132	675774
231	
264	
675774	

5 Löse die Aufgaben möglichst vorteilhaft. Du erhältst bei jeder Aufgabe ein Lösungswort, wenn du beim Ergebnis die Ziffern durch die angegebenen Buchstaben ersetzt.

0	1	2	3	4	5	6	7	8	9
N	I	B	T	D	R	E	A	S	F

a)	b)	c)	d)	e)
4 · 67079	118957 · 80	4645 · 18	26173 · 320	2339 · 240
20 · 28003	623739 · 90	6667 · 54	3869 · 216	2681 · 360
6 · 145351	2089049 · 40	17605 · 32	240 · 239	3122 · 180

6 Linda hat diese fünf Ziffernkarten und bildet das Produkt aus einer zwei- und einer dreistelligen Zahl.

1 8 9 4 3

a) Linda legt das Produkt 319 · 48 und behauptet, dass sie ein sehr großes Produkt gelegt hat. Was meinst du zu Lindas Behauptung?
b) Vertausche die Kärtchen so, dass das Ergebnis möglichst groß ist. Wie bist du dabei vorgegangen? Berechne.
c) Wie kannst du die Ziffernkärtchen legen, dass das Ergebnis möglichst klein ist? Berechne.

7

a)	b)	c)	d)	e)
425 · 37	1007 · 749	220 · 9407	3287 · 3006	743 · 809
812 · 46	6034 · 205	746 · 453	4386 · 315	4682 · 453
348 · 29	5108 · 134	6204 · 246	796 · 4008	6678 · 329

Lösungen: 10092, 15725, 37352, 337938, 601087, 684472, 754243, 1236970, 1381590, 1526184, 2069540, 2120946, 2197062, 3190368, 9880722

8

a)	b)	c)	d)	e)
1364 · 125	2043 · 81	909 · 718	3636 · 2507	345 · 7724
7342 · 244	9008 · 567	280 · 976	1818 · 2065	676 · 887
34132 · 279	4070 · 679	1058 · 480	5454 · 9003	824 · 987

Lösungen: 165483, 170500, 273280, 507840, 599612, 652662, 813288, 1791448, 2664780, 2763530, 3754170, 5107536, 9115452, 9522828, 49102362

9 Übertrage in dein Heft und suche die fehlenden Ziffern.

a)	b)	c)	d)	e)
2 1 1 9 · 3 □	8 6 3 · □ □	□ 4 · 8 □	5 3 · □ □	□ 7 5 · □ 6
□ □ □ □	□ □ □ 1	□ 7 □	□ □ □	1 □ □ □
8 □ □ □	□ □ □ □	6 □	□ 1 □	4 0 □ □
□ □ □ □ □	□ □ □ □ 4	□ □ 8 □	1 9 □ 8	□ □ □ 5 □

10

1 · 1
11 · 11
111 · 111
1111 · 1111
11111 · 11111

a) Wie viele Stellen haben die Ergebnisse?
b) Berechne. Was fällt dir auf?
c) Gib das Ergebnis des Produkts 111111111 · 111111111 an ohne zu rechnen.

11 Wähle eine dreistellige Zahl. Multipliziere deine Zahl mit 7, das Produkt anschließend mit 11. Jetzt musst du dein Ergebnis nur noch mit 13 multiplizieren. Was stellst du fest? Überprüfe deine Feststellung noch an zwei anderen dreistelligen Zahlen.

1 Nimm das Blatt einer Tageszeitung. Untersuche, wie viele Lagen man beim Falten erhält. Anschließend werden die Blätter noch gelocht.

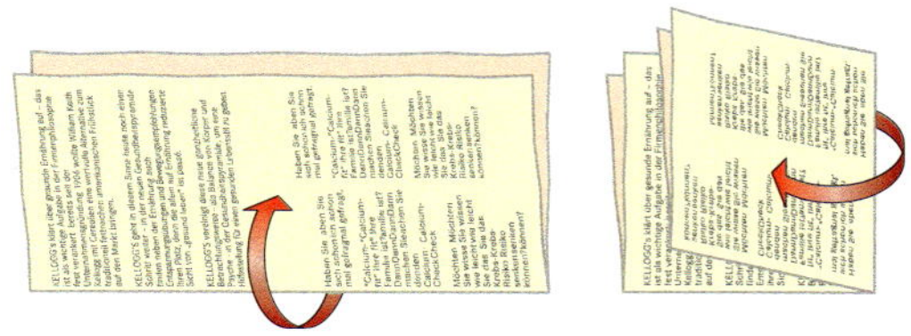

a) Falte dein Blatt und notiere die Anzahl der Lagen in einer Tabelle.

Anzahl der Faltungen	1	2	3	4	□
Anzahl der Lagen	2	$2 \cdot 2 = 4$	□	□	□
Anzahl der Löcher	$2 \cdot 2$	$2 \cdot 2 \cdot 2 = 8$	□	□	□

b) Wie oft kannst du falten? Wie viele Lagen erhältst du?
c) Notiere eine Regel für die Anzahl der Lagen.
d) Wie oft müsstest du falten, um über 500 oder über 2000 Lagen zu erhalten?
e) Wenn du ein einfach gefaltetes Blatt mit einem Locher lochst, erhältst du vier Löcher. Wenn du ein zweifach gefaltetes Blatt lochst, sind es 8 Löcher. Ergänze deine Tabelle.
f) Welcher Zusammenhang besteht zwischen der Anzahl der Lagen und der Anzahl der Löcher in deinem Blatt?

M

Potenz

Anstelle des Produkts $\underbrace{2 \cdot 2 \cdot 2 \cdot 2 \cdot 2}_{\text{5 gleiche Faktoren}}$ schreibt man

$$2^5$$

5 ← Exponent (Hochzahl)

Basis → (Grundzahl)

Potenz

lies: 2 hoch 5

Quadratzahl

Zehnerpotenzen

Ist der Exponent eine 2, spricht man von **Quadratzahlen,** z. B. $2^2 = 4$; $11^2 = 121$.
Stufenzahlen können kürzer als **Zehnerpotenzen** geschrieben werden,
z. B. $10\,000\,000 = 10 \cdot 10 \cdot 10 \cdot 10 \cdot 10 \cdot 10 \cdot 10 = 10^7$

Übungen

2 Schreibe als Produkt und berechne.

a) 2^5, 5^3 b) 7^2, 1^{13} c) 4^4, 17^1 d) 10^5, 5^4 e) 2^6, 11^2 f) 10^4, 3^4 g) 0^{10}, 6^3 h) 12^2, 3^5

3 Richtig oder falsch? Begründe deine Antwort.

a) $5^3 = 125$, $16^1 = 16$ b) $4^4 = 246$, $2^6 = 64$ c) $7^3 = 7 \cdot 7 \cdot 7$, $2^7 = 128$ d) $10^5 = 100\,000$, $3^3 = 9$ e) $1^{18} = 1$, $1^{10} = 10$

4 Schreibe mit Zehnerpotenzen. Welche Besonderheit stellst du fest?

a) 100 b) 10 000 c) 1 000 000 d) 10 000 000 000 e) 10 f) 1000

5 Schreibe mit Zehnerpotenzen.

a) 80 800 8000 80 000 b) 600 000 50 000 4000 300 20

$6000 = 6 \cdot 1000$
$= 6 \cdot 10^3$

6 Wird ein Potenzwert größer oder kleiner, wenn du die Basis und den Exponenten vertauschst? Setze < oder > oder = ein.

a) 4^2 □ 2^4 b) 2^3 □ 3^2 c) 1^7 □ 7^1 d) 5^1 □ 1^5
e) 6^3 □ 3^6 f) 2^6 □ 6^2 g) 10^2 □ 2^{10} h) 4^3 □ 3^4

7 Schreibe die Zahlen als Potenzen. Wähle eine passende Basis.
a) 9, 81, 25, 100, 121 b) 8, 16, 32, 1000, 64 c) 49, 125, 144, 1 000 000

8 Nach der Befruchtung teilt sich die menschliche Eizelle. Bei der 1. Zellteilung werden aus einer zwei Zellen, bei der 2. Teilung aus zwei Zellen vier, später aus vier acht usw. Aus wie vielen Zellen besteht der menschliche Keim nach der 7. Zellteilung?

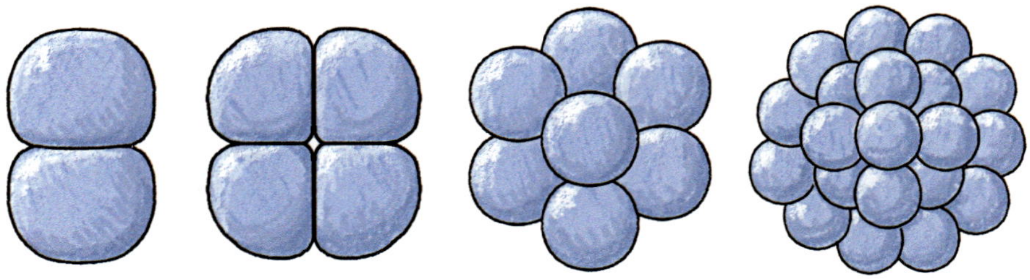

9 a) Wie viele Eltern, Großeltern, Urgroßeltern, Ururgroßeltern hast du?
b) Wie viele Vorfahren waren es vor 10 Generationen?
c) Vor wie vielen Jahren sind deine Ururgroßeltern ungefähr geboren, wenn zwischen der Geburt der Eltern und der Kinder immer etwa 30 Jahre liegen?

10 Eine Geschichte erzählt von einem seltsamen Herrscher, der jede Woche einen Gefangenen frei ließ. Er ging dabei so vor:
Alle Gefangenen mussten sich in einem Kreis aufstellen. Dann schritt der Herrscher immer im Kreis und schickte jeden zweiten Gefangenen in die Zelle zurück, so lange, bis nur noch einer übrig blieb. Dieser war dann frei und konnte gehen.

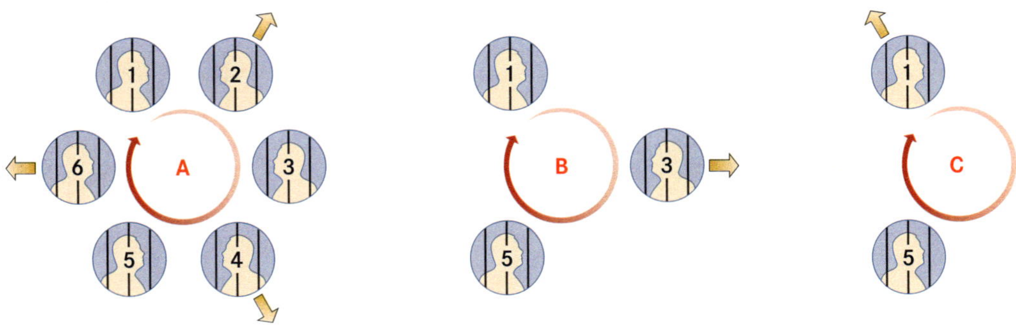

a) Die Zeichnungen A, B und C zeigen, wer bei sechs Gefangenen frei kommt. Spielt die Situation in der Klasse nach.
b) Spielt die Situation mit sieben Gefangenen in der Klasse nach. Wer kommt frei?
c) An welcher Position möchtest du bei acht Gefangenen stehen? Begründe.
d) Finde für unterschiedlich viele Gefangene heraus, welche Positionen zur Freilassung führen. Übertrage dazu die Tabelle in dein Heft und ergänze sie.

Anzahl	2	3	4	5	6	7	8	9	10	11	12	13	14	15	16
Position, die zur Freilassung führt	1				5										

e) Untersuche die Tabelle nach Gesetzmäßigkeiten.
f) Gib nun die Position an, bei der man bei 32 Gefangenen frei kommt.
Versuche die Lösung ohne Abzählen zu ermitteln.
g) Gib weitere Anzahlen von Gefangenen an, bei denen man auf Position 1 stehen muss, um frei zu kommen. Nenne einen Zusammenhang zwischen diesen Zahlen.

11 a) Übertrage die Tabelle in dein Heft und ergänze zu den natürlichen Zahlen 1 bis 20 die zugehörigen Quadratzahlen und das Bild.

Zahl	1	2						…	20
Quadratzahl	$1^2 = 1$	$2^2 = 4$						…	$20^2 =$
Bild	●	●● ●●	●●● ●●● ●●●	●●●● ●●●● ●●●● ●●●●				…	

b) Erkläre, warum die Bilder die entsprechenden Quadratzahlen veranschaulichen.

c) Berechne die Differenz der Quadratzahlen 3^2 und 2^2.
Den Differenzwert kannst du auch mit Hilfe der Abbildung rechts finden.
Beschreibe dein Vorgehen.

d) Bilde mindestens zehn weitere Differenzwerte zweier benachbarter Quadratzahlen.

e) Welche deiner in d) berechneten Differenzwerte kannst du in der Abbildung rechts finden? Begründe.

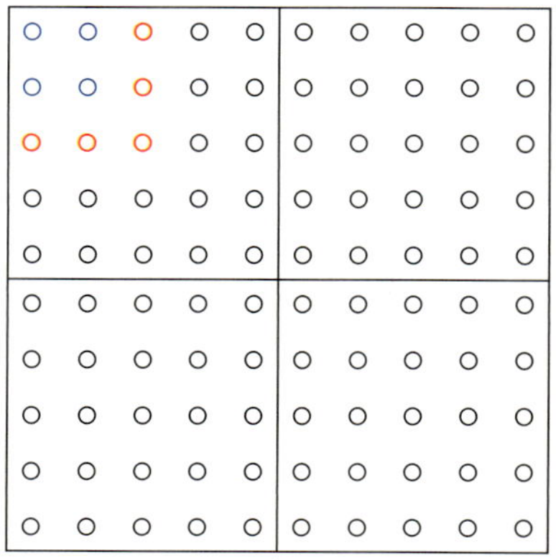

12

Marina: Ich multipliziere die Zehnerziffer mit der um eins größeren Zahl, schreibe das Ergebnis auf und setze dahinter die Zahl 25.

Fabian: Ich multipliziere die Zehnerziffer mit der um eins größeren Zahl, anschließend das Ergebnis mit 100. Zum Schluss addiere ich 25.

a) Überprüfe die Vorschläge von Marina und Fabian. Wähle dazu eigene zweistellige Zahlen mit der Endziffer 5.

b) Ein Mathematiker behauptet: Zwischen den Rechenwegen von Marina und Fabian ist kein Unterschied. Hat er Recht? Begründe.

13 Untersuche folgende Rechenausdrücke.

(1) $1 \cdot 2 \cdot 3 \cdot 4 + 1$ (2) $2 \cdot 3 \cdot 4 \cdot 5 + 1$
(3) $3 \cdot 4 \cdot 5 \cdot 6 + 1$ (4) $4 \cdot 5 \cdot 6 \cdot 7 + 1$

a) Berechne die vier Rechenausdrücke. Was stellst du fest?

b) Stelle die nächsten drei Rechenausdrücke auf, die dazu passen.
Berechne deren Wert.

d) Überprüfe, ob deine Überlegungen aus a) auch für deine Rechenausdrücke aus b) gelten.

Eine Horrorraupe in einem Versuchslabor frisst so viel, dass sie jede Stunde ihr Volumen verdoppeln kann. Nach 6 Stunden ist das Versuchsglas voll. Nach wie viel Stunden war es nur halb voll?

1 Die Panzerknacker haben Onkel Dagoberts Geldspeicher ausgeraubt. Karlchen, Burger, Kuno, Schlabber, Babyface, Bankojob und Bomberknacker wollen ihre Beute mit Oma Knack gerecht aufteilen.

a) Sie haben zweiundachtzig 100 €-Scheine, neun 10 €-Scheine und acht 1 €-Münzen erbeutet. Können die Panzerknacker ihre Beute mit diesen Scheinen und Münzen aufteilen? Begründe.

b) Beim nächsten Einbruch erbeuten die Panzerknacker 7496 €. Sie haben sich dieses Mal vorher überlegt, wie viele 100 €-Scheine, 10 €-Scheine und 1 €-Münzen sie brauchen, damit jeder den gleichen Anteil erhält. Wie haben sie das gemacht?

> 7496 : 8 = 900 Rest 296
> −7200
> 296
>
> Das bedeutet, dass jeder Panzerknacker und Oma Knack neun 100 €-Scheine bekommen.
> Sie benötigen also insgesamt 72 von den 100 €-Scheinen. Es bleiben ihnen noch 296 €, die sie aufteilen müssen.
> Überlege dir mit einer ähnlichen Rechnung, wie viele 10 €-Scheine und 1 €-Münzen sie benötigen.

c) Wie viel Geld erhält jeder Panzerknacker?

2 Beim nächsten Beutezug stehlen die Panzerknacker 9383 €. Da sie aber sowohl von Gundel Gaukelei als auch von McMoneysack mit seinen Helfern unterstützt wurden, müssen sie ihre Beute auf 11 Personen aufteilen.
McMoneysack übernimmt die Aufteilung und notiert dabei:

a) Wie viele 100 €-, 10 €-Scheine und 1 €-Münzen bekommt jeder?

	9	3	8	3	:	1	1	=	8	0	0	+	5	0	+	3
−	8	8	0	0				=	8	5	3					
		5	8	3												
	−	5	5	0												
			3	3												
		−	3	3												
				0												

b) Gundel vertraut McMoneysack nicht und rechnet nach. Sie verwendet dabei die Kurzfassung für die schriftliche Division.
Erkläre, wie Gundel gerechnet hat und vervollständige die Rechnung in deinem Heft.

		9	3	8	3	:	1	1	=	8	5	
	−	8	8									
			5	8								
		−										

Übungen

3 Berechne wie Gundel Gaukelei auf der Seite 59.

a)	b)	c)	d)	e)
924 : 6	888 : 6	935 : 5	4995 : 5	39 395 : 5
702 : 6	931 : 7	1089 : 9	6312 : 8	54 516 : 7
816 : 6	868 : 7	1064 : 8	3195 : 9	79 008 : 8

4 Achte auf die Null in den Ergebnissen.

a)	b)	c)	d)	e)
4900 : 5	5 120 : 8	14 602 : 7	1 924 800 : 80	2 117 500 : 50
6840 : 9	5 220 : 9	52 236 : 9	560 640 : 80	4 848 000 : 60
5810 : 7	6 504 : 6	28 872 : 8	2 805 600 : 70	6 381 000 : 90

Lösungen: 580, 640, 760, 830, 980, 1084, 2086, 3609, 5804, 7008, 24 060, 40 080, 42 350, 70 900, 80 800

5

a)	b)	c)	d)	e)
2068 : 11	3732 : 12	1665 : 15	4242 : 21	3276 : 14
6105 : 11	3060 : 12	1722 : 14	4914 : 21	4995 : 15
2808 : 12	1469 : 13	6480 : 15	3379 : 31	4316 : 13

Lösungen: 109, 111, 113, 123, 188, 202, 234, 234, 234, 255, 311, 332, 333, 432, 555

6 Oma Knack verzichtet beim Überfall der Panzerknacker großzügig auf ihren Anteil. Die erbeuteten 7496 € teilen Karlchen, Burger, Kuno, Schlabber, Babyface, Bankojob und Bomberknacker nur unter sich auf.
Wie viel Geld erhält jeder?

7
a) Dividiere 1 088 640 durch alle Zahlen von 2 bis 9.
b) Dividiere 1 088 641 durch alle Zahlen von 2 bis 9. Welchen Rest erhältst du jeweils?
c) Welchen Rest erhältst du, wenn du 1 088 643 (1 088 647) durch alle Zahlen von 2 bis 9 dividierst? Beantworte die Frage, ohne zu rechnen.

8 Zu jedem Rest gehört ein Buchstabe. Die Buchstaben ergeben in der Reihenfolge der Aufgaben einen Satz mit drei Wörtern.

a)	b)	c)	d)
1660 : 7	9 048 : 20	8288 : 11	4 692 : 21
5890 : 9	7 984 : 20	3103 : 12	17 464 : 31
3650 : 8	10 593 : 30	7221 : 13	13 836 : 62

E = 7	L = 5
I = 6	R = 3
A = 4	T = 10
H = 11	S = 2
C = 9	W = 8
D = 1	

9 Bestimme die fehlenden Ziffern.

a)
```
 4 6 9 : □ = □ □
-4 2
 ----
   □ □
  -□ □
  ----
     0
```

b)
```
 7 3 2 : □ □ = 6 □
-□ □
 ----
   □ □
  -□ □
  ----
     0
```

c)
```
 □ □ □ : 4 2 = 2 □
-□ □
 -----
   1 2 □
  -□ □ □
  ------
       0
```

10 Setze die Ziffern 3, 6, 9 für die Platzhalter in □ □ : □ so ein, dass
a) der Wert des Quotienten möglichst klein ist.
b) der Wert des Quotienten möglichst groß ist.

So viele Geschwister!
Christinas Freund Marcel hat viele Geschwister. Marcels Eltern haben drei Söhne. Jeder der Söhne hat drei Schwestern. Wie viele Geschwister hat Marcel?

1 a) Subtrahiere den Quotienten der Zahlen 2184 und 12 von dem Produkt der Zahlen 27 und 9.
b) Multipliziere das 11fache der Differenz von 99 und 16 mit der Summe der Zahlen 14 und 37.
c) Dividiere die Summe aus der Zahl 7 und dem Produkt der Zahlen 23 und 67 durch die Differenz der Zahlen 59 und 41.

2 Welche Zahlen verstecken sich hinter diesen Rechenausdrücken? Berechne.
a) $1 + 2 \cdot 2^2 + 56 : 14$
b) $13 \cdot (24 - 3 \cdot 7)$
c) $(5^2 \cdot 6 - 11 \cdot 3) \cdot 87 : 29$
d) $(8 \cdot 32 - 434 : 2) \cdot (173 + 70)$
e) $60\,000 - 2690 : 5 + 615\,293 + (50\,000 - 3559) \cdot 2$
f) Welcher Zusammenhang besteht zwischen den einzelnen Ergebnissen a) bis e)?

3 Rechne zuerst die innere (runde) Klammer aus, dann die äußere [eckige] Klammer.

a) $[(48 - 3 \cdot 5) + 20] + 16$
$= [33 + 20] + 16$
$= 53 + 16$
$= 69$

b) $70 - [86 - (17 - 15) - 62]$
$= 70 - [86 - 2 - 62]$
$= 70 - 22$
$= 48$

a) $[370 - (80 + 200) + 130] \cdot 4$
b) $49 - [5 \cdot (90 + 22) - 540] + 33$
c) $[25\,975 + (181 + 12^2) \cdot 26] : 459$
d) $235 \cdot [15\,394 : (94 + 85) + 8^2]$
e) $[(5 \cdot 6 + 19) : 7 + 63 - (38 + 21)] + 52$
f) $[1700 - (340 + 1200) - (39 - 28)] + (286 - 19)$
g) $17 \cdot 3 + [(570 - 390) - (80 + 38)] + 28$
h) $390 - 9 \cdot [48 - (27 - 15)] + [(3^2 - 2^3) + 77] + 9$
i) $2 \cdot [(106 - 64) : 3 + (79 - 14) : 5] + 62$
k) $342 : 9 - [270 - (386 - 151)] - (23 - 3 \cdot 7)$

Lösungen: 1, 62, 63, 75, 116, 141, 153, 416, 880, 35 250

4 Setze Klammern so, dass die Rechnung stimmt.
a) $275 : 16 + 9 + 1 = 12$
b) $169 : 2^3 + 5 + 7 = 20$
c) $379 \cdot 975 + 25 = 379\,000$
d) $780\,000 : 98 + 102 + 9800 = 78$
e) $2^6 - 48 - 24 : 2 = 52$
f) $45 : 15 \cdot 17 + 79 + 4 = 300$

5 Zeichne den dazugehörigen Rechenbaum und berechne anschließend.
a) $(48 + 24) : (12 - 4)$
$(48 + 24) : 12 - 4$
$48 + 24 : (12 - 4)$
b) $(47 + 9) : 7 + 24$
$(35 + 42) : 11 + 46$
$96 + 48 : (2 + 10)$
c) $24 + 12 : (21 - 15)$
$120 - 24 \cdot (82 - 77)$
$48 + 48 : (71 - 59)$

6 Ersetze die Platzhalter durch die passenden natürlichen Zahlen.

a) $40 : (\square - 8)$
$= 40 : \square$
$= 10$

b) $12 \cdot \square - 75$
$= \square - 75$
$= 9$

c) $(40 + \square) : \square$
$= 40 : \square + \square : \square$
$= 5 + \square$
$= 9$

d) $\square \cdot (31 - \square)$
$= \square \cdot 31 - \square \cdot \square$
$= 93 - \square$
$= 18$

(7) Berechne.
a) Addiere die Zahlen von 1 bis 19.
b) Berechne den Summenwert der geraden Zahlen von 5694 bis 5706.
c) Berechne die Summe 6 + 12 + 18 + … + 54.

G

Carl Friedrich Gauß (1777–1855) wurde als Fürst der Mathematiker bezeichnet. Er war aber auch Astronom und Physiker. Der in Braunschweig geborene Carl Friedrich stammte aus ärmlichen Verhältnissen. Sein Vater war Gärtner und seine Mutter eine Magd. Bereits als Dreijähriger soll er seinen Vater auf Fehler bei Lohnabrechnungen hingewiesen haben.
In der Grundschule glaubte sein Lehrer, ihn mit folgender Aufgabe längere Zeit beschäftigen zu können:
Berechne den Summenwert aller Zahlen von 1 bis 100.
Nach wenigen Minuten hatte Carl Friedrich die Lösung.
Auf seiner Tafel stand:
1 + 2 + 3 + ... + 99 + 100 = (1 + 100) + (2 + 99) + (3 + 98) + ... + (50 + 51) = ...

d) Führe seine Rechnung zu Ende und gib den Summenwert an.
e) Du kannst die Summe der Zahlen von 1 bis 100 auch noch auf eine andere Art geschickt zusammenfassen. Berechne.
f) Führe die Rechnungen a) bis c) nochmals durch. Fasse dieses Mal geschickt zusammen.

(8) Berechne durch geschicktes Zerlegen.

a)	b)	c)	d)
4 · 26	4 · 78	78 · 7	309 · 6
6 · 69	3 · 34	6 · 99	4 · 398
4 · 82	48 · 7	5 · 53	198 · 5
5 · 37	61 · 4	29 · 3	201 · 8

7 · 98	23 · 5
= 7 · (100 − 2)	= (20 + 3) · 5
= 7 · 100 − 7 · 2	= 20 · 5 + 3 · 5
= 700 − 14	= 100 + 15
= 686	= 115

(9) Im letzten Kapitel hast du PIPPI-Zahlen kennengelernt. Es gibt noch andere besondere Zahlen, z. B. die ANNA-Zahlen.
a) Begründe, warum man Zahlen der Form 3113 oder 6556 ANNA-Zahlen nennt. Finde einen weiteren passenden Namen.
b) Du kannst bei den ANNA – Zahlen die beiden mittleren Ziffern mit den beiden äußeren Ziffern tauschen und die Differenz dieser beiden Zahlen bilden.
Berechne für fünf unterschiedliche Beispiele den Differenzwert.

3113 − 1331 = □

c) Vergleiche die Differenzwerte mit der Zahl 891. Was stellst du fest?

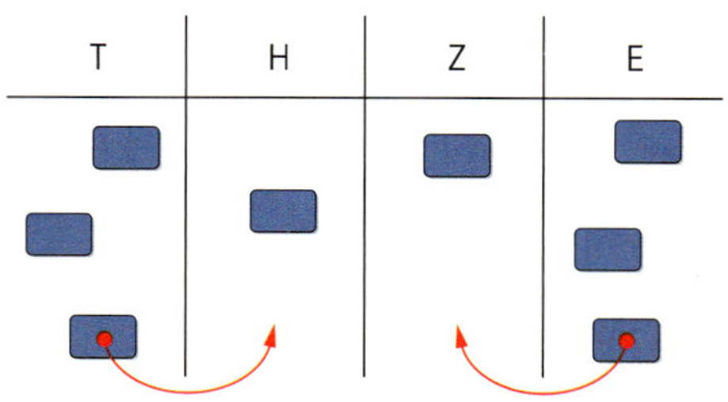

d) In der Abbildung links ist die Zahl 3113 mit Hilfe von Plättchen dargestellt. Um welchen Wert ändert sich die Zahl, wenn ein Plättchen vom Tausenderfeld in das Hunderterfeld verschoben wird? Begründe.
Wie ändert sich der Zahlenwert beim Verschieben des Plättchens vom Einer- ins Zehnerfeld? Begründe.
e) Wie ändert sich der Zahlenwert, wenn beide Plättchen gleichzeitig in Pfeilrichtung verschoben werden?
f) Begründe mit Hilfe des Ergebnisses in e) die Differenzwerte in c).

1 Bäckerei Schrot beliefert täglich drei Hotels gegenüber dem Hauptbahnhof mit Semmeln. Das Diagramm zeigt, wie viele Semmeln die Hotels in dieser Woche erhalten haben.

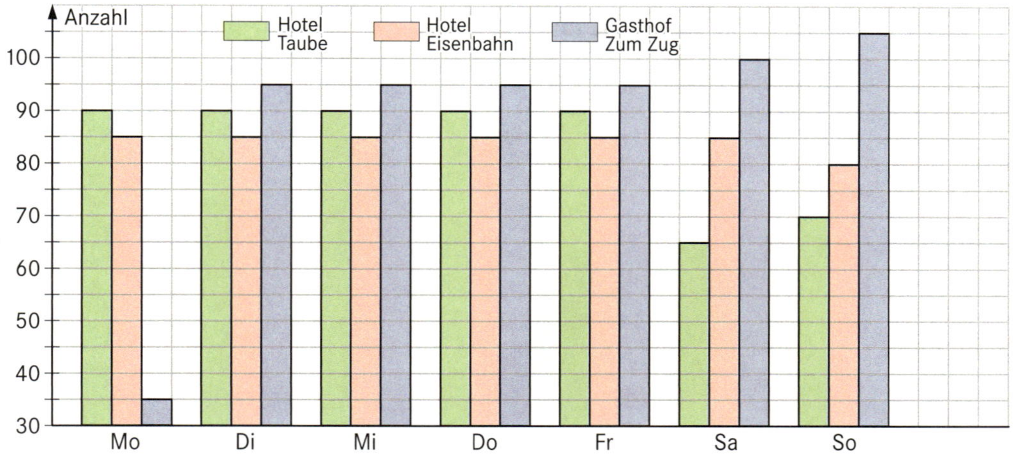

a) An welchem Tag ist beim Gasthof „Zum Zug“ nur das Hotel geöffnet? Begründe.
b) Berechne die Gesamtzahl aller ausgelieferten Semmeln. Schreibe dazu mindestens zwei verschiedene Wege auf.
c) Welches Hotel ist der beste Kunde von der Bäckerei Schrot?
d) Wie viele Übernachtungen könnte das Hotel Eisenbahn in etwa in der Woche haben? Begründe.
e) Nächste Woche soll an das Hotel Eisenbahn wieder dieselbe Anzahl Semmeln wie in dieser Woche geliefert werden, allerdings jeden Tag gleich viele.
f) Finde weitere Aufgaben zum obigen Diagramm.

2 Den größten Eisenbahnhof der Welt in New York (USA) Grand Central Terminal befahren im Durchschnitt 16 500 Züge im Monat und 5 400 000 Fahrgäste benutzen ihn monatlich. Wie viele Züge und wie viele Fahrgäste sind es im Durchschnitt pro Tag?

3

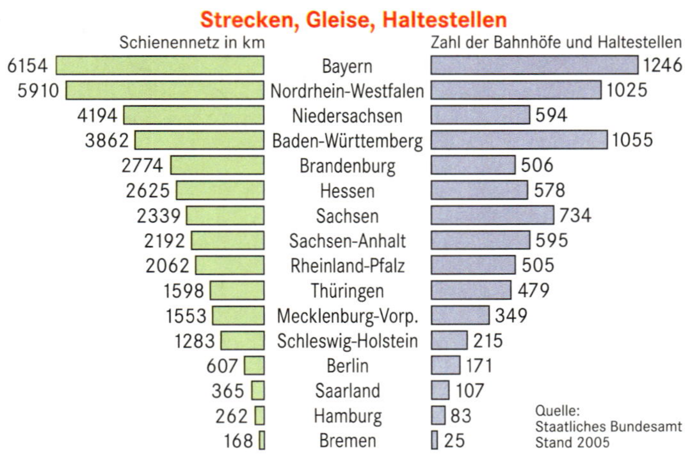

In der Graphik siehst du Angaben über das deutsche Schienennetz.

a) Wie groß ist seine gesamte Länge? Begründe.
A ca. 32 000 km
B ca. 34 000 km
C ca. 36 000 km
D ca. 38 000 km
b) Wie viele Haltestellen gibt es in Deutschland?
c) Wie weit sind zwei Haltestellen im Durchschnitt voneinander entfernt?

4 Einfache Zufallsexperimente

Bereits im Altertum wurden Würfel in verschiedenen Formen und mit unterschiedlichen Materialien verwendet. Aus welchen Materialien wurden die Würfel wohl früher gefertigt?
Was meinst du, nach welchen Überlegungen man so einen „Würfel“ gefertigt hat?

Auch heute haben Spielwürfel die unterschiedlichsten Formen und Beschriftungen. Sicher kennst du einige davon! Welchen Würfel würdest du wählen, wenn du eine 6 würfeln sollst, welchen, wenn es eine 1 sein soll?

1 Die Klasse 5b bastelt als Faschingsschmuck bunte Girlanden. Sie haben blaues, rotes und grünes Papier, das gefaltet und aneinandergeklebt wird.

a) Besorge dir drei verschieden farbige Papierstreifen und lege mit deinem Nachbarn die Farben in unterschiedlichen Reihenfolgen auf den Tisch. Wie viele Möglichkeiten findet ihr?

b) So kannst du die verschiedenen Möglichkeiten veranschaulichen. Diese Darstellung nennt man ein Baumdiagramm. Übertrage das Baumdiagramm in dein Heft und vervollständige es.

c) Wie ändert sich die Anzahl der Möglichkeiten, wenn du eine vierte Farbe dazu nimmst? Erstelle auch hierzu ein Baumdiagramm.

B

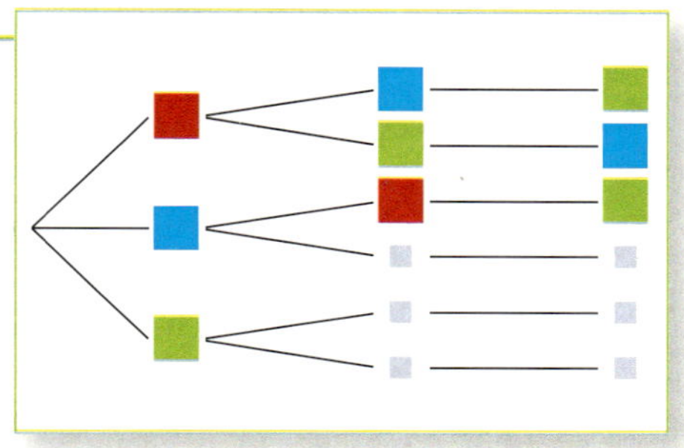

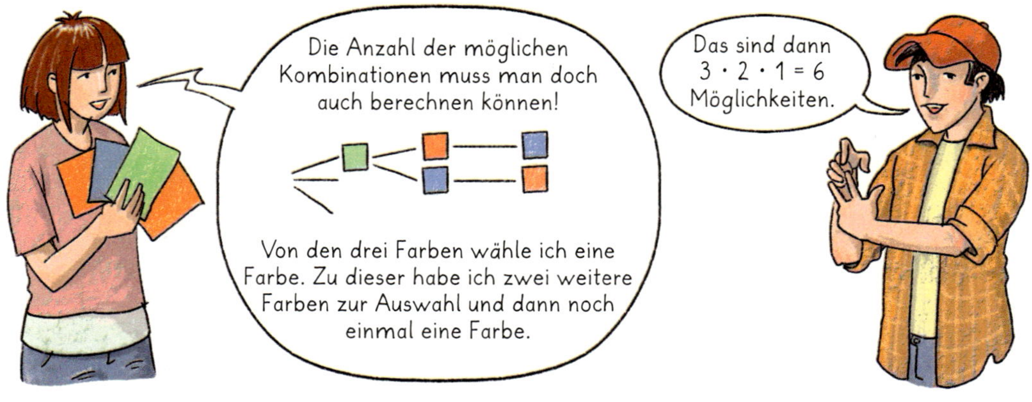

Überpüfe die Idee von Susi und Luca für vier Farben.

2 Isabell lernt Querflöte spielen. Die ersten vier erlernten Töne sind g, a, h, c.

a) Wie viele Möglichkeiten hat sie, eine Tonfolge mit diesen Tönen zu spielen, ohne einen Ton zweimal zu verwenden?

b) Wie viele Töne müssen hinzugefügt werden, damit in einer Klasse mit 35 Schülerinnen und Schülern jeder eine andere Tonfolge „komponieren“ kann, ohne einen Ton doppelt zu spielen? Veranschauliche, indem du ein erstes Stück des zugehörigen Baumdiagramms zeichnest. Spielt die schönsten Tonfolgen.

1 Marie, Lena, Anna und Julia steigen jeden Morgen an der ersten Haltestelle in den Schulbus ein. Deshalb schaffen sie es, immer die beiden Doppelsitze ganz vorne zu belegen.

a) Marie setzt sich immer auf den gleichen Platz vorne links. Die anderen drei Mädchen wechseln jeden Tag ihre Plätze. Lena meint: „Wenn wir drei uns jeden Tag anders setzen, brauchen wir mehr als eine Schulwoche für die verschiedenen Sitzmöglichkeiten."
Überprüfe Lenas Behauptung. Fertige dazu eine geeignete Skizze an.

b) „Wenn Marie ebenfalls ihren Platz wechselt, haben wir noch viel mehr Möglichkeiten, uns jeden Tag anders zusammen zu setzen", ist Julia überzeugt. „Ein Monat hat etwa 20 Schultage. Das wird dann vielleicht reichen!" ergänzt Anna.
Untersuche die Behauptung der beiden Mädchen.

2 Gelegentlich spielen die Mädchen während der Busfahrt Scrabble.

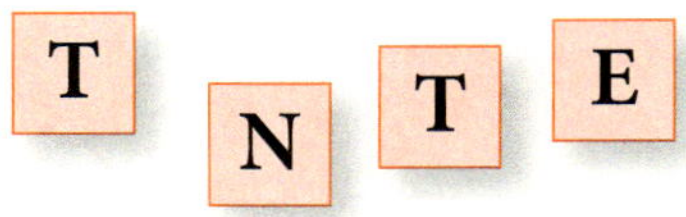

a) Marie hat die Buchstaben rechts gezogen.
Wie viele verschiedene Möglichkeiten gibt es, sie anzuordnen? Welche Anordnungen sind sinnvoll? Ein Baumdiagramm hilft dir dabei!

b) Marie hätte auch mehr gleiche oder lauter verschiedene Buchstaben ziehen können. Ersetze Buchstaben in Aufgabe a) so, dass sich mindestens ein sinnvolles Wort ergibt. In welchem Fall gibt es mehr, in welchem weniger Kombinationsmöglichkeiten als in a)?

3 Neben den vier Mädchen steigen an der ersten Haltestelle die fünf Jungen Maxi, Alexander, Claudio, David und Tobias zu. Sie bevorzugen die fünf hinteren Plätze auf der Rückbank im Bus.

a) „Es dauert einige Monate, bis wir alle verschiedenen Sitzmöglichkeiten durchprobiert haben", vermutet Claudio. Entscheide, ob die Behauptung zutrifft. Begründe.

b) Maxi und Alexander sitzen immer nebeneinander. Claudio, David und Tobias können sich nur noch die drei restlichen Plätze aufteilen. Unter welcher Bedingung ist jeweils eine der folgenden Behauptungen richtig?

1. Jakob und Lukas sind Zwillinge. Sie sind beide begeisterte Sportler und zum Glück gleich gut in vielen Disziplinen. Ihre Freunde verwechseln sie oft, vor allem, wenn sie ständig ihre Sportkleidung vertauschen und neu kombinieren!
   a) Wie viele Kombinationsmöglichkeiten hat jeder Zwilling, Hose und Hemd zu kombinieren? Löse mit Hilfe eines Baumdiagramms.
   b) Nimmt man die Socken mit hinzu, ergeben sich wesentlich mehr Kombinationsmöglichkeiten. Wie lautet die Potenzdarstellung für die Anzahl?
   A 2^3 **B** 3^2 **C** 3^3
   c) Schreibe auch die Potenzdarstellung für die Anzahl der Hemd-Kombinationen und der Hose-Hemd-Kombinationen auf.
   d)

2. In diesem Jahr haben Jakob und Lukas auch die gleiche Schuhgröße.
   a) Wie viele Kombinationsmöglichkeiten hat jeder Zwilling, wenn sie zusammen drei Paar Turnschuhe haben? Begründe.
   Gib die Anzahl auch wieder als Potenz an.
   b) Stelle Teile einer Sportbekleidung zusammen mit 2^4 Kombinationsmöglichkeiten.

3. In der Sportpause kaufen Tom und seine 7 Freunde Müsliriegel und Getränke. Es gibt Schoko, Erdbeer, Banane und Nuss, bei den Getränken steht Wasser, Limo, Fanta und Apfelsaft zur Auswahl.
   a) Kann jeder der acht Jungen eine andere Müsli-Getränke-Kombination wählen? Begründe deine Antwort.
   b) Es kann auch Steckerleis gekauft werden, sodass es insgesamt 32 Kombinationsmöglichkeiten für Müsli, Getränk und Eis gibt. Wie viele Eissorten werden angeboten?
   c) Mit wie vielen Eissorten hätte es 4^3 Kombinationsmöglichkeiten gegeben?

1

a) Würfle drei 20er-Serien und notiere in einer Strichliste die Anzahl der Würfe pro Augenzahl. Vergleiche deine Serien mit deinem Nachbarn oder deiner Nachbarin.
b) Erstelle für die Anzahl der 120 von dir und deinem Nachbarn gewürfelten Augenzahlen ein Säulendiagramm. Vergleiche mit den Diagrammen deiner Mitschüler.
c) Fasst nun die Ergebnisse aller Schüler der Klasse zusammen und erstellt an der Tafel (oder auf einem Plakat) ein Säulendiagramm für die Anzahlen aller gewürfelten Augenzahlen.
d) Wie würde das Ergebnis vermutlich aussehen, wenn alle Schüler eurer Schule mitgewürfelt hätten? Vergleiche das Ergebnis mit deiner Lösung aus Aufgabe c).
e) Was sagst du zu Sophies Behauptung?

Zufallsversuch

M Mit verschiedenen Zufallsgeräten kann man **Zufallsversuche** durchführen.

Zufallsgeräte:

Ergebnisse: Zahl; Wappen ⚀ ⚁ ⚂ ⚃ ⚄ ⚅ 0; 1; 2; 3; 4; 5; 6; 7; 8; 9

Ereignis

Verschiedene Ergebnisse können ein **Ereignis** bilden, z. B. das Ereignis „Würfeln einer ungeraden Zahl" wird gebildet durch die Ergebnisse ⚀ ⚂ ⚄.

Übung

2 Wir betrachten noch einmal den Spielstand im Mensch-ärgere-dich-nicht Spiel in Aufgabe 1.
a) Welche Ereignisse helfen den Mädchen in Aufgabe 1 weiter?
b) Zu welchem Mädchen passt das Ereignis „die Augenzahl 5 würfeln"?
c) Welche Ergebnisse hat das Ereignis „die Augenzahl ist kleiner als 3"? Welches der Mädchen würde sich darüber freuen?
d) Finde ein passendes Ereignis zu den Ergebnissen 3 und 6.

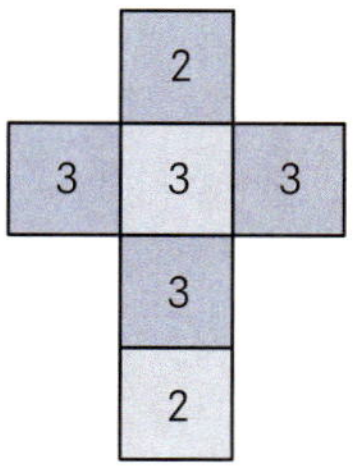

(1) Würfel können auch selbst hergestellt werden, wobei einige Zahlen mehrfach, andere gar nicht vorkommen können. Dazu überklebt man die Flächen eines Würfels mit Selbstklebeetiketten und beschriftet diese.

a) Fertige einen Würfel wie das nebenstehende Netz zeigt und führe damit die Aufgaben 1 a) bis c) der vorherigen Seite durch.

b) Vergleiche die Säulenhöhen in den Teilaufgaben auf dieser und der vorherigen Seite. Hättest du das erwartet?

Einstufige Zufallsversuche

(M) Bei einem Zufallsversuch kann man nicht vorhersagen, welches Ergebnis eintritt; es hängt vom Zufall ab. Dennoch kann man Vorhersagen über die Gewinnchancen machen.
Das einmalige Werfen eines Würfels oder einer Münze usw. nennt man einen **einstufigen Zufallsversuch.**

Übungen

(2) Tina und Peter würfeln mit einem selbst gebastelten Würfel. Die Ergebnisse haben sie in einem Balkendiagramm dargestellt.

a) Wie oft haben sie gewürfelt?

b) Wie könnte das Netz des Würfels ausgesehen haben? Begründe.

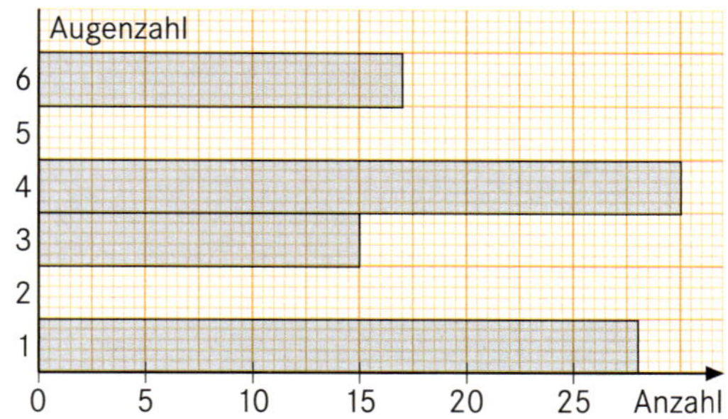

(3) Beim Werfen einer Münze kann entweder Wappen oder Zahl oben liegen.

a) Nimm eine Münze und wirf sie 20 mal. Notiere jeweils, ob du Zahl oder Wappen geworfen hast: ZWWZWZZWZ …

b) Halte in einer Häufigkeitstabelle die Anzahl des Ereignisses „Zahl“ und des Ereignisses „Wappen“ fest und erstelle dazu ein Balkendiagramm.

c) Fasst die Ergebnisse aller Schüler in einer Häufigkeitstabelle zusammen und erstellt dazu ein Balkendiagramm. Vergleicht dieses mit eurem Balkendiagramm aus b).

d) Welche Informationen kann man dem Balkendiagramm nicht mehr entnehmen?

(4) Wie sind wohl beim Streichholz-Ziehen die Gewinnchancen verteilt? Was erwartest du? Überprüfe mit deinem Nachbarn anhand einer Strichliste mit 10, 20 und 100 Versuchen.

1 Beim Spiel „Erster im Schloss" muss man Vieles dem Zufall überlassen. Vielleicht findest du trotzdem eine Strategie, die Gewinnchancen zu vergrößern. Benötigt werden zwei verschieden farbige Würfel, zwei blaue und zwei gelbe Spielfiguren.

Spielregeln:
1 *Gespielt wird zu zweit.*
2 *Setze eine Spielfigur auf „Start" und die andere Spielfigur auf eines der Felder mit den Zahlen 2 bis 12.*
3 *Wirf beide Würfel gleichzeitig. Wenn die Summe der Augenzahlen mit der Zahl übereinstimmt, auf der deine Spielfigur steht, darfst du die Figur im Startfeld um ein Feld nach oben rücken.*
4 *Nach jedem Wurf kannst du wieder entscheiden, auf welches Zahlenfeld du setzt.*
5 *Sieger ist, wer als erster im Schloss ankommt.*

a) Führt das Spiel durch. Notiert dabei in einer Strichliste, wie häufig die einzelnen Augensummen vorkommen.

Augensumme	2	3	4	5	6	7	8	9	10	11	12
Häufigkeit											

b) Fasst die Ergebnisse aller Häufigkeitstabellen der Klasse (ca. 1000 Würfe) zusammen und stellt sie in einem Diagramm dar. Gibt es Zahlen, auf die man eher setzen oder besser nicht setzen sollte?

M **Zweistufiger Zufallsversuch**

Im Spiel „Erster im Schloss" wird ein Zufallsversuch, Würfeln mit zwei Würfeln, durchgeführt. Man kann diesen Versuch auch durchführen, indem man einen Würfel zweimal wirft (zwei Teilversuche). Man spricht daher von einem **zweistufigen Zufallsversuch.**

Übungen

2 Du benötigst wieder zwei verschieden farbige Würfel.

a) Welche Zahlenkombinationen kannst du mit zwei verschieden farbigen Würfeln werfen?
Notiere diese in einer Tabelle in deinem Heft. Den Anfang siehst du rechts abgebildet.
Achte dabei auf die Würfelfarbe.

	⚀	⚁	⚂	⚃	⚄	⚅
⚀	⚀ ⚀	⚁ ⚀	⚂ ⚀			
⚁	⚀ ⚁	⚁ ⚁				
⚂	⚀ ⚂					
⚃						
⚄						
⚅						

b) Erfasse in einer neuen Tabelle, wie oft die einzelnen Augensummen möglich sind.

c) Worauf wirst du beim Spiel „Erster im Schloss“ auf Seite 70 in Zukunft setzen?

d) Tobias meint: „Die 7 müsste eigentlich genauso oft vorkommen wie die 8, weil es in beiden Fällen drei Möglichkeiten gibt, die Augensumme zu bilden.“

3 Die Ergebnisse beim Werfen zweier Würfel kannst du auch mit Hilfe eines Baumdiagramms darstellen. Zeichne das vollständige Baumdiagramm in dein Heft. Vergleiche mit der Tabelle in Aufgabe 2.

4 Beim Spiel „Erster im Schloss“ können auch andere Zufallsgeräte verwendet werden.

a) Ersetze einen der beiden Würfel durch einen selbst erstellten Würfel. Die Abbildung rechts zeigt sein Netz. Auf welche Augensumme wirst du nun setzen? Begründe deine Antwort mit Hilfe eines Baumdiagramms.

b) Ersetze einen der beiden Würfel durch eine 1-Cent-Münze. Das Wappen soll den Wert „6“ haben (die Zahl bleibt 1). Erkläre, wie du nun setzen wirst.

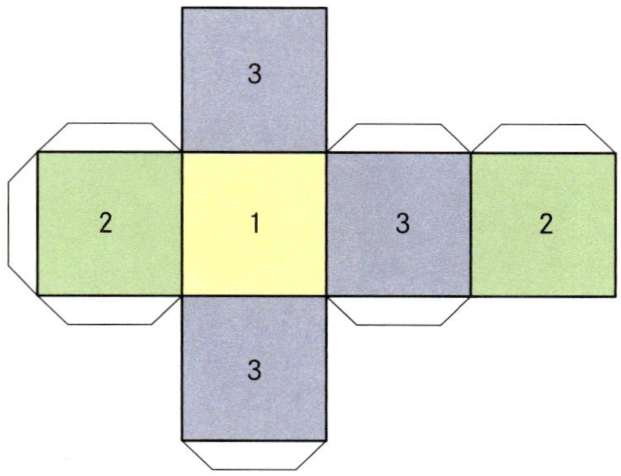

5 Die beiden Geschwister Annika und Simon streiten wieder einmal, wer die Spülmaschine einräumen muss. Ein Würfelspiel mit zwei Würfeln soll entscheiden.

6 Die Freunde Tim und Marko denken sich gerne Würfelspiele aus.
Marko schlägt vor: „Jeder würfelt einmal. Wenn ich eine höhere Augenzahl würfle als du, habe ich gewonnen.“
Wer wird wohl öfter gewinnen? Begründe deine Antwort.

1 Du hast diese vier Ziffernkarten zur Auswahl.

5 **0** **9** **2**

a) Wie viele verschiedene vierstellige Zahlen kannst du mit den Ziffernkarten legen?
b) Kannst du Zahlen legen, die durch 9 teilbar sind? Begründe.
c) Wie viele Zahlen erhältst du, die durch fünf teilbar sind?

2 Jedes Handy kann mit einer Geheimnummer, der „Persönlichen Identifikations-Nummer“ PIN, gesichert werden. Schaltet man das Handy ein, muss man zuerst seine PIN eingeben, bevor man telefonieren kann. Die PIN ist eine vierstellige Nummer.
a) Welche ist die größte, welche die kleinste PIN, die man eingeben kann?
b) Julias PIN hat die Quersumme 3. Zähle alle möglichen PINs auf. Wie viele gibt es?
c) Der Produktwert der Ziffern von Samuels Handy-PIN ist 15. Wie viele verschiedene Möglichkeiten gibt es?
d) Lukas PIN besteht aus den Zahlen 2, 3, 5 und 7. Ist sein Handy dadurch besser gesichert als Samuels Handy? Begründe deine Antwort.

3

a) Wie viele verschiedene Eistüten mit zwei Kugeln Eis kannst du zusammenstellen? Erstelle hierzu ein Baumdiagramm.
b) Erstelle dir deine eigene Liste, indem du aus den vorgegebenen Eissorten und Soßen diejenigen streichst, die dir nicht schmecken. Wie viele verschiedene Möglichkeiten kannst du dir jetzt zusammenstellen?
c) Überlege dir, wie du das Angebot ändern musst, um mehr Auswahlmöglichkeiten zusammenstellen zu können. Finde mindestens drei Möglichkeiten.

4 Linda hat die Mathematikhausaufgabe folgendermaßen gelöst:

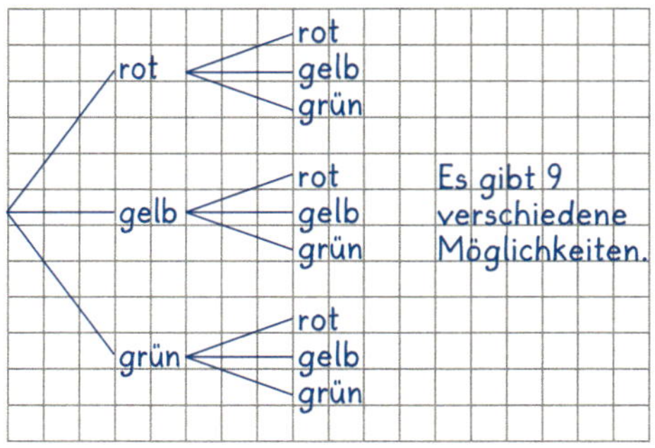

a) Erfinde eine Aufgabe, die zu Lindas Lösung passt.
b) Formuliere die Aufgabenstellung so um, dass nicht alle 9 Möglichkeiten zur Lösung gehören.
c) Zeichne selbst ein Baumdiagramm und erfinde eine Aufgabe dazu.
d) Stelle die Aufgabe deinem Nachbarn und überprüfe mit Hilfe deines Baumdiagramms, ob sie richtig gelöst wurde.

Lösungen zu 1 a), c) und 2 b), c): 10, 12, 18, 20

5 Verwende die neun Spielkarten im Bild rechts. Mische die Karten gut durch und lege sie verdeckt auf den Tisch.

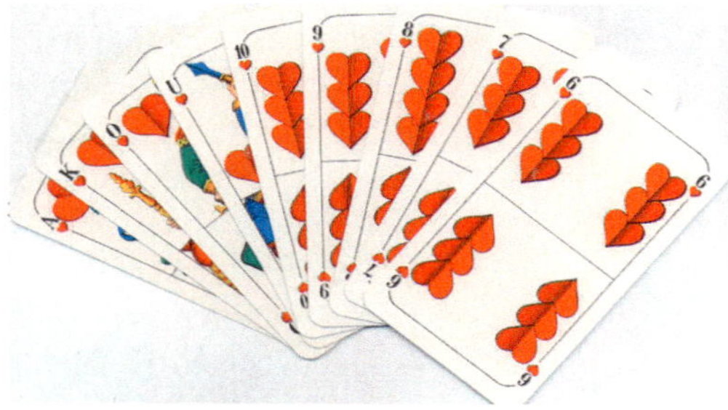

a) Ziehe eine Karte. Mische sie wieder unter deinen Stapel. Wiederhole das ganze 50-mal. Übertrage die Tabelle in dein Heft und halte deine gezogenen Karten in der Tabelle fest.

Karte	6	7	8	9	10	Unter	Ober	König	Ass
Strichliste									
Häufigkeit									

b) Welche Information ist beim Erstellen der Tabelle verloren gegangen?
c) Ziehe nacheinander zwei Karten. Mische sie dann wieder unter deinen Stapel. Wenn du zwei direkt aufeinander folgende Karten gezogen hast, dann hast du gewonnen. Wirst du bei diesem Spiel oft gewinnen? Überlege und begründe.
d) Überprüfe deine Überlegungen, indem du das Spiel von Teilaufgabe c) zehn Minuten lang spielst.
Fertige eine Strichliste über deine gewonnenen und verlorenen Spiele an.

6 Marcel führt zwei Zufallsexperimente mit den abgebildeten Münzen durch.
Er zeichnet folgende Baumdiagramme:

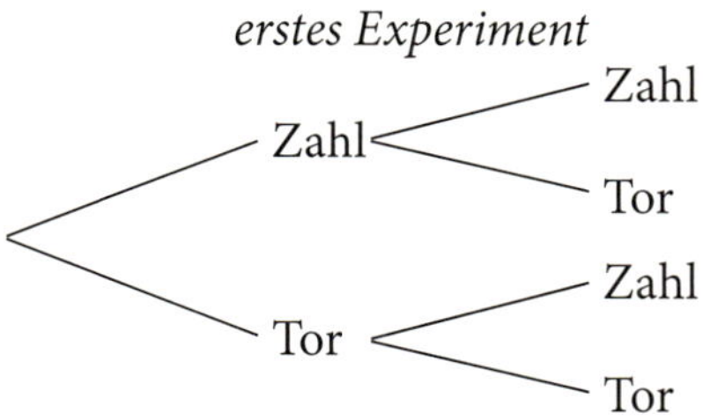

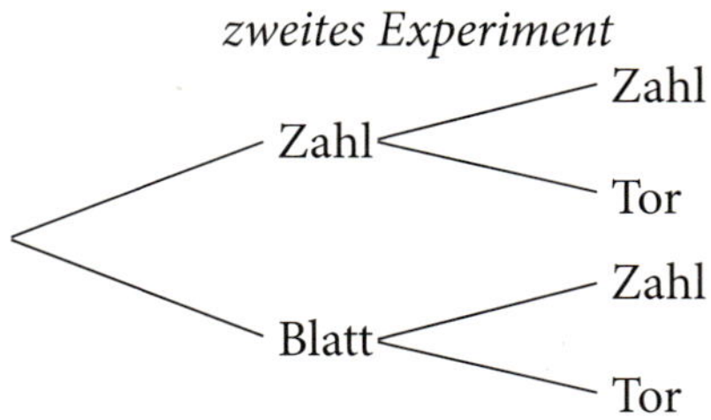

Beschreibe die beiden Experimente, die er durchgeführt hat.

7 In einem Gefäß befinden sich rote und weiße Kugeln. Vier Schüler ziehen nacheinander drei Kugeln aus dem Gefäß, ohne sie wieder zurückzulegen.
Lukas: rot, rot, weiß
Jasmin: rot, rot, rot
Linda: rot, weiß, rot
Philipp: rot, rot, weiß
a) Wie viele rote und weiße Kugeln könnten sich in dem Gefäß befinden? Begründe deine Auswahl.
A 2 rote, 2 weiße **B** 3 rote, 2 weiße **C** 3 rote, 1 weiße
b) Wie viele weiße und rote Kugeln könnten in dem Gefäß sein, wenn sich insgesamt sechs Kugeln in dem Gefäß befinden? Nenne mehrere Möglichkeiten.

8 Eva wirft je 120 mal einen normalen Würfel, eine 1 €-Münze und einen 20er-Würfel.

a) Wie oft könnte beim normalen Würfel die 6 oben liegen? Begründe.
b) Wie oft könnte die 1 €-Münze auf Zahl fallen?
c) Wie oft könnte Eva beim 20er-Würfel die 6 würfeln?

1 *Multiplikationsmauern*

Bei Multiplikationsmauern wird das Produkt zweier benachbarter Zahlen in den darüber liegenden Stein eingetragen. Untersuche dreistöckige Zahlenmauern, in deren Grundsteinen nur die Zahlen 3, 5 und 7 stehen.

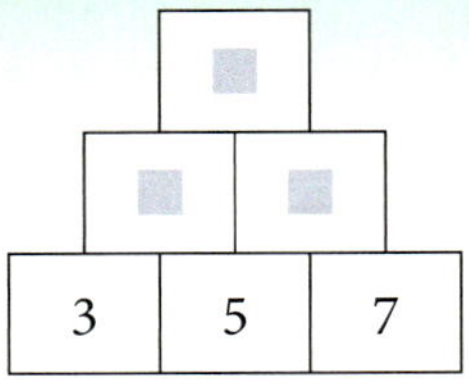

a) Übertrage die Zahlenmauer rechts in dein Heft. Welche Zahl steht im Deckstein?
b) Wie viele verschiedene Zahlenmauern gibt es, wenn du die drei Zahlen vertauschen darfst? Schreibe alle möglichen Zahlenmauern in dein Heft.
c) Die Zahl im Deckstein soll möglichst groß (klein) sein. Wie müssen die Zahlen in den Grundsteinen angeordnet sein?
d) Die Zahlen 12, 14 und 16 sollen jetzt in den Grundsteinen stehen und die Zahl im Deckstein soll möglichst groß sein. Begründe, wie die Zahlen angeordnet sein müssen, ohne zu rechnen.

5 *Zahlenkombinationen*

Klaus kauft für sein Rennrad ein Fahrradschloss mit Zahlenkombination. Natürlich soll es möglichst sicher sein!

a) Das erste Schloss hat drei Zahlenringe mit jeweils den Ziffern 0 bis 3. Wie viele Kombinationsmöglichkeiten bietet das Schloss? Erstelle ein Baumdiagramm.
b) Du kannst die Kombinationsmöglichkeiten auch als Potenz darstellen. Das Baumdiagramm hilft dir dabei. Erkläre.
c) Ein zweites Schloss hat vier Räder mit den Ziffern 0 bis 3. Überlege, wie viele Kombinationsmöglichkeiten es hier gibt.
d) Das Baumdiagramm zeigt dir die Einstellmöglichkeiten eines dritten Zahlenschlosses. Wie viele Räder hat das Schloss und welche Ziffern stehen auf diesen Rädern? Gib die Kombinationsmöglichkeiten ebenfalls als Potenz an.
e) Überlege dir weitere Möglichkeiten für den Bau von Zahlenschlössern. Schätze erst die Anzahl der Kombinationsmöglichkeiten, bevor du nachrechnest.

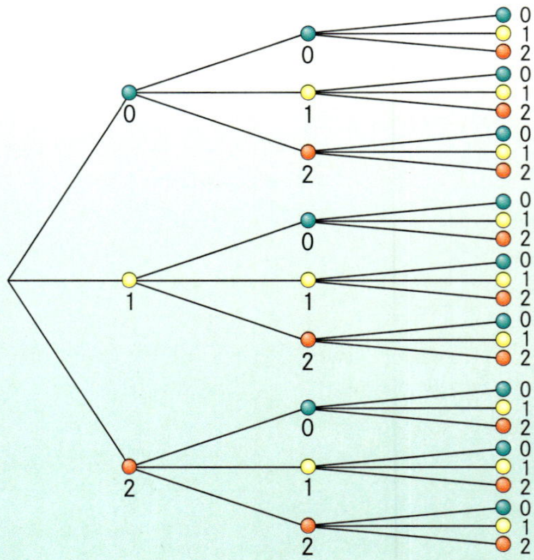

2 *Das Gerücht*

Carina verbreitete in der Schule ein Gerücht. Während der ersten Stunde sagt sie es nur ihren beiden besten Freundinnen Melanie und Isabella. Melanie sagt es in der nächsten Stunde wieder zwei Schülern und Isabella ebenfalls. Jeder, der das Gerücht kennt, sagt es innerhalb einer Stunde an zwei Mitschüler weiter.

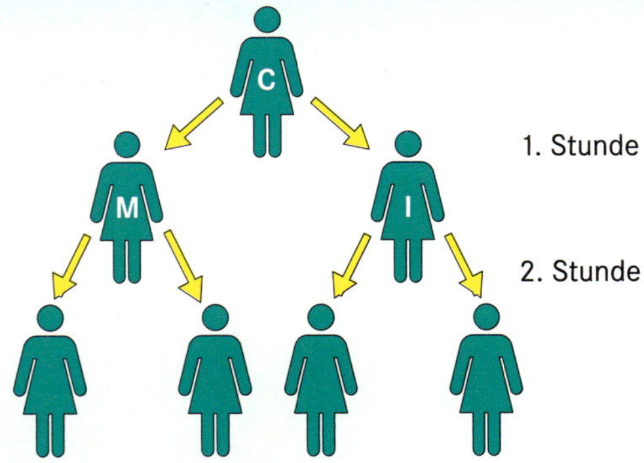

a) Nach welcher Stunde kennen alle 32 Schüler aus Carinas Klasse das Gerücht? Vervollständige dazu das Schaubild.
b) Heute haben alle Schüler acht Stunden Unterricht, weil am Nachmittag ein zweistündiges Projekt durchgeführt wird. Wie viele Schüler wissen danach von dem Gerücht?
c) Übertrage die Tabelle in dein Heft und vervollständige sie. Schreibe dabei die Anzahl der Schüler als Potenzen. Beschreibe, wie sich die Potenzen zusammensetzen.

Stunde	1	2	3	4	5	6	7	8
Anzahl der Mitwisser	$2 = 2^1$	$4 = 2^2$	$8 =$					

d) 1017 Schüler gehen in Carinas Schule. Wie lange dauert es, bis alle Schüler Bescheid wissen?
e) Wie lange würde es dauern, bis alle Schüler aus Carinas Schule das Gerücht kennen, wenn es immer an drei Schüler weitergesagt wird?

3 *Malkreuz*

·		
	2000	350
	120	

Hier ist ein Malkreuz nicht ganz vollständig ausgefüllt.
Es fehlen ein paar Zahlen.
Übertrage das Malkreuz in dein Heft und vervollständige es.

4 *Zahlenrätsel*

Dividiert Marvin sein Alter durch fünf, bleibt der Rest drei. Marvins Freund Lukas ist doppelt so alt wie Marvin. Welcher Rest bleibt, wenn er sein Alter durch fünf dividiert?

5 Größen

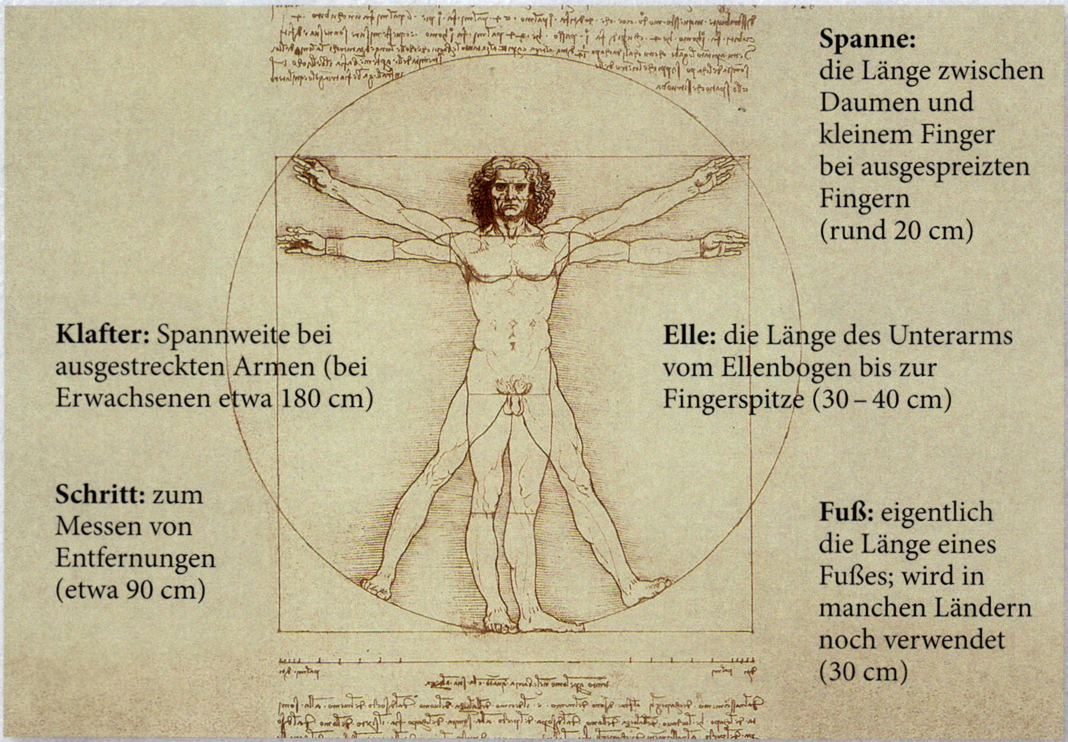

Das Alte Testament berichtet im ersten Brief von Samuel vom Kampf David gegen Goliath. Die Größe von Goliath wird dabei genau angegeben.

„ … *Die Philister standen auf dem Berg auf der einen Seite, die Israeliten auf dem Berg auf der anderen Seite; zwischen ihnen lag das Tal.*
Da trat aus dem Lager der Philister ein Vorkämpfer aus Gat hervor. Er war sechs Ellen und eine Spanne groß. … “

Versuche mit Hilfe der Informationen in den Texten die Größe von Goliath zu beschreiben.

Das Goliath-Haus in Regensburg erinnert an den ungleichen Kampf.

Bestimme die Länge deines Klassenzimmers in Meter, in Klafter, in Schritt, in Fuß. Beschreibe, wie du vorgehst. Vergleiche deine Ergebnisse mit deinem Nachbarn.

1 sm (Seemeile) beträgt 1852 m

(1) a) Welches der Schiffe würde der Länge (Breite) nach in eure Schulturnhalle passen? Wie oft passt die Länge eures Klassenzimmers in das größte (kleinste) Schiff?
b) Berechne die Unterschiede der Längen und der Breiten der Schiffe.
c) Messt auf dem Sportplatz die Länge und Breite der Afalina ab. Könnt ihr auch 1 sm ausmessen?

(2) Das Schiff „Aenne Rickmers“ fährt vier mal von Hamburg nach New York und zurück.
a) Welchen Weg legt es dabei zurück? Gib das Ergebnis in sm und km an.
b) Wie lange ist es unterwegs, wenn es durchschnittlich in einer Stunde 20 sm fährt?
c) Wie viel Treibstoff ist für die gesamte Strecke nötig, wenn durchschnittlich je Tag 80 t verbraucht werden?

Entfernungen ab Hamburg in sm:

Rotterdam	320
London	350
Lissabon	1170
Buenos Aires	7000
New York	4500

(3) Ein anderes Schiff fährt von Hamburg nach Rotterdam, dann weiter nach Lissabon.
a) Wie viele Seemeilen legt es zurück?
b) Bei der Abfahrt in Hamburg hat es 300 Container von je 15 t geladen. Um welches der Schiffe kann es sich handeln?
In Rotterdam lädt es 130 Container aus und nimmt 150 neue mit je 20 t auf. Wie schwer ist die Ladung, die in Lissabon ankommt? Wie viele Container sind dies?
c) Für den Transport eines Containers von Hamburg bis Buenos Aires müssen 500 € bezahlt werden. Was würde der Transport bis London kosten?

Größen

M Angaben wie 120 m, 35 t, 16 h usw. sind **Größen.** Eine Größe besteht immer aus **Maßzahl** und **Maßeinheit.**

Beispiel: 5 t (Tonnen) — 5 = Maßzahl, t = Maßeinheit; 120 m (Meter) — 120 = Maßzahl, m = Maßeinheit

Übungen

4 a) Nenne oder beschreibe Dinge in deiner Umgebung, die etwa folgende Größe haben.
(1) 1 cm, 1 m, 1 mm (2) 1 kg; 1 mg; 1 t
b) Wie schwer ist eine Stegreifarbeit auf einem DIN A4-Blatt?
c) Wie schwer ist deine gesamte Klasse?
d) Wie viele Schritte machst du, wenn du 1 km gehst?
e) Was dauert 1 s (1 min)?

5 Hier ist etwas durcheinander geraten. Verbessere folgende Sätze.
a) Der 5 kg schwere Hermann stieß die 11 m schwere Kugel 72 kg weit.
b) Beim Sportfest war Michaela beim 2-Sekunden-Lauf 100 m langsamer als Katharina.
c) Die 28 € lange Zugfahrt mit dem Bayernticket von Rosenheim nach Nürnberg kostete 3 h 44 min.
d) Die Bergtour auf den 1 Stunde und 30 Minuten hohen Heuberg dauerte 1338 m.

e) Ordne die Einheiten der Aufgaben a) – d) den folgenden Größen zu: Länge, Zeit, Masse (Gewicht). Welche weitere Größe ist dir aus dem Alltag bekannt?

Maßeinheiten

M
Geld: 1 Euro (€) = 100 Cent (Ct)
Länge: 1 Meter (m) = 100 Zentimeter (cm)
Masse (Gewicht): 1 Kilogramm (kg) = 1000 Gramm (g)
Zeit: 1 Stunde (h) = 60 Minuten (min)

Weitere gebräuchliche Maßeinheiten von bekannten Größen:
Länge: 1 km = 1000 m; 1 m = 10 dm; 1 dm = 10 cm; 1 cm = 10 mm
Masse: 1 t = 1000 kg; 1 kg = 1000 g; 1 g = 1000 mg
Zeit: Einheiten: Tag (d), Stunde (h), Minute (min), Sekunden (s)
1 d = 24 h; 1 h = 60 min, 1 min = 60 s

Übungen

6 Wandle in die angegebene Einheit um.

a) 5000 g (kg)	b) 95 g (mg)	c) 237 t (kg)	d) 15 kg (g)
e) 8 min (s)	f) 3 h (min)	g) 96 h (d)	h) 1 h (s)
i) 4525 kg (t und kg)	k) 68 h (d und h)	l) 100 min (h und min)	m) 1 d (min)

7 Zerlege in Euro und Cent oder Meter und Zentimeter. 3,58 € = 3 € 58 Cent

a) 5,45 €	b) 0,27 €	c) 27,63 €	d) 6907,67 €
e) 4,50 m	f) 14,35 m	g) 1,05 m	h) 45,96 m

1 In den Aufgaben 1 – 3 auf Seite 77 hast du schon mit Größen gerechnet. Untersuche, bei welcher der Aufgaben du als Ergebnis der Rechnung eine Größe mit Maßzahl und Einheit erhalten hast und bei welcher nur eine Zahl.

Rechnen mit Größen

M

Größe plus/minus Größe ergibt Größe	120 kg + 430 kg = 550 kg
Größe mal Zahl ergibt Größe	450 · 1852 m = 833 400 m
Größe geteilt durch Größe ergibt eine Zahl	30 m : 10 m = 3

Beachte: Alle Größen müssen dabei die gleiche Maßeinheit besitzen.

2 So kannst du mit Größen in verschiedenen Einheiten rechnen.

B

1. Wandle in eine kleinere Einheit um.	4,55 m + 35 cm = 455 cm + 35 cm	16,600 kg : 4 = 16 600 g : 4
2. Rechne aus.	= 490 cm	= 4150 g
3. Du kannst das Ergebnis auch in anderen Einheiten angeben.	= 4 m 90 cm = 4,90 m	= 4 kg 150 g = 4,150 kg

Dieses Verfahren kannst du auch bei Subtraktion und Multiplikation anwenden.

a) 4,5 km − 2850 m b) 1 t 650 kg + 7581 kg c) 7 km 668 m : 12

Übungen

3 Berechne. Achte dabei auf die richtige Angabe des Ergebnisses als Größe oder Zahl.
a) 62 € + 16 € b) 8 · 13 € c) 20 € − 1380 Cent d) 12 m : 300 cm
e) 1470 € + 2830 € f) 17 000 Cent − 58 € g) 25 kg : 5 h) 27 € : 9 €

4 Berechne
a) 14 m + 25 m b) 12 · 8 mg c) 125 km : 5 d) 120 t · 4
e) 324 cm − 28 cm f) 60 m : 1500 cm g) 145 kg − 82 500 g h) 48 cm : 6

Lösungen zu 3 und 4 (nur Maßzahlen): 39; 620; 25; 4; 112; 4300; 63,5; 8; 3; 4; 5; 296; 104; 78; 480; 96; 62,5

5 Die 28 Schüler der Klasse 5 b legen pro Woche (5 Tage) auf dem Weg zur Schule und wieder nach Hause 2230 km zurück.
a) Nach wie vielen Tagen ist die Klasse einmal um die Erde gefahren? (Rechne mit einem Erdumfang von 40 140 km)
b) Wie oft fährt die Klasse etwa in einem Schuljahr um die Erde? (ca. 190 Schultage)
c) Führt entsprechende Rechnungen für eure Klasse durch.

6 Philipp kauft Ersatzteile für seine Eisenbahn:
einen Schalter für 2,75 €,
ein Signal für 12,30 €
und ein Haus für 7,25 €.
Er will mit einem 20-€-Schein bezahlen. Reicht sein Geld? Schätze zuerst.

7 In Patagonien (Argentinien) fand ein Bauer in der Schlucht „La Buitrera“ (auf deutsch: „Geierkäfig“) versteinerte Knochen des größten Dinosauriers, den es vermutlich je auf Erden gab. Die Dinosaurier fraßen in wenigen Stunden ganze Wälder kahl. Sie schluckten auch Kieselsteine, die dann im Magen beim Zermahlen der Nahrung halfen.

a) Berechne, wie lang in etwa dieser Dinosaurier war.

b) Wie viele Mountainbikes von 1,70 m Länge müsste man hintereinander stellen, um diese Länge zu erhalten?

8

a) 45,3 m · 7	b) 82,2 m · 58	c) 545 dm : 5	d) 42 km : 8
7,8 m · 25	72 dm 6 cm · 64	1 km 265 m : 5	33 dm : 110
907 m · 6	9 km 47 m · 97	678,6 m : 29 cm	59 km 232 m : 48 m

9

a) 8,40 € : 70 Ct	b) 9,60 g · 6	c) 8,25 € · 15	d) 103,50 € : 30
41 kg : 25	4,41 € : 0,21 €	23,070 kg · 33	17,60 € · 12
33,60 € : 14	32,40 t : 600 kg	106,50 € : 50	4,800 g : 0,600 g

Lösungen zu 8 und 9 (nur Maßzahlen): 877 559; 761,31; 109; 317,1; 12; 57,60; 3; 46 464; 123,75; 195; 3,45; 4767,6; 5250; 8; 21; 1234; 2,40; 54; 2,13; 253; 1640; 5442; 211,20; 2340

10 Die Raubfische müssen mit den richtigen Happen gefüttert werden. Zwei bleiben übrig.

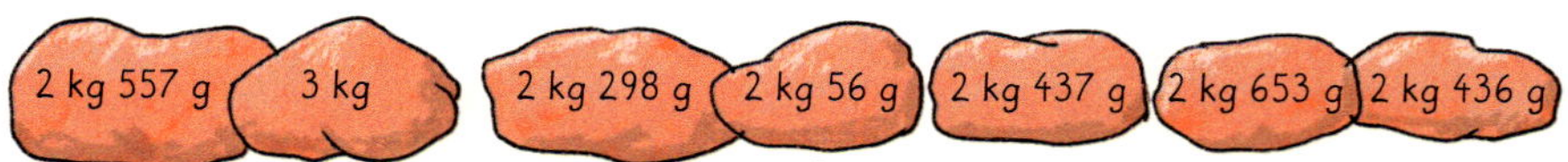

a) 2 kg 500 mg + 55 g 500 mg

b) 6 kg 205 g − 3 kg 648 g

c) 18 000 mg + 2418 g

d) 3 kg 155 g − 857 g

e) 8 t 67 kg − 8064 kg

11 Kann man mit den abgebildeten Wägestücken folgende Größen zusammenstellen?

a) 40 g; 90 g; 400 g; 900 g; 250 g; 63 g

b) 2 kg 800 g; 8 kg 560 g; 1 kg 489 g; 333 g

12 Übertrage die Tabelle in dein Heft und fülle sie aus.

t			kg			g			mg			Schreibweisen
H	Z	E	H	Z	E	H	Z	E	H	Z	E	
							3	6	4	5		36 g 450 mg = 36,450 g = 36 450 mg
		4	0	7	3							___
					6	0	0	3				___
3	0	6	7									___
___	___	___	___	___	___	___	___	___	___	___	___	5 t 68 kg = 5,068 t = ___ kg
___	___	___	___	___	___	___	___	___	___	___	___	6 g 35 mg = ___ g = ___ mg
	1	0	0	7	9							___

13 Berechne.

a) 6,45 m + 65 cm
6 m 35 cm + 65 dm
6,45 m + 65 cm
6,45 dm + 65 mm
6,45 cm + 65 cm

b) 3 km 500 m + 25 m
3,050 km + 25 m
3,005 km + 25 m
3,050 km + 2,5 km
3 km 5 m + 2,005 km

c) 2 kg 567 g + 300 g
3,567 kg + 30 g
4,567 kg + 3 g
4,967 kg + 33 g
5,997 kg + 3000 mg

d) 5 kg 200 g − 4,400 kg
6,264 kg − 4,040 kg
7,264 kg − 4,004 kg
8,264 kg − 4 kg 4 g
9,264 kg − 4000 mg

e) 7,249 t − 6,200 t
7,149 t − 6,020 t
7,049 t − 6,002 t
7,050 t − 6002 kg
7,050 g − 6002 mg

f) 3 km 500 m − 25 m
3,050 km − 25 m
3,005 km − 25 m
3,050 km − 2,5 km
3 km 5 m − 2,005 km

14 „Wie weit ist dein Schulweg?“, wird Markus gefragt. Er antwortet: „Ich nehme immer das Rad. Mittags fahre ich schnell nach Hause und komme anschließend zum Wahlfach Klettern wieder. Insgesamt bin ich dann heute 6,4 km unterwegs.“.

Die Mitschüler berechnen den Schulweg auf verschiedene Arten:
Sophie: 6,4 km : 4 = (4 km + 2400 m) : 4 = ___
Maxi: 6,4 km : 4 = 4 km : 4 + 2000 m : 4 + 400 m : 4 = ___

a) Überprüfe, ob die Rechnungen zur richtigen Lösung führen.
b) Stefan hat für die Berechnung eine dritte Möglichkeit gefunden. Wie könnte er vorgegangen sein?
c) Berechne nach einem geeigneten Weg.

(1) 3,640 kg : 8
3,640 kg · 8

(2) 7,250 km : 5
7,250 km · 5

(3) 57,60 € : 6
57,60 € · 6

(4) 6 h 3 min : 9
6 h 3 min · 9

(5) 16,05 m : 3
16,05 m · 3

(6) 10 min 20 s : 4
10 min 20 s · 4

(7) 1,260 kg : 6
1,260 kg · 6

(8) 3,24 € : 9
3,24 € · 9

15 Berechne.

a) 6 kg 600 g : 30
6 kg 150 g : 30 g
6,006 kg : 3 g
6,060 kg : 30
6,6 kg : 300 g

b) 6 m 30 cm · 6
7 m 20 cm · 16
5 m 28 cm · 13
8,7 cm · 3
8,07 m · 3

c) 9 km 600 m · 8
9 km 600 m · 80
9,600 km · 16
9,008 km · 16
9,680 m · 88

d) 24 t 720 kg :24
24 t 72 kg :24 kg
24,096 t : 48 kg
24,960 t : 48
24,864 t : 48

1 Der Intercity nach Hamburg fährt um 14:20 Uhr in München ab. Seine Fahrzeit nach Würzburg beträgt 2 h 8 min.
So kannst du berechnen, wann der Intercity in Würzburg ankommt.

B

14:20 Uhr —(2 h)→ 16:20 Uhr —(8 min)→ 16:28 Uhr

a) Wann kommt Herr Eilig in Salzburg an, wenn die Fahrzeit 1 h 19 min beträgt?
b) Die Fahrzeit nach Nürnberg mit dem Regionalzug beträgt 1 h 45 min. Frau Sparsam kommt um 11.25 Uhr in Nürnberg an. Wann ist sie abgefahren?

2 Wie viel Zeit ist vergangen?
a) von 01:30 Uhr bis 03:18 Uhr
b) von 09:38 Uhr bis 15:17 Uhr
c) von 16:07 Uhr bis 18:02 Uhr

11:20 —(40 min)→ 12:00 —(2 h)→ 14:00 —(8 min)→ 14:08

40 min + 2 h + 8 min =
40 min + 120 min + 8 min = 168 min

3 **Straubing → München Hbf** **DB BAHN**
Fahrplanauszug – Angaben ohne Gewähr
136 km

Ab	Zug	An	Umsteigen	Ab	Zug	An	Verkehrstage
6:17	RB 32307	6:58	Neufahrn (Niederbay)	7:09	RE 32053	**8:20**	Sa
6:17	RB 32309	6:58	Neufahrn (Niederbay)	7:09	RE 32053	**8:20**	So
6:20	RB 32101	6:37	Plattling	6:42	RE 4275	**8:20**	Mo–Fr
6:20	RB 32101	6:37	Plattling	6:53	RE 4277	**8:36**	Sa
6:23	RB 32102	6:54	Regensburg Hbf	7:00	RE 32055	**8:36**	Mo–Fr
6:46	RB 4242					**11:33**	Mo–Fr
7:17	RB 32311	7:59	Neufahrn (Niederbay)	8:11	ALX 86055	**9:16**	Sa, So
7:17	RB 32313	8:06	Neufahrn (Niederbay)	8:11	ALX 86055	**9:16**	Mo–Fr
7:21	RB 32103	7:39	Plattling	8:01	RE 32377	**9:59**	Mo–Fr
7:21	RB 32155	7:39	Plattling	8:01	RE 32377	**9:59**	Sa, So
8:06	IC 2028	8:26	Regensburg Hbf	8:31	RE 32057	**10:04**	Sa
8:17	RB 32315	9:06	Neufahrn (Niederbay)	9:11	RE 4247	**10:20**	täglich
8:29	RE 4243	8:46	Plattling	9:01	RE 4249	**10:36**	täglich

Fabian wohnt in Straubing und möchte mit seiner Familie einen Tagesausflug nach München unternehmen. Für die Planung der Zugfahrt nimmt er den Fahrplan.
a) Erkläre die Abkürzungen und Zeichen.
b) Wie weit ist es von Straubing nach München?
c) Wie lange ist man von Straubing nach München unterwegs? Berechne für alle Züge wie im Beispiel oben.
d) Suche die schnellste und die langsamste Zugverbindung heraus.
e) Fabian möchte um 10:00 Uhr in München sein. Welche Möglichkeiten hat er?
f) Wähle dir fünf Züge aus. Berechne die Umsteigezeiten und die reine Fahrzeit dieser Züge.

4 Ein ICE benötigt für die Strecke München–Hamburg 5 Stunden und 52 Minuten. Der Zug fährt um 7:55 Uhr in München ab und hält sechsmal. Bis zum dritten Halt hat er 13 Minuten Verspätung. Bei den folgenden Stationen holt er bei jedem Halt drei Minuten auf. Wann müsste er fahrplanmäßig in Hamburg eintreffen? Wann trifft er tatsächlich ein?

5 Ergänze die Tabelle im Heft.

	Flugstrecke	Abflug	Dauer	Ankunft
a)	München–Berlin	6:55	1 h 5 min	
b)	Frankfurt–Madrid	8:30		10:25
c)	Frankfurt–Paris		1 h 20 min	15:10
d)	Hamburg–Tunis	4:55	3 h 25 min	

① Auf eine CD passen Musikstücke mit insgesamt 80 min Dauer. Sarah stellt für ihre Geburtstagsfeier eine neue CD zusammen und hat schon Titel mit einer Gesamtspielzeit von 71 min 32 s gesammelt. Sie überlegt, welche der folgenden Musikstücke noch Platz haben, wenn zwischen 2 Stücken immer 1 s Pause bleibt.

Die Schmusekatze schnurrt so schön	*2 min 56 s*
Urlaub in Nirgendwo	*3 min 47 s*
Blaue Wolken hoch am Himmel	*4 min 12 s*
Schöne Ferien wünsch ich mir	*3 min 38 s*

② Laura und Sebastian gehen in verschiedene Schulen, haben aber am Dienstag genau gleich lange Unterricht. Sebastian beginnt um 8:10 Uhr, Schulschluss hat er um 15:30 Uhr. Laura kann um 16:25 nach Hause gehen. Wann beginnt ihr Unterricht?

③ Das Bild zeigt eine Übersicht über die Einheiten der Masse (des Gewichts).
a) Ersetze die vier dargestellten Körper durch andere passende Figuren. Zeichne dazu ein neues Bild.

Umrechnungszahl

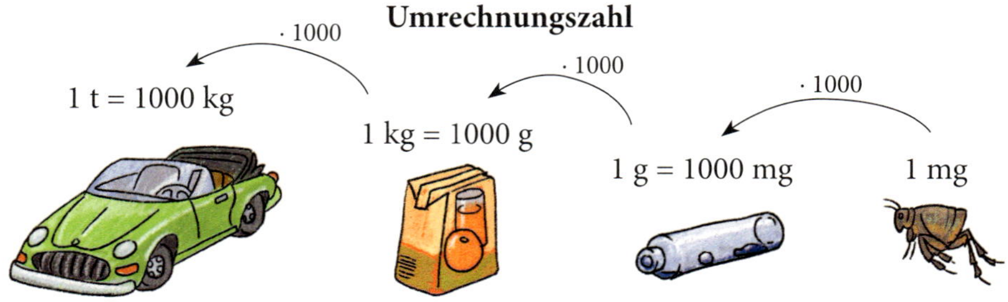

b) Fertige wie oben eine Übersicht über die Einheiten der Länge an.
c) Erstelle eine Übersicht über die Einheiten der Zeit.

④

Lisa packt mit ihrer Mutter das gemeinsame Fluggepäck. Sie wollen die Grenze für die 20 kg Freigepäck pro Person nicht überschreiten. Was könnte Lisa von den notierten Gegenständen noch in den Koffer legen? Nenne drei Beispiele.

⑤ Im Fahrzeugschein von Familie Leichts Auto steht: Leergewicht 1175 kg, zulässiges Gesamtgewicht 1560 kg. Lisa wiegt 58 kg, ihr Bruder ist 7 kg schwerer. Vater und Mutter wiegen zusammen 158 kg. Wie schwer dürfen die Koffer für die Urlaubsreise höchstens ein?

⑥ Das Herz eines Jugendlichen schlägt im Schlaf etwa 54 mal in der Minute. Wie oft schlägt es in 8 h (24 h)?

7 Setze für den Platzhalter das passende Zeichen ein: <, >, =
a) Preis eines neuen Autos ▢ 200 000 Ct.
b) Höhe einer Zimmertür ▢ 200 mm.
c) Alter eines Schülers der 5. Klasse ist ▢ 240 000 h.
d) Gewicht eines Fahrrads ▢ eine Viertel Tonne.
e) Dauer einer Unterrichtsstunde ▢ 2000 s.

8 Jeweils zwei Paare gehören zusammen. Eines passt nicht.

a) 5,45 €	5045 Ct	545 Ct	5450 Ct	50 € 45 Ct
b) 6,020 kg	6 kg 200 g	6,002 kg	6002 g	6 kg 20 g
c) 3,260 km	3 m 60 cm	3260 m	3,06 m	306 cm
d) 10 d	600 h	30 600 min	36 000 min	240 h

9 Wandle in andere Einheiten um. Welche der Maßzahlen, die du erhältst, liegt am nächsten bei 1000?

9,5 dm = 95 cm = 950 mm

a) 11,29 € b) 9,8 g c) eine viertel Stunde d) 80 500 cm

10 Ihr kennt das Spiel „Stadt – Land – Fluss". Dabei müsst ihr möglichst schnell Städte, Länder usw. mit einem bestimmten Anfangsbuchstaben aufschreiben.
a) Die gleichen Regeln gelten beim Spiel „1 cm – 1 dm – 1 m – 1 km". Jetzt müsst ihr Dinge finden, die ungefähr 1 cm (1 dm, …) lang oder breit sind.

Buchstabe	1 cm	1 dm	1 m	1 km
B	Bleistift	Brett	Bett	Bergbahn

b) Die Längeneinheiten des Spiels bei a) könnt ihr auch durch Einheiten anderer Größen ersetzen.

11 a) Welcher Text passt zur Rechnung 6 m : 3 m?

b) Schreibe jeweils einen passenden Text.
(1) 15,60 € : 3,90 € (2) 0,5 kg : 4 (3) 45 min : 15 min

12 In welche Gruben rutschen die Inhalte des Betonmischers?

1 In der Tabelle findest du für verschiedene Briefarten Vorschriften für die Maße, das Gewicht und den Preis für den Transport der Briefe.

Briefart	Standardbrief	Kompaktbrief	Großbrief	Maxibrief
Maße	L: 140–235 mm B: 90–125 mm H: ≦ 5 mm	L: 100–235 mm B: 70–125 mm H: ≦ 10 mm	L: 100–353 mm B: 70–250 mm H: ≦ 20 mm	L: 100–353 mm B: 70–250 mm H: ≦ 50 mm
Gewicht	bis 20 g	bis 50 g	bis 500 g	bis 1000 g
Preis	0,55 €	0,90 €	1,45 €	2,20 €

Du brauchst: Doppelbogen DIN A4 kariert, Lineal

a) Was könnten die Angaben der Maße bedeuten?
b) Zeichne die Größe eines Blattes, das gerade noch in den kleinsten Standardbrief hineinpasst. Fertige auch für den größten Standardbrief eine Zeichnung an.
c) Führe Aufgabe b) für einen Großbrief aus.

2 Ganz wichtig beim Versenden eines Briefes ist dessen Gewicht. Danach kannst du entscheiden, welche Marken du auf den Brief kleben musst.

Du brauchst: Pappkarton, Tesafilm, Schere, Zirkelspitze oder Nagel, Schnur, Lineal, Geodreieck, große Büroklammern, Cent- und Euromünzen

a) Zum Bestimmen des Gewichts hilft eine Briefwaage. Schneide dazu aus einem dicken Karton ein Quadrat mit der Seitenlänge 20 cm heraus. Zeichne anschließend wie im Bild Verbindungsstrecken zwischen den Eckpunkten und bohre die Löcher 1, 2 und 3 so, dass du jeweils eine Schnur hindurch ziehen kannst. Durch das Loch 1 führt eine Schnur zum Aufhängen der Waage. An weiteren Schnüren werden zwei große Büroklammern befestigt.
Die Waage ist im Gleichgewicht, wenn die Schnur zwischen Loch 1 und den Haken genau durch den oberen Eckpunkt läuft. Durch Aufkleben von Pappe oder Klebestreifen auf eine Seite der Waage kannst du die Waage ins Gleichgewicht bringen.

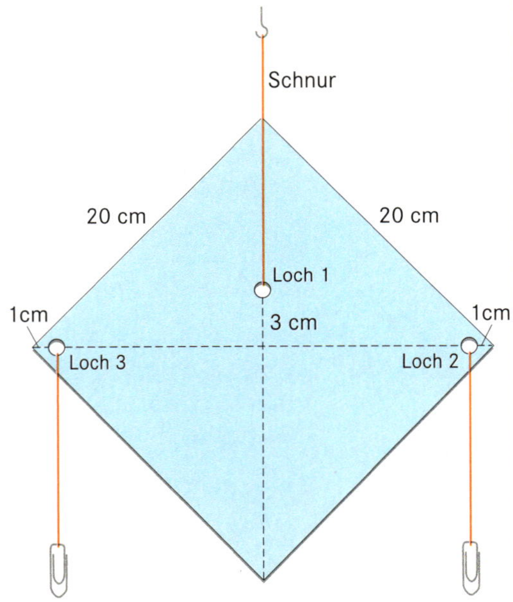

b) Ein Standardbrief darf höchstens 20 g wiegen. Durch Zusammenkleben von Euromünzen kannst du ziemlich genau ein solches Gewicht herstellen. Baue ein solches Gewicht und hänge es an eine der beiden Büroklammern. Hänge auf die andere Seite einen Standardbrief. Fülle ihn mit Papier, bis er gerade noch als Standardbrief versandt werden darf.

Münzen	10 Cent	20 Cent	50 Cent	1 €	2 €
Gewicht	4 g 100 mg	5,7 g	7,8 g	7,5 g	8,5 g

c) Vergleiche in b) den Wert der Marke auf dem Brief mit dem Wert des Geldes auf der anderen Seite der Waage.
d) Stelle aus Euromünzen ein möglichst genaues 50 g-Gewicht her. Welchen Geldwert hat dieses Gewicht?
e) Was nimmst du zum Herstellen eines 500 g-Gewichts?

1 a) Bestimmt mit Hilfe eines Geodreiecks oder Lineals, wie hoch zwei Treppen in eurem Schulhaus führen. Beschreibt, wie ihr dabei vorgeht.
b) Bei einer Schulhaustreppe führen sechs Stufen 1,20 m hoch. Wie weit geht es auf dieser Treppe mit 15 Stufen nach oben?

2 Fünf Stufen einer Treppe führen 80 cm nach oben. So kannst du berechnen, wie hoch sieben Stufen führen.

B **Treppenskizze**

1. Notiere die in der Aufgabe gegebene Information in der Skizze.
2. Rechne auf die Höhe einer Stufe zurück. Übertrage das Ergebnis in die Skizze.
3. Rechne auf die Höhe von insgesamt sieben Stufen hoch.

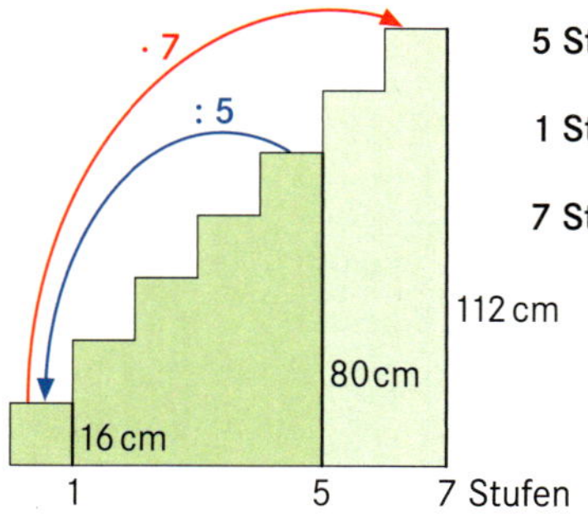

5 Stufen 80 cm
1 Stufe 80 cm : 5 = 16 cm
7 Stufen 16 cm · 7 = 112 cm

Wenn du 12 Stufen einer Treppe nach oben steigst, bist du 2,04 m hoch. Wie hoch bist du, wenn du 14 Stufen dieser Treppe bewältigst?

Dreisatz

M Aufgaben der oben dargestellten Art nennt man **Dreisatzaufgaben.** Die Namen erinnern daran, dass man oft in drei Sätzen von der Information über die Einheit zum Vielfachen hochrechnet.

1. Gegebene Information — *4 Stufen führen 104 cm hoch.*
2. Zurückrechnen auf die Einheit — *1 Stufe ist 26 cm hoch.*
3. Hochrechnen auf das Vielfache — *9 Stufen sind ▢ hoch.*

: 4 → · 9 →

Anzahl der Stufen	4	1	9
Höhe in cm	104	26	▢

: 4 → · 9 →

Treppenskizze

Mit Hilfe einer so genannten **Treppenskizze** kann man die Reihenfolge der Rechenschritte veranschaulichen.

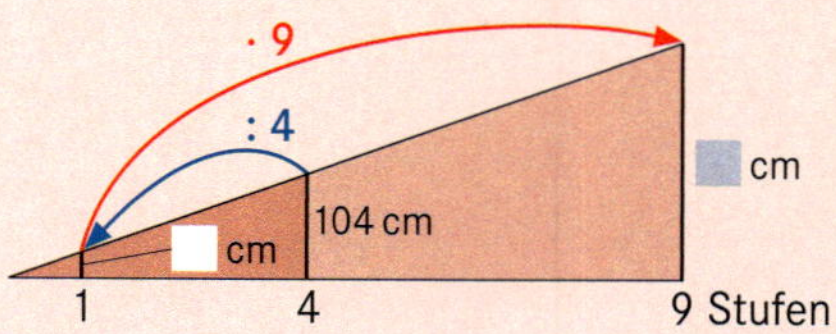

Übungen

3 a) Sieben Treppenstufen führen 98 cm hoch. Wie hoch führen dann 16 Stufen?
b) Auf einer Treppe mit 14 Stufen kommst du vom Erdgeschoss in das 2,52 m höher gelegene Obergeschoss. Welche Höhe kannst du mit 4 Stufen erreichen?

4 Luca besorgt fünf Eintrittskarten für die Nachmittagsvorstellung im Kino. Er bezahlt dafür 32,50 €.

a) Wie viel muss Laura zahlen, die für die gleiche Vorstellung drei Karten kauft?

b) Emily holt für sich und ihre Freundinnen Karten und bezahlt 52 €. Wie viele Karten bekommt sie?

5 Für vier Kugeln Eis muss Jessica 2,80 € bezahlen. Maren kauft sechs Kugeln, Andi fünf Kugeln.

6 a) Schreibe zu der Treppenskizze einen passenden Text. Berechne die gesuchten Größen.

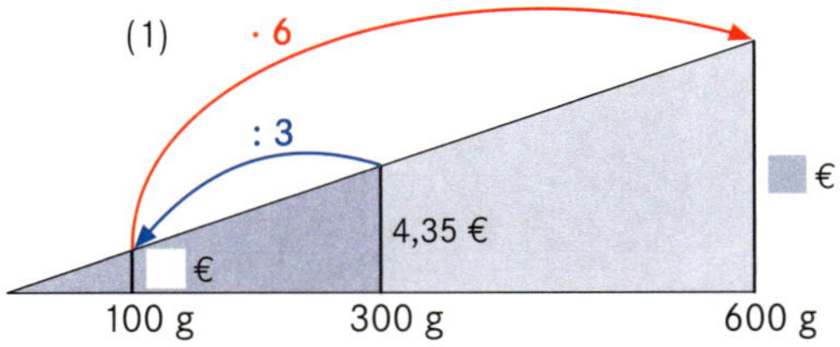

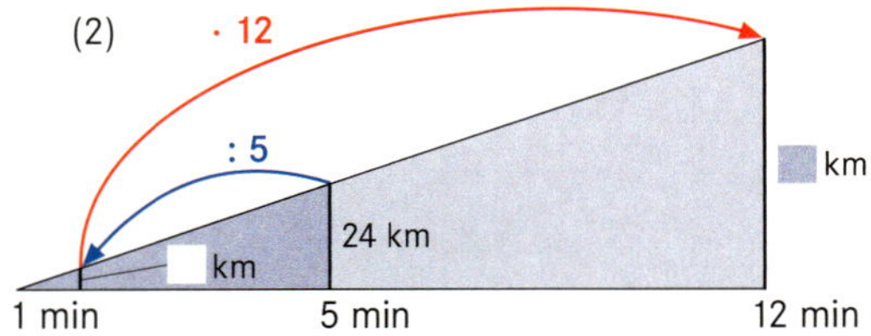

b) Mach selbst eine Treppenskizze. Dein Nachbar oder deine Nachbarin soll den zugehörigen Aufgabentext angeben und die fehlenden Größen berechnen.

7 So kannst du eine Aufgabe zum Dreisatz durch einen Text, durch eine Treppenskizze, eine Rechnung oder eine Tabelle darstellen.

B

Text

Fünf Müsliriegel wiegen 600 g. Wie schwer sind 12 Riegel?

Treppenskizze

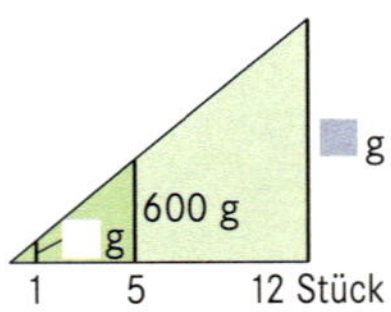

Rechnung

600 g : 5 = 120 g
120 g · 12 = 1440 g

Tabelle

Anzahl	5	1	12
Gewicht in g	600	120	1440

Finde jeweils zu den angegebenen Darstellung die übrigen drei Formen.

a) Sieben Packungen Salzstangen „Extra lang“ wiegen 1225 g. Wie viel wiegen drei Packungen?

b)

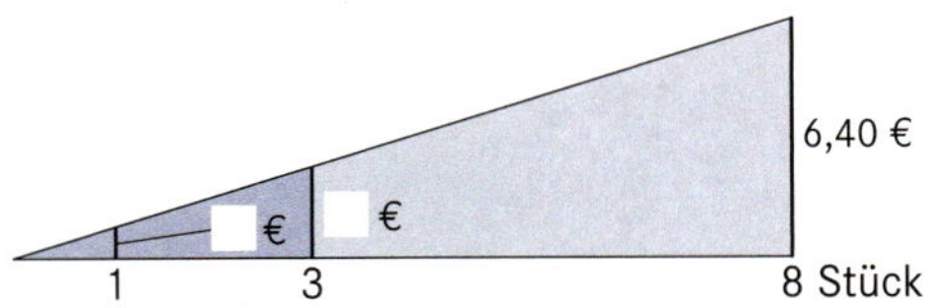

c) 80 cm : 5 = 16 cm
16 cm · 14 = 224 cm

d)

Zeit in s	15		50
Weg in m	45		

8 Eine Zehnerkarte für das Freibad kostet 9,00 €.

a) Auf Benjamins Karte sind bereits sieben Felder entwertet. Was ist seine Karte noch wert?

b) Auf Verenas Karte sind noch vier Felder frei.

9 a) Bei der Berufsfeuerwehr Mitterstadt sind sieben zusammengekuppelte Löschschläuche insgesamt 61,25 m lang. Man braucht aber mindestens 90 m.

b) Bei der Feuerwehr Ruxhausen sind fünf verbundene Schläuche 47,5 m lang.

10 Frau Öcan ist von Donnerstag bis Samstagmittag mit ihrem Obststand in der Fußgängerzone. Donnerstag früh hat sie in der Großmarkthalle Waren für 220 € besorgt. Außerdem rechnet sie mit 140 € an Kosten z. B. für Standgebühr; Sprit usw.
Bis Freitagabend hat sie nur aus dem Verkauf von Tomaten und Birnen 257 € eingenommen. Dabei hat sie 75 kg Tomaten veräußert. Aus ihrem restlichen Sortiment hat sie einen Erlös von 283 € erzielt.

a) Berechne, wie viel Kilogramm Birnen Frau Öcan bis Freitagabend verkauft hat.

Lösungsstrategie:
- Lies dir den Text genau durch, eventuell mehrmals.
- Finde heraus, welche Informationen im Text oder im Bild gegeben werden.
- Überlege, welche Informationen für die Lösung wichtig sind. Schreibe eventuell diese Informationen in dein Heft.
- Notiere deine Lösungsschritte und gib die Lösung an.
- Überlege, ob du bei nachfolgenden Aufgaben bereits berechnete Lösungen wieder verwenden kannst.

So kannst du Aufgabe 10 a) lösen.

B

Wichtige Informationen:
$\frac{1}{2}$ kg Tomaten kostet 1,20 €. 1 kg Birnen kostet 2,20 €. Frau Öcan hat 75 kg Tomaten verkauft.
Die Einnahmen aus dem Verkauf von Tomaten und Birnen betragen 257 €.

Notieren der einzelnen Lösungsschritte:
Preis für 1 kg Tomaten: 1,20 € · 2 = 2,40 €

Einnahmen für 75 kg Tomaten:
2,40 € · 75 = 240 Cent · 75
= 18 000 Cent
= 180 €.

Fertige Nebenrechnungen in einer extra Spalte an. Verwende nur Maßzahlen.

	2	4	0	·	7	5	
		1	6	8	0		
			1	2	0	0	
		1	8	0	0	0	

Einnahmen für Birnen:
257 € – 180 € = ☐

Birnenmenge:
☐ : ☐ = ☐

b) Wie viele Apfelsinen müsste Frau Öcan am Samstag noch verkaufen, wenn sie insgesamt einen Gewinn von 250 € machen will?

c) Frau Öcan nimmt durch den Verkauf von Bananen und 1,50 kg Haselnüssen 49,50 € ein.

11 Sepp, Hans und Rudi waren am Samstag im Erlebnisbad. Sie zahlten für den Eintritt zusammen 19,80 €. Nächste Woche hat Rudi Geburtstag und will mit seinen sechs Freunden ebenfalls ins Erlebnisbad. Wie teuer kommt das Geburtstagsvergnügen?

12 Herr Huber hat an der PIGA-Tankstelle 38 *l* Super für 54,72 € getankt. Seine Frau erzählt, dass sie an der RALA-Tankstelle nur 89,60 € für 64 *l* Super bezahlt hat.
a) Wer hat günstiger getankt?
b) Was hätte Herr Huber an der RALA-Tankstelle bezahlen müssen?

13 Herr Grüner kauft in der Großmarkthalle 145 kg Orangen für 181,25 € ein. An Kosten (Miete, Heizung, Strom, …) setzt Herr Grüner 72,50 € an.
a) Zu welchem Preis muss Herr Grüner das Kilogramm Orangen verkaufen, damit er keinen Verlust macht?
b) 110 kg der Orangen verkauft Herr Grüner innerhalb von 3 Tagen. Er verlangt 9 € für 4 kg. Dann senkt er den Preis, um den Rest möglichst schnell loszuwerden. Zu welchem Preis pro Kilogramm muss er den Rest der Orangen verkaufen, wenn er insgesamt einen Gewinn von 55 € machen will?

14 Ein Filmstreifen enthält auf 24 cm Länge 72 Bilder und läuft 3 Sekunden.
Wie viele Bilder sind auf einem Streifen von 1,80 m Länge? Wie lange läuft er?

15

A

B

C

D

Fünf Freundinnen haben auf einer Radltour einige Fotos gemacht. Auf einer Liste können die gewünschten Bilder nachbestellt werden. Die Freundinnen einigen sich, dass die Bearbeitungsgebühr gleichmäßig auf die Anzahl der Bilder verteilt wird.
a) Wie viele Bilder werden bestellt und wie viel muss pro Bild für die Bearbeitungsgebühr bezahlt werden?
b) Berechne, wie viel Johanna und wie viel Christina bezahlen muss.

Bearbeitungsgebühr	1,95 €	
Größe	9x13	13x18
Preis je 5 Stück	0,75 €	1,90 €
Maria	B; C; D	A
Sarah	B; D	C
Agnes	B; C	
Johanna	A	B; C
Christina	D; A	C

16 Das Fußballspiel in der heutigen Form wurde in England erfunden. Die Breite und Höhe eines Fußballtores wurde deshalb in Fuß festgelegt. Deshalb gibt es die ungewöhnlichen Maße 2,44 m und 7,32 m. Gib diese Größen in Fuß an. (Ein Fuß entspricht 30,5 cm).

In einer Familie sind Vater, Mutter und Tochter zusammen 120 Jahre alt. Der Vater ist dreimal so alt wie die Tochter und ebenso alt wie die Mutter und Tochter zusammen. Wie alt ist jeder?

1 Von eurem Klassenzimmer soll ein Plan so erstellt werden, dass er im Heft Platz hat. Markiert, wo sich z. B. die Tafel, die Schränke, die Fenster und die Türen sowie dein Arbeitsplatz befinden. Auch soll man sehen können, wie breit und wie lang z. B. der Schrank oder dein Schreibtisch sind.

a) Arbeitet in Gruppen. Tragt zuerst in eine einfache Handskizze die gemessenen Längen ein.

b) Überlegt, wie groß die gemessenen Längen in eurem Heft werden sollen. Übertragt dann die Tabelle in euer Heft und ergänzt sie. Zeichnet anschließend den Plan eures Klassenzimmers.

Was glaubst du? Haben die Kinder für den Plan ein geeignetes Maß gemessen?

Gegenstand	Klassenzimmer		Fenster	Schrank		Tür
	Länge	Breite	Breite	Länge	Breite	Breite
In Wirklichkeit						
In der Zeichnung						

Maßstab

M Strecken werden oft verkleinert (vergrößert) dargestellt. Der **Maßstab** gibt an, wie lang Strecken in Wirklichkeit sind.

Der Maßstab **1:10** bedeutet:
Jede Strecke ist in Wirklichkeit 10-mal so lang wie in der Zeichnung.

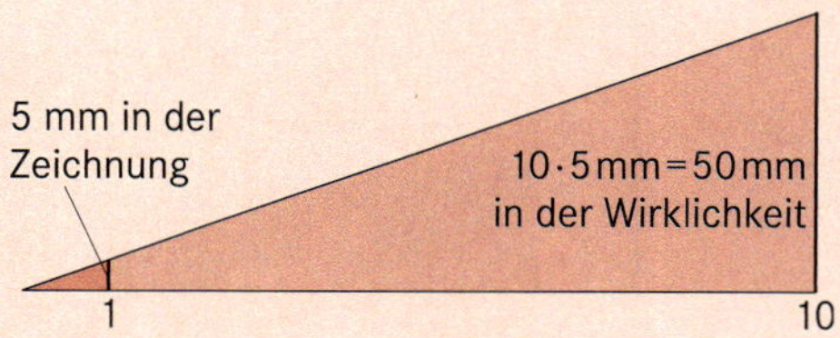

Der Maßstab **10:1** bedeutet:
Jede Strecke hat in Wirklichkeit nur den zehnten Teil der Länge in der Zeichnung.

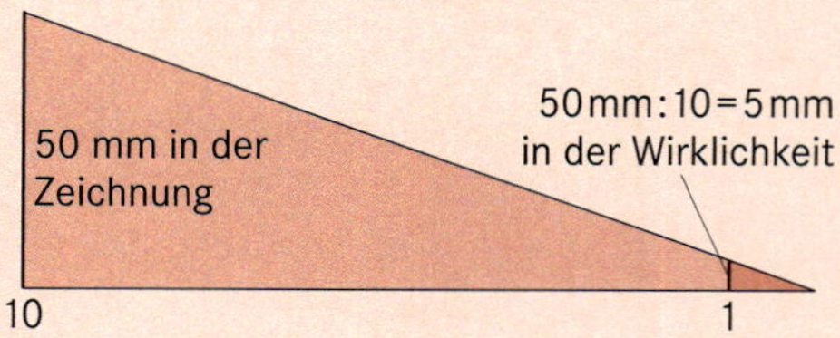

Übungen

2 a) Zeichnet in eurem Heft Strecken, die in der Wirklichkeit folgende Längen haben.

Länge	5 m	7,5 km	2,5 mm	4,2 cm
Maßstab	1 : 100	1 : 100 000	20 : 1	5 : 1

b) Wie lang sind folgende Strecken in Wirklichkeit?

Länge	3 cm	4 m	12 cm	4,5 cm
Maßstab	1:500	20:1	1: 1 000 000	1:200 000

c) Besorgt euch von eurem Schulort eine Karte. Findet heraus, wie hier verkleinert wurde. Sucht eure Schule. Bestimmt, wie weit es z. B. von der Schule zum Rathaus ist.

Jimmy ist ein knappes Jahr älter als Jonny, nämlich nur genau einen Tag weniger als ein ganzes Jahr. Welches Geburtsdatum hat Jonny, wenn Jimmy am Neujahrstag des Jahres 2007 geboren wurde?

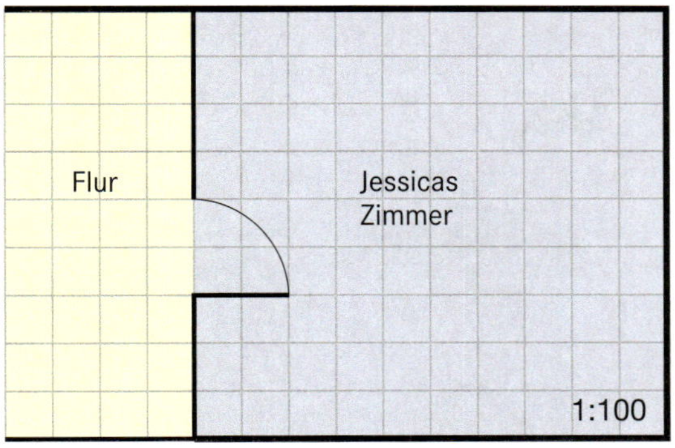

3 a) Miss in der Zeichnung die Länge und Breite des Kinderzimmers. Bestimme die wirklichen Maße.
b) Im Kinderzimmer verlegt Jessicas Vater Sockelleisten. Er hat bereits 4 Stück mit je 2,70 m Länge gekauft. Wie viele solcher Leisten muss er noch kaufen?
c) Wie teuer kommen die Leisten, wenn ein Meter 3,80 € kostet und insgesamt 6,50 € für Befestigungsmaterial ausgegeben werden?
d) Zeichne dein eigenes Kinderzimmer im Maßstab 1:100.

4 Jessica wohnt am Obstmarkt und besucht das Franz-Ludwig-Gymnasium.
a) Wie weit hat sie zur Schule?
b) Wie lange braucht sie dazu?
c) Welche Strecke legt sie in einem ganzen Schuljahr zurück?

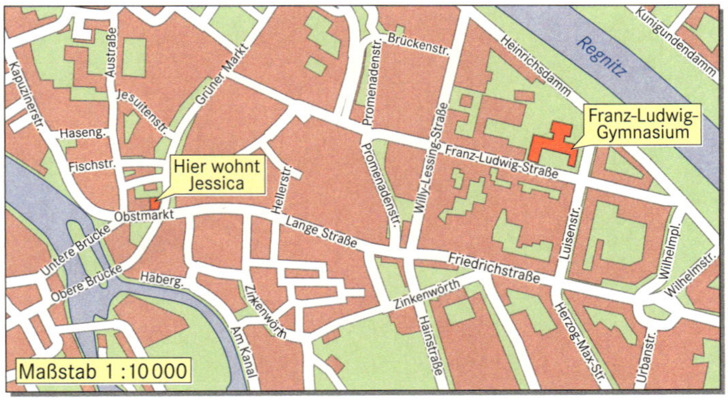

5 Wie lang ist der Fußweg von der Autostraße zum Waldsee?
Beschreibe, wie du anhand des abgebildeten Kartenausschnittes diese Entfernung bestimmen kannst.

6 Ein Halbzug der Modellreihe ICE 2 besteht aus einem Triebkopf, einem Steuerwagen und 6 Mittelwagen, ein Vollzug aus zwei Halbzügen.
a) Wie lang ist der abgebildete Triebkopf des ICE-Zuges im Maßstab einer Modellbahn Spur H (1:160)?
b) Ein Halbzug des ICE 2 ist im Modell 1,28 m lang. Wie lang muss ein Bahnsteig mindestens sein, wenn ein Vollzug dort halten soll?
c) Steuer- und Mittelwagen sind gleich lang.

Länge Triebkopf: 20,48 m

7 In unserer Natur leben sehr kleine Tiere. Einige sind auf den Bildern vergrößert dargestellt. Miss ihre Länge im Bild und berechne dann ihre wirkliche Länge.

10 : 1

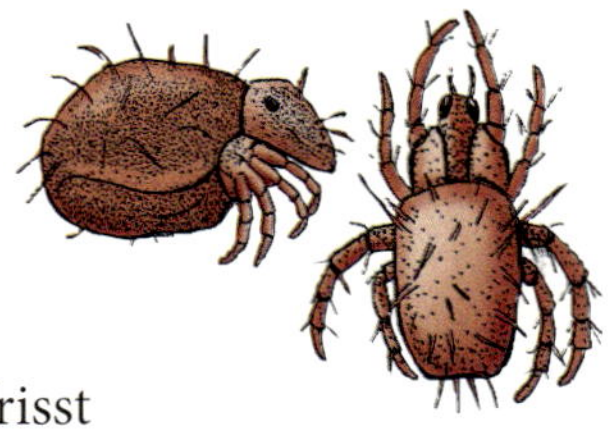

Milbe
gelb, rot, frisst
feuchtes Laub

5 : 1

Springschwanz
Hinterende mit Sprunggabel,
frisst abgebautes Laub

2 : 1

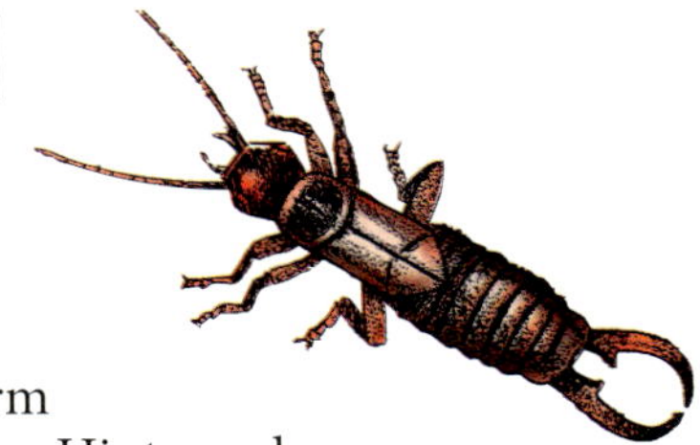

Ohrwurm
Zange am Hinterende,
frisst Spinnen und Insekten

4 : 1

Doppelschwanz
zwei Hinterleibsanhänge,
frisst Springschwänze und
kleine Regenwürmer

8 Herr Ratlos knallt mit der Fliegenklatsche auf den Tisch. Doch die Stubenfliege ist schneller und entkommt. Das Reaktionsvermögen der Fliege ist zehnmal so hoch wie das des Menschen. Zugleich sind Fliegen wahre Flugkünstler. Beim Start springt eine Fliege zuerst mit dem mittleren Beinpaar in die Luft und wirft dann ihren „Flügelmotor" an. Bis zu 200-mal pro Sekunde schlägt die Fliege mit ihren Flügeln. Mit Hilfe von Krallen und besonderen Haftballen kann sich die Fliege, die nur ein Fünftel Gramm wiegt, an einer glatten Zimmerdecke halten. Ein Fliegenweibchen legt in ihrem ca. 60-tägigen Leben zehn- bis 15-mal Eier, insgesamt ungefähr 2000. Diese legt sie bevorzugt auf Stoffe, die faulen, z. B. auf überreife Bananen oder auf Abfälle in Komposthaufen.

a) Mit welcher Vergrößerung könnte das Bild rechts erstellt worden sein?
b) Wie schwer würde eine Fliege sein, wenn sie die Größe wie im Bild hätte?
c) Die Fliege sieht wesentlich besser als ein Mensch, da sie sehr viele Einzelaugen, so genannte Facetten, hat. Die roten runden Flächen am Kopf bestehen aus lauter solchen Facetten. Untersuche das Bild mit einer Lupe und schätze, wie viele Einzelaugen es sein könnten.
A 40 **B** 200 **C** 4000

1 Eine Packung Kekse der Sorte „Knackig“ kostet 2,40 €, die Sorte „Knusprig“ kostet 3,30 €. Allerdings sind 150 g in der Schachtel, bei „Knackig“ nur 120 g.
a) Welche Sorte ist billiger? Begründe.
b) Was würden 2,4 kg der Sorte „Knackig“ kosten?

2 Übertrage die Tabelle in dein Heft und fülle die Lücken aus.

	Maßstab	Karte	Wirklichkeit
a)	1:5000	1,4 cm	
b)		5 cm	25 km
c)	1:200 000		160 km

3

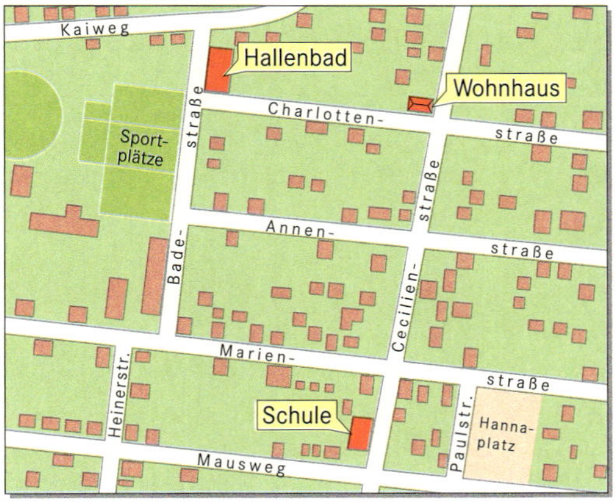

Jessica hat im Stadtplan (Maßstab 1 : 10 000) die Lage ihrer Wohnung, ihrer Schule und des Hallenbades markiert.
Wie lang ist ihr Schulweg?
Wie viel Meter muss sie von ihrer Wohnung bis zum Hallenbad zurücklegen?

4 Papiergeld wurde erstmals in China verwendet. Zunächst waren Münzen als Zahlungsmittel üblich, aber die waren sehr schwer. So wogen 1000 der gängigen Münzen 3,5 kg. Die Leute ließen sie deshalb bei den Händlern und verwendeten die Quittungen als Zahlungsmittel. Als im 10. Jahrhundert die Behörden dieses an sich wertlose Papier als Zahlungsmittel anerkannten, war das Papiergeld erfunden.
a) Wie schwer waren damals 50 (150, 800) Münzen?
b) Wie viele Münzen wogen 100 g (1 kg)?

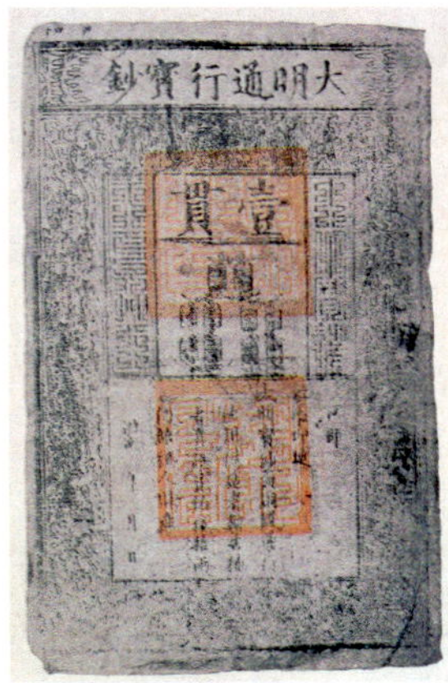

5 Bei einem Schulfest muss sich die Schülervertretung um Getränke für rund 800 Schüler und Gäste kümmern. Lisa schlägt vor: „Wenn jeder noch einen Gast mitbringt und jeder 2 kleine Getränke braucht, dann sind das 0,4 *l* je Person.“ Dominik rechnet: „Da brauchen wir ja 32 *l*.“ Laura meint: „Aber die meisten bringen wohl 2 Gäste mit. Das sind dann 2400 Leute.“ Teresa antwortet sofort: „Dann erhält eben jeder nur 0,2 *l*“. Da haben Dominik und Teresa beide falsch gerechnet. Kannst du helfen?

6 Eier werden nach Güteklassen A (frisch), B (nicht älter als 7 Tage), C (stark beschädigt oder zu alt) und Gewichtsklassen S, M, L und XL unterschieden. Die Bedeutung der Gewichtsklassen siehst du rechts.

S: klein	unter 53 g
M: mittel	53 g bis unter 63 g
L: groß	63 g bis unter 73 g
XL: sehr groß	73 g und darüber

a) Auf einer Waage liegen zwei Eier, eines aus der Gewichtsklasse M und eines aus L. Wie hoch kann die Anzeige der Waage maximal sein, wie hoch ist sie minimal?
b) Auf einer Waage liegen insgesamt fünf Hühnereier. Es sind Eier aus allen vier Gewichtsklassen. Die Waage zeigt 205 g an. Gib mögliche Gewichte der fünf Eier an.

7 Sophie hat ihr Sparschwein geleert und aus gleichen Münzen Stapel gebildet. Das Ergebnis siehst du im Diagramm.

a) Sophie meint: „Das Geld reicht leicht für Sportschuhe, die im Sonderangebot 49,90 € kosten.“ Überprüfe.

b) Sophies Bruder Lukas behauptet: „Zusammen sind die 1-Euro- und 2-Euromünzen mehr wert als die restlichen Münzen im Sparschwein. Dafür wiegen sie aber insgesamt weniger.“ Überprüfe.

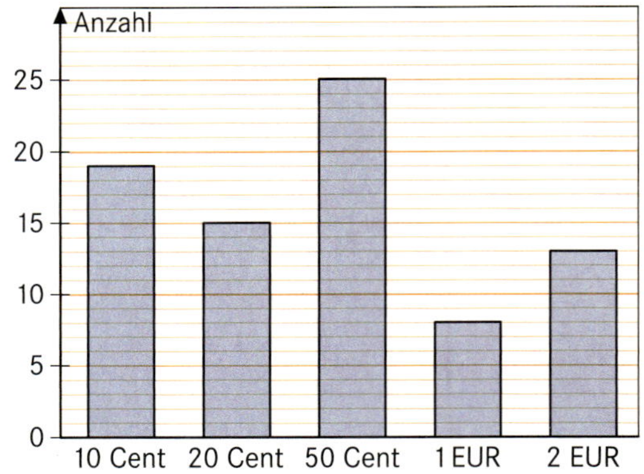

Münze	10 Cent	20 Cent	50 Cent	1 €	2 €
Gewicht	4 g 100 mg	5 g 740 mg	7,8 g	7,5 g	8,5 g

c) Verteile zusätzlich zehn der oben genannten Münzen so auf die einzelnen Stapel, dass der Gesamtwert 60 € ergibt. Dabei sollen alle fünf oben genannten Münzsorten vorkommen.

8 Zwei Euro fehlen: Ein Geschäft verschleudert alte Musik-CDs. Auf einem Stapel werden 60 CDs zu 1 € pro zwei Stück verkauft, auf dem anderen Stapel liegen 60 CDs, die zu 1 € pro drei Stück verschleudert werden. Nachdem am Abend alle 120 CDs verkauft sind, zählt der Geschäftsinhaber, Herr Bass, sein Geld.

a) Was hat Herr Bass für seine CDs eingenommen?

b) Am nächsten Tag sollen weitere 120 CDs zu den gleichen Bedingungen wie am Vortag angeboten werden. Der Angestellte Herr Wurscht soll den Verkauf übernehmen. Er macht sich aber nicht die Mühe die CDs zu sortieren, denn er meint: Statt 60 CDs zu 1 € pro zwei Stück und 60 CDs zu 1 € pro drei Stück zu verkaufen, lasse ich lieber alle 120 CDs auf einem Haufen und verlange immer 2 € pro 5 CDs. Nachdem nach Ladenschluss das Geld gezählt wird, bekommt Herr Wurscht Ärger mit Herrn Bass. Begründe.

9 Im Getränkemarkt von Herrn Durstig ist eine Lieferung angekommen. Auf dem Lieferschein stehen unter anderem 30 Kisten Wein mit einem Gewicht von 1 t 590 kg.

a) Wie schwer ist eine Kiste?

b) Wie viele Kisten kann der Stapler transportieren, wenn er für 300 kg zugelassen ist?

10* Die folgende Abbildung zeigt einen Ausschnitt des öffentlichen Verkehrsnetzes einer Stadt mit den drei U-Bahnlinien A, B und C. Der Ort, an dem du dich befindest und der Zielort sind eingezeichnet.

Der Fahrpreis richtet sich nach der Anzahl der angefahrenen Stationen (die Abfahrtsstationen nicht mitgerechnet). Die Kosten betragen 0,25 € pro Station.

Die Fahrzeit zwischen zwei aufeinander folgenden Stationen beträgt zwei Minuten.

Um von einer Linie in die andere umzusteigen, benötigt man 5 Minuten.

Wähle die schnellste Strecke! Gib die erforderliche Zeit hierfür an. Überprüfe, ob diese Strecke auch die preisgünstigste ist.

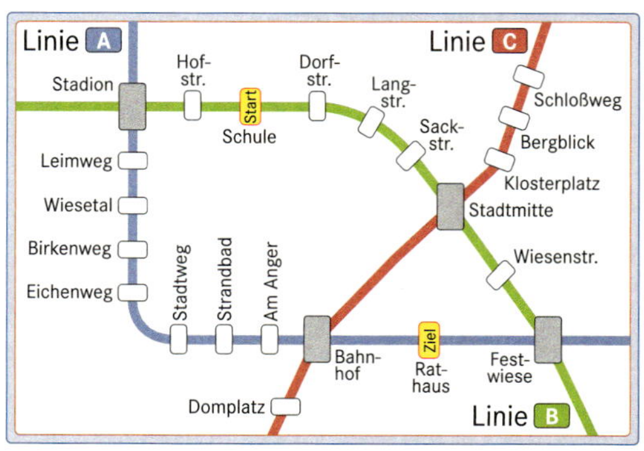

*nach einem PISA- Test

1 Herr Gaser aus Rosenheim hat in Nürnberg einen Geschäftstermin. Er fährt die 210 km mit dem Auto. Pro km Fahrt rechnet er mit 60 Cent Kosten (Kraftstoff, Versicherung).

a) Berechne die Kosten für die Fahrt.

b) Unterwegs in Höhe der Holledau zieht ein Gewitter auf. Zwischen Blitz und Donner vergehen 5 Sekunden. Wie weit ist das Gewitter entfernt, wenn der Schall in Luft in einer Sekunde 340 m zurück legt?

c) Das Auto von Herrn Gaser hat ein Leergewicht von 1350 kg und ein zulässiges Gesamtgewicht von 1825 kg. Herr Gaser selbst wiegt 86 kg, sein Reisekoffer 14 kg. Zusätzlich hat Herr Gaser 350 Werbekataloge mit je 700 g in seinem Pkw-Kombi verstaut. In Ingolstadt werden davon 50 Stück ausgeladen. Gleichzeitig steigt Frau Terra, eine Geschäftspartnerin, zu. Sie wiegt 68 kg. Darf Herr Gaser noch die Geschäftsleute Frau und Herr Vollkorn, die zusammen 153 kg wiegen, in seinem Pkw mitnehmen?

Hilfe: 24 km pro Stunde, sind 24 000 m pro 60 min, sind 400 m pro min

d) Zwischen 8:49 Uhr und 9:15 Uhr beträgt in Nürnberg wegen des dichten Verkehrs die Durchschnittsgeschwindigkeit von Herrn Gaser nur 18 km pro Stunde. Wie weit kommt Herr Gaser in dieser Zeit?

e) Da in Nürnberg das Parkhaus voll ist, fährt Herr Gaser sein Auto auf einen Platz mit 30 Minuten freier Parkzeit. Die Ankunftszeit stellt er auf der Parkscheibe ein. Um 10:28 Uhr kommt Herr Gaser zurück. Auf der Windschutzscheibe findet er einen Strafzettel von 25 €. Um wie viel Minuten hat Herr Gaser die erlaubte Parkzeit überschritten?

f) Geschäftsmann Geruhsam fährt im Zug mit der 2. Klasse von Rosenheim nach Nürnberg. Er startet um 6:53 Uhr. Auf dem Fahrplanauszug ist die Ankunftszeit in Nürnberg unleserlich. Wann kommt Herr Geruhsam in Nürnberg an?

g) Wie viel € spart Herr Geruhsam im Vergleich zu Herrn Gaser?

h) In Nürnberg geht Herr Geruhsam vom Hauptbahnhof in die Bahnhofsstraße und dort weiter in der Königsstraße zum Geschäft bei der Lorenzkirche. Der Stadtplan von Nürnberg ist im Buch auf S. 106 im Maßstab 1:15 000 dargestellt. Wie lange braucht Herr Geruhsam vom Bahnhof bis zur Lorenzkirche, wenn er in der Stadt in 2 Minuten etwa 100 m schafft?
Gib die richtige Antwort an.

A 6 min **B** 12 min **C** 18 min

Die Bahn DB

Fahrplanauskunft

Abfahrt: 6:53
Fahrtdauer: 2 Std. 16 Min
Preis in EUR: 54
Umsteigevorgänge: 1

	Zeit	Gls.	Linie
Rosenheim 31016	ab 6:53	1	RE
München Hbf	an 7:35	6	
	10 Min. Fußweg		
München Hbf	ab 7:48	14	ICE 786
Nürnberg Hbf	an ?		

1 Wenn ein Gummiball auf den Boden aufprallt, springt er die Hälfte der Strecke wieder hoch. Der Ball wird von einem 12 m hohen Dach fallen gelassen. Welche Strecke hat der Ball insgesamt zurückgelegt, wenn er das dritte Mal den Boden berührt?

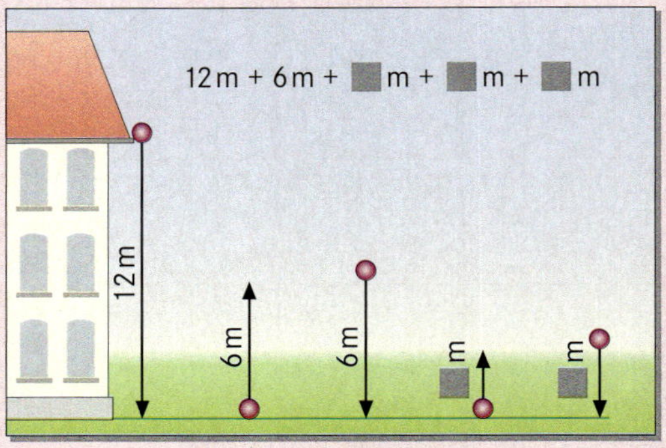

2 Eine Schnecke klettert einen 10 m hohen Pfahl hinauf. In der Nacht schafft sie zwei Meter, am Tage rutscht sie um einen Meter hinunter. In der wievielten Nacht ist sie oben?

3 Der Nikolaus ist noch spät nachts in der Stadt unterwegs. Dabei beobachtet er, dass sein Schatten immer länger wird, je weiter er sich von der Laterne weg bewegt.

a) Wie lang ist der Schatten, wenn der Nikolaus 4 m (8 m) von der Laterne entfernt ist?
Fertige dazu Zeichnungen im geeigneten Maßstab an.

b) Wer ist schneller, Nikolaus oder die Schattenspitze?
A Nikolaus ist schneller **B** Die Schattenspitze ist schneller **C** Beide sind gleich schnell

Entfernung Nikolaus – Laterne in m	Schattenlänge in m	Entfernung Schattenspitze – Laterne in m
4	■	■
8	■	■
12	■	■
40	■	■
100	■	■

Fermi war ein italienischer Physiker, der 1901 in Rom geboren wurde. Er wanderte nach Amerika aus und starb 1954 in Chicago. Seine berühmteste Abschätzfrage an seine Studenten war: Wie viele Klavierstimmer gibt es in Chicago?

Abschätzungen:	Antworten:
Wie viele Einwohner hat Chicago?	*damals ca. 3 Millionen*
Wie viele Haushalte gibt es in Chicago?	*ca. 750 000, wenn in jedem Haushalt durchschnittlich 4 Personen leben*
Wie vielen Haushalte haben ein Klavier?	*vielleicht etwa jeder dritte*
Wann wird ein Klavier wieder gestimmt?	*durchschnittlich nach 10 Jahren*

…

Die Abschätzung ergab, dass man damals in Chicago ca. 25 Klavierstimmer brauchte.

1 Überlege weitere Fragen, die zur Anzahl der Klavierstimmer führen konnten.

2 Versuche die folgenden so genannten „Fermi-Aufgaben“ mit gezielten Abschätzungen zu lösen:

a) Wie viele Krautköpfe könnten auf einer rechteckigen Fläche stehen, die 100 m lang und 50 m breit ist? Welche Masse könnten sie haben?

Information:
Im Jahr 2006 wurden in der BRD 32 Mio Weißkrautköpfe geerntet.

b) Viele Jugendliche leiden unter Bewegungsmangel. Sie verbringen zu viel Zeit vor dem Computer und Fernseher.

Wie viele Tage wäre dein Leben kürzer, wenn du die Zeit vor dem Fernseher oder Computer abziehst?

c) Wie viele Menschen stecken in diesem Stau auf der Autobahn?

1 Die Schnellsten!
Bei einem Rennen zwischen den schnellsten Lebewesen auf der Erde gewinnen die Vögel. Sie können frei durch die Luft schweben. Der schnellste Sprinter an Land, der Gepard, kann seine Beute nur etwa eine Minute lang mit höchstem Tempo verfolgen. Dann muss er aufgeben und später wieder einen neuen Versuch starten. Das Balkendiagramm zeigt, welchen Weg die verschiedenen Lebewesen in einer Stunde zurücklegen würden, wenn sie ihr höchstes Tempo „durchhalten“ könnten.

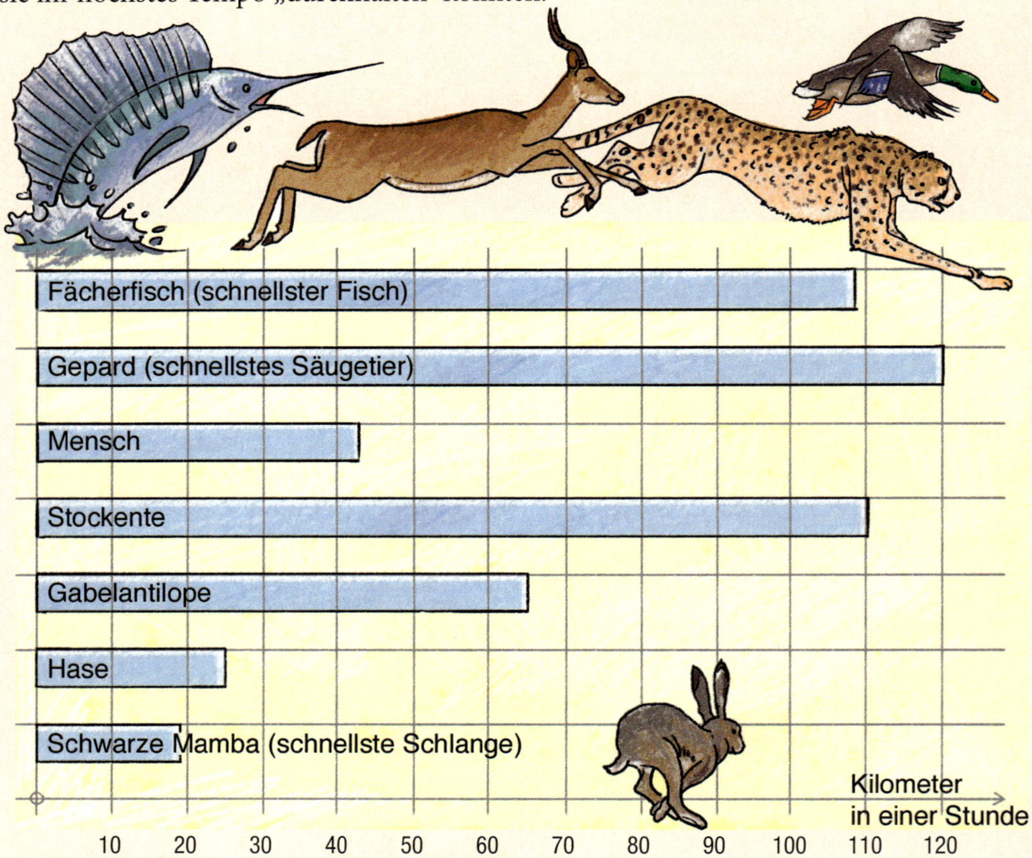

a) Wie schnell bewegen sich die aufgelisteten Lebewesen?
b) Ermittle für drei Lebewesen den Weg, den sie etwa in 10 Sekunden schaffen.
c) Ein Wanderfalke erreicht im Sturzflug ein Tempo von 360 km pro Stunde. Welche Strecke legt er dabei in 5 Sekunden zurück?
d) Ein Gepard hat eine Gabelantilope gewittert. Sie läuft 300 m von ihm entfernt. Könnte er sie innerhalb einer Minute einholen?
e) Überlege dir eine weitere Aufgabe und löse sie.

2 Die Langsamsten!

Seychellen Schildkröte: 90 m in einer Viertelstunde

Dreizehiges Faultier: 2,5 m in einer halben Minute

Schnecke: 90 cm in 6 Minuten

a) Bestimme, welchen Weg die Langsamsten in einer Stunde schaffen.
b) Welchen Weg schaffst du in einer Stunde?

1

a) Kannst du die Höhe der Elefanten schätzen? Erkläre.
b) Welches Gewicht könnte der kleine Elefant haben?
A 100 kg **B** 300 kg **C** 1500 kg
c) Schätze das Gewicht der großen Elefanten.

2 Elefanten sind Pflanzenfresser. Sie ernähren sich hauptsächlich von Gras, aber auch von Früchten, Ästen und Wurzeln. Wenn das Futter knapp wird, verzehren sie sogar Dornbüsche und die Rinde von Sträuchern und Bäumen. Täglich trinkt ein Elefant zwischen 70 und 150 Liter Wasser und nimmt ca. 150 kg Nahrung zu sich. Dazu braucht er ca. 16 Stunden. Elefanten baden gerne und sind gute Schwimmer. Sie werden bis zu 60 Jahre alt. Ein weiblicher asiatischer Elefant wiegt etwa 3 t.
Im Münchner Tierpark Hellabrunn gibt es 6 Elefanten.

a) Für wie viel Futter muss der Zoo in einer Woche sorgen? Was kostet das, wenn je 100 kg mit 12 € gerechnet werden muss?
b) Stelle dir vor, du musst das Trinkwasser der Elefanten eimerweise in das Gehege bringen. Wie oft musst du täglich laufen?
c) Wie lange braucht ein Elefant, bis er so viel gefressen hat, wie er wiegt?
d) Das Futter der Elefanten wird zweimal in jeder Woche in den Zoo gebracht. Reicht dazu ein Kleintransporter mit 2,8 t Ladekapazität? Begründe durch eine Rechnung.
e) Ein Elefantenbaby ist bei der Geburt etwa 120 kg schwer, 1,5 m lang und verbraucht täglich 10 *l* Muttermilch. Vergleiche mit deinen eigenen Daten. (Hinweis: Ein menschliches Baby braucht 500 ml Muttermilch täglich)
f) Besorge dir entsprechende Daten von deinem Lieblingstier und vergleiche.

Auf dem größten Taubenmarkt der Welt in Wasserburg am Inn

Jedes Jahr am ersten Sonntag im Februar findet in der Wasserburger Altstadt der größte Taubenmarkt der Welt statt. Über 15 000 Tiere werden von etwa 1000 Händlern (sogenannte „Taubenlackl“) aus ganz Europa zur Schau gestellt. Zu sehen sind vor allem Zuchttauben verschiedenster Rassen, aber auch Hühner, Gänse und Hasen.

1 Der Ausstellungsbereich des Taubenmarktes kann über fünf Zugänge betreten werden. An jedem Eingang ist eine Kasse. An der Kasse A am Kirchhofplatz erhalten 1950 Besucher einen Eintrittsstempel auf die Hand, an der Kasse B am Weberzipfel nur der dritte Teil der Anzahl bei A. Durch die Kassen C und D zusammen kommen 776 Interessenten weniger als bei A. Berechne, wie viele Besucher durch die Kasse E an der Salzenderzeile kommen, wenn die Gesamteinnahmen durch alle Besucher 28 180 € betragen.

Kasse
Eintritt: 5 €

5 Marlene hat sich gerade am Verkaufsstand „Pezzi – Tierbedarf“ in der Ledererzeile ein Buch „Die richtige Pflege von Tauben“ gekauft.
Es ist 10:54 Uhr. Sie macht sich auf den Weg zur Kasse D am Roten Turm, wo sie sich um 11:00 Uhr mit ihrem Vater verabredet hat. Wegen des starken Gedränges auf dem Taubenmarkt braucht sie für 50 m etwa $1\frac{1}{2}$ Minuten (90 Sekunden).

Maßstab 1: 5000

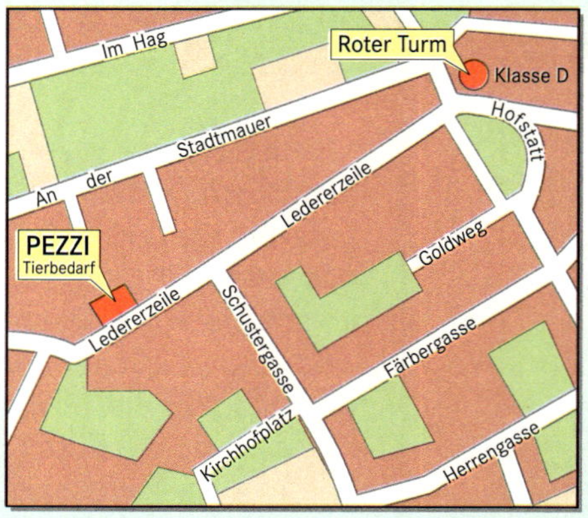

a) Wann kommt sie etwa am vereinbarten Treffpunkt an?
Gib die richtige Antwort an.
A ca. 11:00 Uhr **B** ca. 11: 05 Uhr **C** ca. 11:10 Uhr

b) Da das Geld knapp wird, hebt Marlenes Vater am Automaten Geld ab. Dazu muss er eine Geheimnummer mit 4 Ziffern eingeben. Die ersten drei Ziffern sind gerade. Ferner beträgt die 2. Ziffer das 4fache der 1. Ziffer und die 3. Ziffer das 3fache der 1. Ziffer. Die 4. Ziffer ist halb so groß wie die dritte Ziffer.
Welche Geheimnummer hat Marlenes Vater ?

2 Der Taubenlackl Karl Kehr bietet seit dem Verkaufsbeginn ab 7:00 Uhr 86 Tauben der Sorte „Blue King“ feil. Bis 9:00 Uhr hat er schon 38 Stück zu je 12 € veräußert. Um 13:00 Uhr möchte er seinen Stand räumen. Er glaubt bis dahin mehr Tauben verkaufen zu können, wenn er mit dem Preis pro Stück etwas zurückgeht.

Er schätzt wie folgt:

Preis in €	11	10	9	8
so viele Tauben könnten noch verkauft werden	25	32	36	40

a) Zu welchem Preis sollte Karl Kehr die Tauben verkaufen, damit er möglichst viel einnimmt?

b) Wie groß wäre dann sein Gesamterlös, wenn er noch alle Kosten abzieht?

Kosten:

Impfkosten pro Tier	50 Cent
Abgabe an den Veranstalter pro Tier	30 Cent

3 Händler Lucca Taubiano aus Udine in Italien will 78 Tauben der Sorte „Modeneser Gazzi“ ausstellen. Vom Veranstalter, dem Kleintierzuchtverein, mietet er Käfige. Jeder Käfig besitzt 5 Boxen. Für jede Box muss er 75 Cent Miete zahlen und in jede Box darf Taubiano maximal 4 Tauben sperren.

a) Wie viel Miete muss Herr Taubiano mindestens für die Käfige zahlen?

b) Wie lang ist der Verkaufsstand von Herrn Taubiano, wenn er immer zwei Käfige übereinander stellt?

4 Superdetektiv Knödlmeier ist auf dem Taubenmarkt auf der Spur des Ganoven Knattermann. Zu Hause hat Knödlmeier auf Grund von Zeugenaussagen Fahndungsfotos erstellt.

Für den Gesichtsbereich hat er 2 mal 3 Teilabschnitte zur Verfügung.

a) Wie groß ist die Anzahl der verschiedenen Gesichtsformen, die Knödlmeier damit bilden kann?

z. B. **A a a A ...**
B b B b ...
C c C c ...

Versuche die Anzahl durch eine Potenz darzustellen.

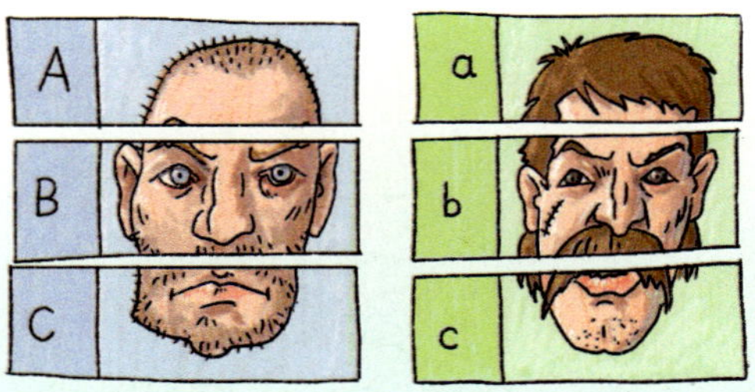

b) Superdetektiv Knödlmeier beobachtet, wie eine dunkle Gestalt vorsichtig jemand anderem eine schwarze Tasche übergibt. Sofort schnappt Knödlmeier zu. In der Tasche findet er lauter 2-Euro-Münzen, vermutlich aus Automatenaufbrüchen. Mit Hilfe einer Waage bestimmt Knödlmeier das Gesamtgewicht zu 17 kg 200 g. Die Tasche wiegt 400 g, zehn 2-Euro-Münzen haben ein Gewicht von 75 g.
Berechne den Geldbetrag, den Knödlmeier sichergestellt hat.

6 Geometrische Grundbegriffe und Figuren

Geometrische Formen findest du überall, zum Beispiel in der Architektur und in der Gestaltung von Gärten. Die Bilder zeigen Schloss Herrenchiemsee und seine Parkanlagen.

Wer ließ Herrenchiemsee bauen, nach welchem Vorbild wurde es erbaut? Welche weiteren Königsschlösser kennst du? Welche sind vom gleichen Bauherrn?

Welche geometrische Linien und Figuren findest du? Beschreibe sie.

1 Beim Dressurreiten bewegen sich Pferd und Reiter auf bestimmten Bahnen. Bei der Übung „einen Zirkel reiten“ beschreibt der Reiter einen großen Kreis (große Volte) oder einen kleinen Kreis (kleine Volte).

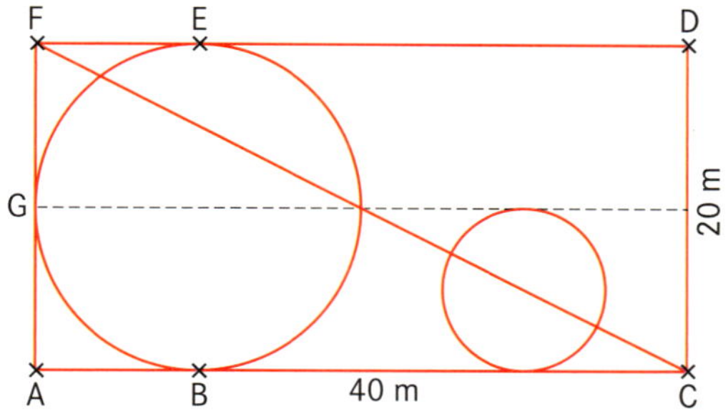

a) Übertrage die Zeichnung in einem geeigneten Maßstab in dein Heft.
b) Wie kann der Reiter von A nach F gelangen? Gib mindestens drei verschiedene Möglichkeiten an. Ermittle jeweils die Gesamtlänge möglichst genau.
c) Welches ist der kürzeste Weg?

M

Punkt

Geometrische Linien und Figuren bestehen aus einer Menge von unendlich vielen Punkten.
Punkte bezeichnet man in der Geometrie mit Großbuchstaben z. B. A, B, C …
In einer Zeichnung markiert man Punkte mit einem Punkt oder einem Kreuz.

Strecke

Die kürzeste Verbindung zwischen zwei Punkten A und B ist die **Strecke**.
Schreibe: **[AB]**
lies: Strecke mit den Endpunkten A und B.

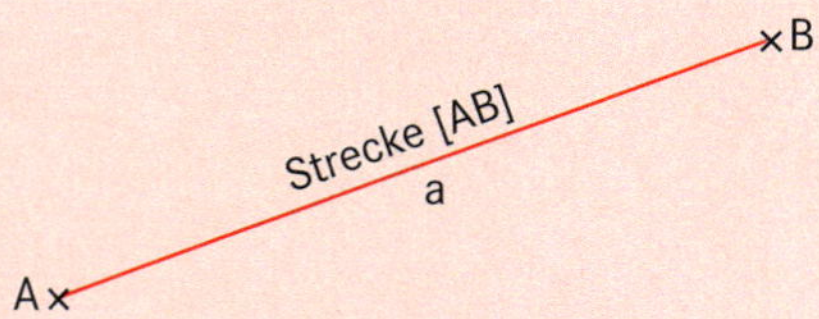

Länge der Strecke

Die **Länge** einer Strecke kannst du messen.
Schreibe: $\overline{AB}$ = 5 cm
lies: Die Länge der Strecke [AB] beträgt 5 cm.
Streckenlängen werden auch mit kleinen Buchstaben bezeichnet.

Übungen

2 a) Wie viele Strecken werden durch die Punkte A, B, C und D auf der abgebildeten geraden Linie festgelegt? Bezeichne sie jeweils durch ihre Endpunkte.
b) Miss die Längen der einzelnen Strecken. Schreibe so: $\overline{AB}$ = …

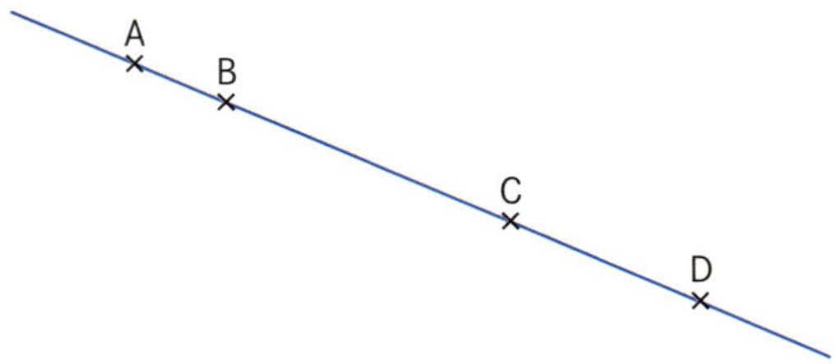

3 Das Schild zeigt, wo man die nächste Wasserentnahmestelle (Hydrant Typ H 150) finden kann. Die Zahlen geben an, wie viel Meter man vom Schild nach vorn und wie viel Meter man nach rechts oder links gehen muss.
a) Wo musst du den Hydranten suchen?
b) Wie müsste ein Schild aussehen, wenn der Hydrant 7,5 m vor und 1,5 m links vom Schild liegt?

(1) Wie stellst du dir einen Sonnenstrahl vor?
Finde eine mathematische Beschreibung.

(M)

Gerade

Gerade Linien ohne Anfangs- und Endpunkt heißen **Geraden**. Man bezeichnet Geraden mit kleinen Buchstaben, z. B. **g**.

Zwei Punkte legen genau eine Gerade fest.
Schreibe: **g = AB**
lies: Gerade g durch die Punkte A und B

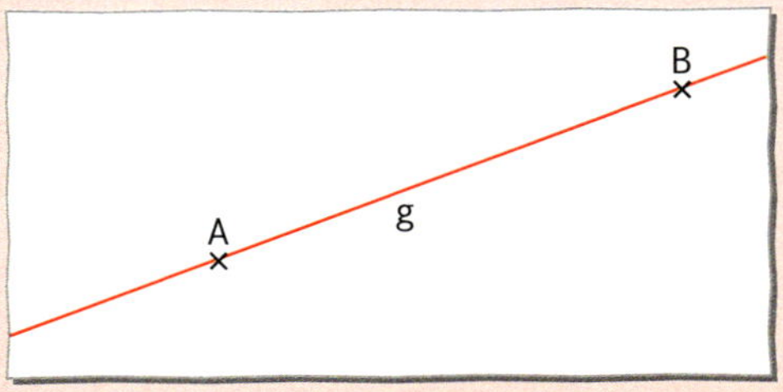

Halbgerade

Eine **Halbgerade** hat einen Anfangspunkt, aber keinen Endpunkt.
Schreibe: **[AB**
lies: Halbgerade AB mit dem Anfangspunkt A

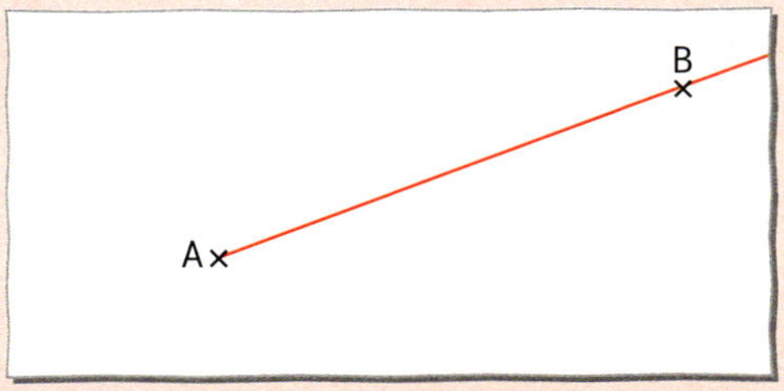

Der Punkt A liegt auf der Geraden g.
Schreibe: **A ∈ g**
lies: A ist Element von g

Der Punkt C liegt nicht auf der Geraden g.
Schreibe: **C ∉ g**
lies: C ist nicht Element von g.

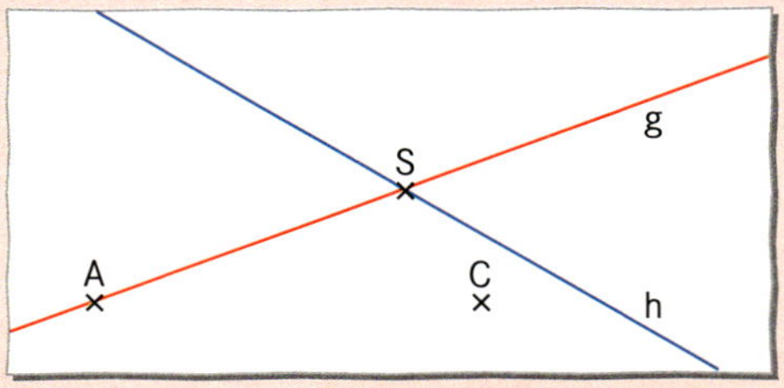

Die Geraden g und h schneiden sich im Punkt S. Die Punkt S liegt zugleich auf g und auf h.
Schreibe: **S ∈ g** und **S ∈ h**

Übungen

(2) Betrachte noch einmal das Bild zur Aufgabe 1 auf der vorigen Seite.
a) Finde alle Zuordnungen. Beispiel: E ∈ [FD]; D ∈ [FE.
b) Ist folgende Schreibweise richtig: E ∈ FD? Begründe deine Antwort.
c) Sind folgende Feststellungen wahr oder falsch?
(1) A ∈ [FG (2) A ∈ [BC (3) $\overline{AC} = \overline{AB} + \overline{BC}$ (4) $\overline{EF}$ = 1,5 cm

(3) Übertrage die Punkte in dein Heft und zeichne folgende Linien ein:
[AB]; [BC]; [AD]; [DC]; [DL; [DH; [DG; [EF]
Du kannst die Figur vervollständigen, indem du die kleinen Kreise und den Bogen einzeichnest und die Figur farbig gestaltest.

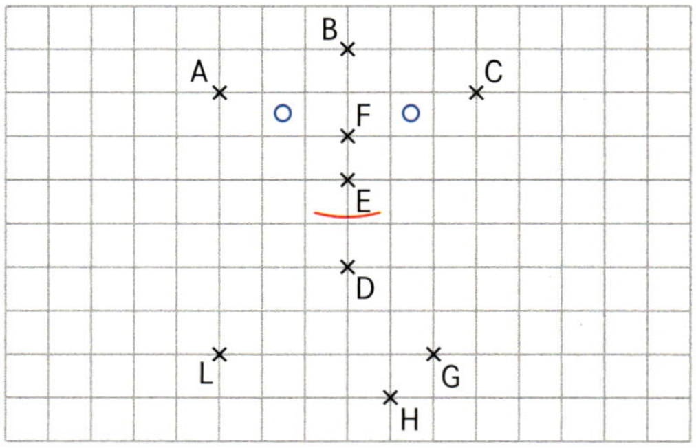

1 Welche der beiden Schreibweisen ist jeweils richtig? Notiere immer den zugehörigen Buchstaben. Sie ergeben ein Lösungswort.

Der Punkt P liegt auf der Strecke mit den Endpunkten C und D.	$P \in CD$	L	oder	$P \in [CD]$	R
Die Strecke mit den Endpunkten P und Q hat die Länge 3 cm.	$\overline{PQ} = 3$ cm	I	oder	$[PQ] = 3$ cm	A
Die Gerade g verläuft durch die Punkte P und Q.	$PQ \in g$	M	oder	$PQ = g$	E
Der Punkt A ist 2 cm vom Punkt B entfernt.	$AB = 2$ cm	P	oder	$\overline{AB} = 2$ cm	S
Der Punkt A liegt auf der Geraden h.	$A = h$	A	oder	$A \in h$	E

2 Gib an, ob es sich in der Abbildung um eine Gerade, eine Halbgerade oder eine Strecke handelt. Miss die Längen der einzelnen Strecken. Gib auch die mathematische Kurzschreibweise an.

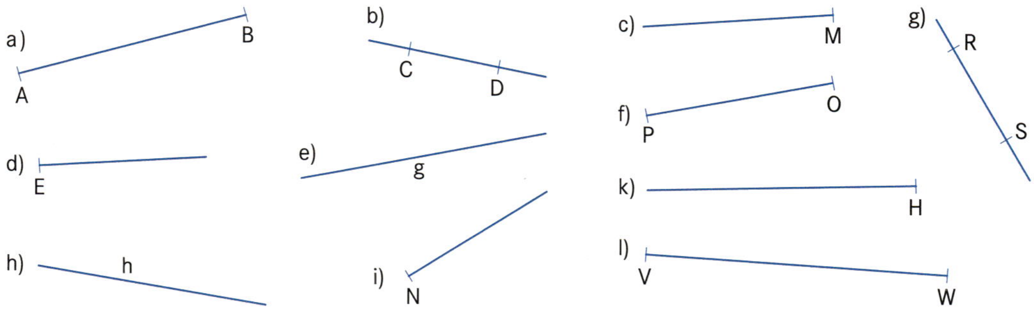

3 Übertrage die Punkte in dein Heft. Zähle dazu die Kästchen ab. Verbinde anschließend jeden Punkt mit jedem anderen durch eine Strecke.
Miss die Längen der einzelnen Strecken und markiere die kürzeste und längste Strecke mit verschiedenen Farben.

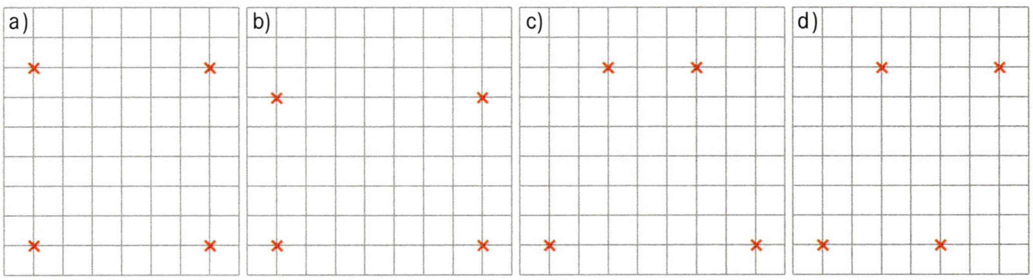

4 Übertrage die Punkte in dein Heft.
a) Zeichne durch jeweils zwei Punkte eine Gerade und benenne sie.
b) Finde Zuordnungen wie $A \in AB$; $A \notin BC$.
c) Welche der Strecken ist die kürzeste?

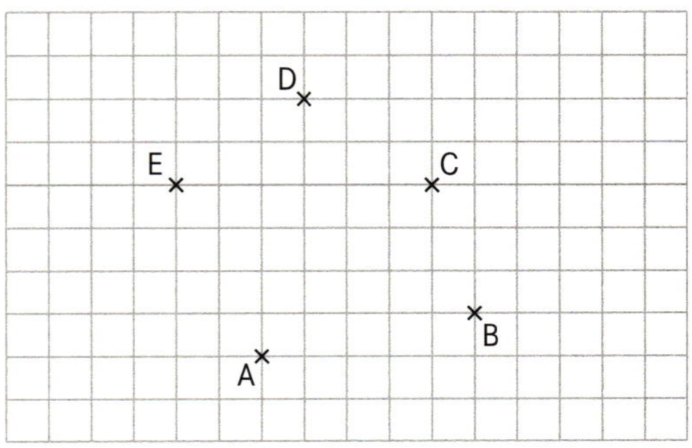

1

Auf dem Stadtplan erkennst du einen Ausschnitt der Stadtmitte von Nürnberg.

a) Beschreibe die Lage des Hauptbahnhofs.

b) Durch welche Gitterfelder verläuft die Pirckheimer Straße?

c) In welchem Gitterfeld liegt die Burg?

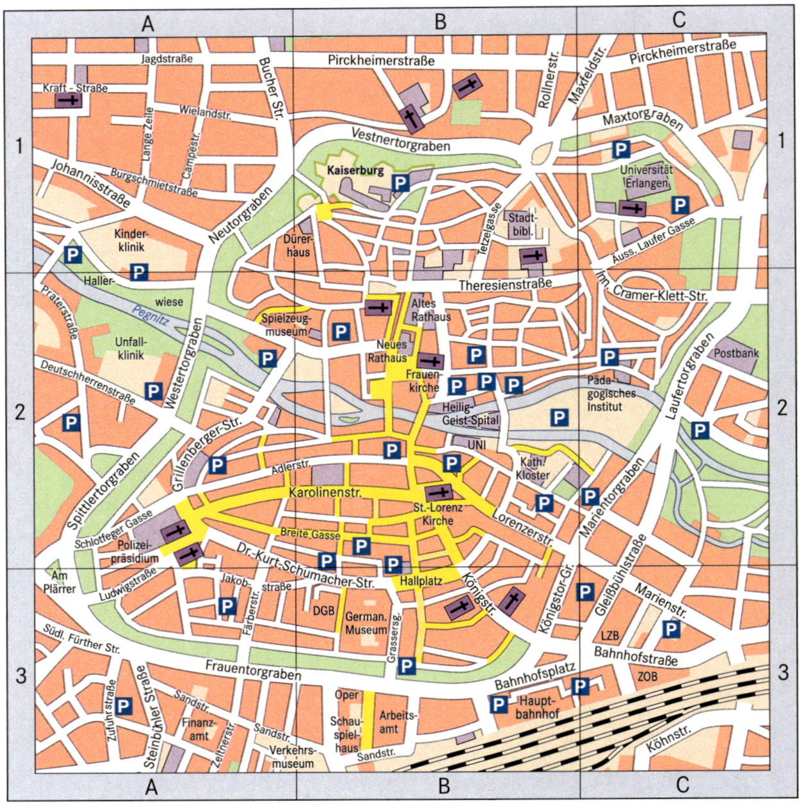

2 Tom und Lukas spielen „Schatzsuche". Jeder zeichnet ein Gitternetz auf Karopapier und beschriftet es. Anschließend markiert jeder 10 Punkte in seinem Gitternetz. Das sind die Schatztruhen. Durch Fragen muss nun jeder herausfinden, wo der Andere seine Schatztruhen versteckt hat. Dabei gibt jeder an, wie weit man nach rechts und anschließend hoch gehen muss.

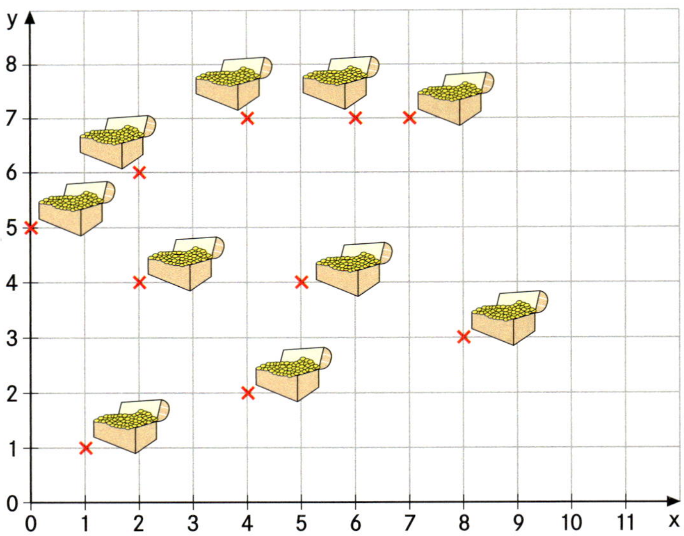

a) Wo hat Lukas seine Schatztruhen versteckt?

b) Nach einer Weile nennen Tom und Lukas nur noch zwei Zahlen, um die Lage der Schatztruhen anzugeben. Tom nennt das Zahlenpaar (5 | 4), aber Lukas meldet keinen Treffer. Welchen Fehler hat Lukas wohl gemacht? Was müssen sie bei der Angabe dieser Zahlenpaare beachten?

c) Gib für die Lagen der Schatztruhen die richtigen Zahlenpaare an.

d) Folgende Zahlenpaare kennzeichnen die Lagen von Schatztruhen: (2 | 3), (4 | 6), (5 | 0), (5 | 6), (3 | 7), (8 | 5) und (3 | 0). Zeichne ein Gitternetz wie in der Abbildung in dein Heft und trage die Lage der Schatztruhen ein.

e) Spiele mit deinem Tischnachbarn „Schatzsuche".

Gitternetz

M Zwei Halbgeraden legen ein **Gitternetz** (Koordinatensystem) fest.
Die nach rechts verlaufende Halbgerade heißt **x-Achse** (Rechtswertachse), die nach oben verlaufende Halbgerade heißt **y-Achse** (Hochwertachse).
Der Punkt O (0|0) heißt Ursprung.

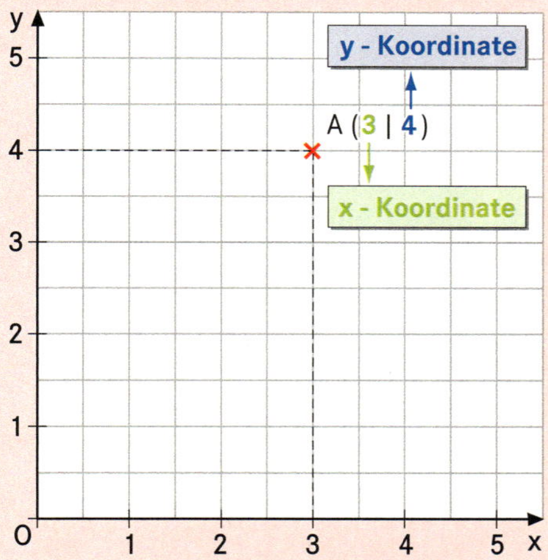

Ein Punkt A wird im Gitternetz durch ein geordnetes Zahlenpaar (Koordinaten des Punktes A) festgelegt.

Schreibe: A (3|4)

lies: Der Punkt A hat die x-Koordinate (Rechtswert) 3 und die y-Koordinate (Hochwert) 4.

Üblicherweise verwenden wir als Längeneinheit (LE) 1 cm. Aber auch andere Längeneinheiten, z. B. 1 Kästchen, 2 cm … sind möglich.

Übungen

3 a) Gib für jeden Punkt die Koordinaten (geordnetes Zahlenpaar) an.
Beispiel: A (2|3)
b) Übertrage die Punkte in dein Heft und zeichne folgende Linien ein:
[AC; BD; [GH]; GF; DE]; [FC]

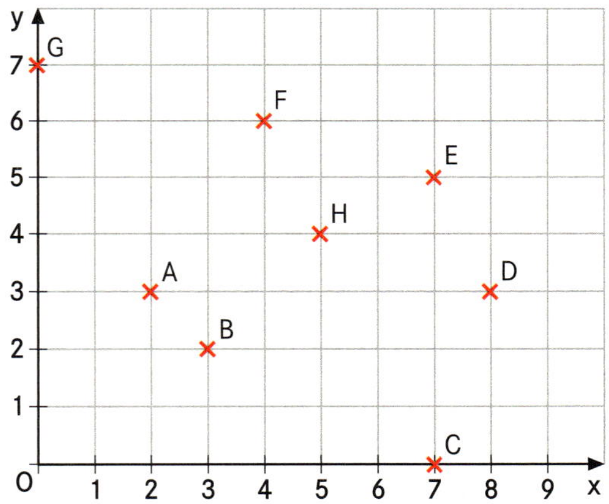

4 Zeichne ein Gitternetz und wähle eine passende Längeneinheit. Trage die Punkte ein und verbinde sie in der angegebenen Reihenfolge. Welche Figur erhältst du?

	Punkte	Reihenfolge
a)	A (6|1), B (8|1), C (8|4), D (13|4), E (8|6), F (12|6), G (8|8), H (11|8), I (7|11), K (3|8), L (6|8), M (2|6), N (6|6), O (1|4), P (6|4)	A, B, C, D, E, F, G, H, I, K, L, M, N, O, P, A
b)	A (2|2), B (10|2), C (10|8), D (6|12), E (2|8)	A, E, D, C, E, B, A, C, B
c)	A (1|5), B (3|2), C (6|1), D (12|2), E (17|5), F (20|2), G (20|8), H (12|8), I (6|9), K (3|4)	A, B, C, D, E, F, G, E, H, I, K, A

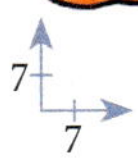

5 Die Punkte A (1|5), B (6|3) und C (4|6) legen ein Dreieck fest. Zeichne es in ein Gitternetz. Finde für einen Punkt D zwei mögliche Lagen mit dem x-Wert 2, sodass du jeweils ein Viereck bilden kannst. Gib die y-Koordinaten beider Punkte an.

6 Die Abbildung rechts zeigt: Mit vier Geraden kann man zwei Dreiecke einfassen.

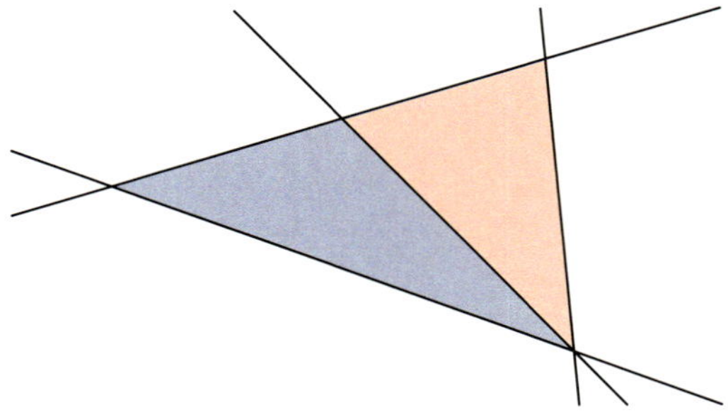

a) Wie viele Dreiecke kannst du mit drei Geraden einschließen?
b) Zeichne die Geraden AB, AC, AD und BD in ein Gitternetz ein.
Es gilt: A (3 | 3); B (7 | 2); C (6 | 4); D (4 | 8)
Markiere die eingeschlossenen Dreiecke.
c) Sarah behauptet: „ Mit fünf Geraden kann ich vier Dreiecke einschließen.“
Kannst du eine fünfte Gerade im Koordinatensystem passend ergänzen?
Zeichne diese Gerade so, dass du die Koordinaten von zwei Punkten angeben kannst, die auf der Geraden liegen. Markiere die neuen Dreiecke mit Farbe.

7 Die Punkte A, B, … F sind wie folgt festgelegt:
A (2 | 0), B (5 | 2), C (5 | 6), D (2 | 8), E (0 | 6) und F (0 | 2)
a) Trage zunächst die Punkte A, B und C in ein Gitternetz ein und zeichne durch jeweils zwei Punkte eine Gerade.
b) Ergänze die Zeichnung der Reihe nach durch die Punkte D, E, F und zeichne durch je zwei Punkte eine Gerade.
c) Übertrage die Tabelle ins Heft und ergänze sie. Findest du eine Gesetzmäßigkeit?

Anzahl der Punkte	2	3	4	5	6
Anzahl der Geraden	1	3			

8 Einige der farbigen Flächen können so in das Quadrat gelegt werden, dass es vollständig ausgefüllt ist.

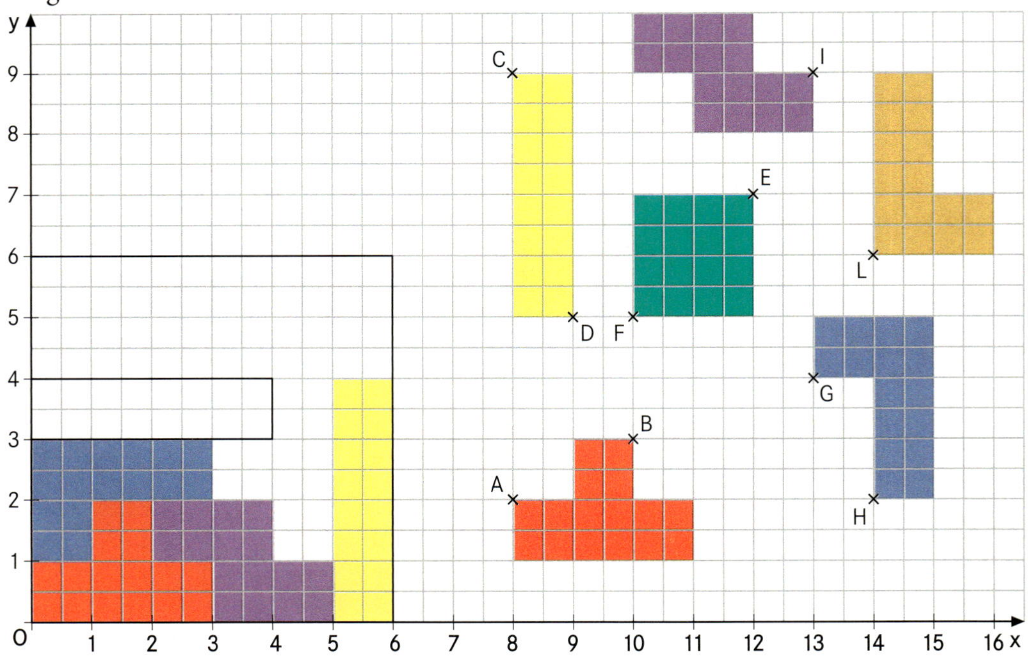

a) Gib die Koordinaten der Punkte A bis L an.
b) Zeichne ein Gitternetz in dein Heft, markiere das Quadrat und füge die farbigen Flächen passend ein. Gib nun die neuen Koordinaten der Punkte A bis L an.

1 Betrachte die rot markierten Linien. Wie würdest du ihren Verlauf beschreiben?

2 a) Falte ein Blatt Papier wie in den Abbildungen, achte darauf, dass beim 2. Schritt die Faltlinien genau übereinander liegen. Falte dann das Blatt wieder auseinander, markiere die entstandenen Faltlinien mit Farbe und klebe es in dein Heft.

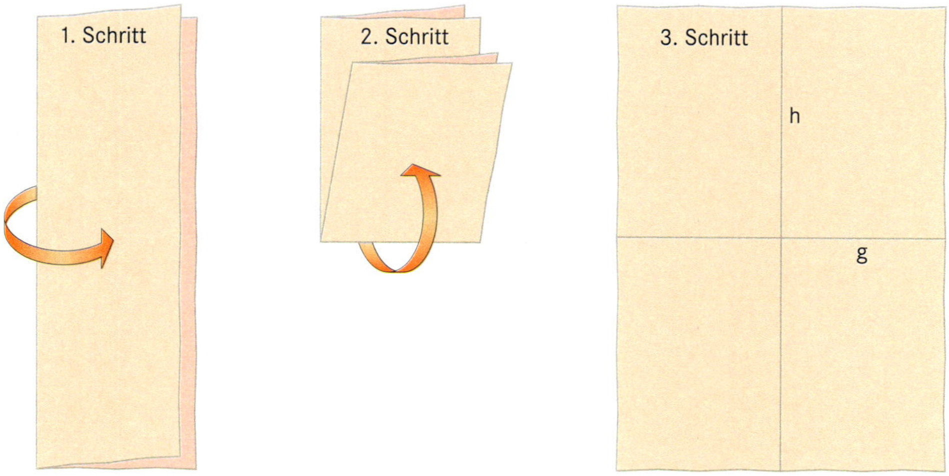

Die beiden Faltlinien zeigen zwei Geraden, benenne sie mit g und h. Die Geraden g und h verlaufen **senkrecht zueinander**.
Kurzschreibweise: **g** $\perp$ **h** („g ist senkrecht zu h")

b) Falte ein weiteres Blatt entlang derselben Faltkante zweimal zu einem rechten Winkel wie im Bild. Falte das Blatt wieder auseinander und klebe es in dein Heft.

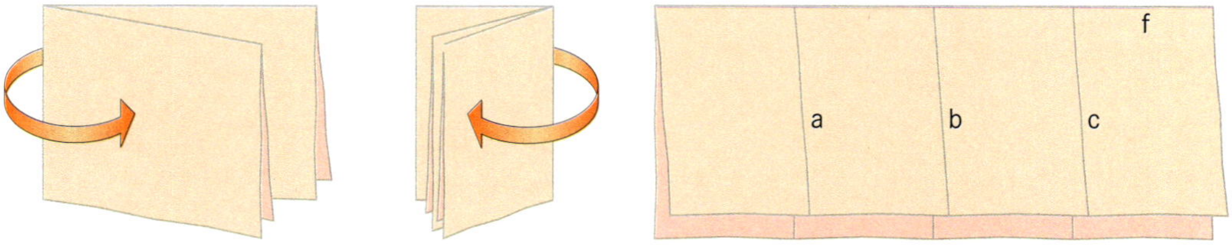

Es entstehen drei Faltlinien, die zueinander parallel verlaufen. Bezeichne sie mit a, b und c. Die Geraden a, b und c sind **zueinander parallel**.
Kurzschreibweise: **a** $\|$ **b** („a ist parallel zu b"); b $\|$ c; a $\|$ c

c) Wie verlaufen die Geraden a, b und c bezüglich einer Geraden f, die auf der gemeinsamen Faltkante liegt?

d) Auch auf deinem Geodreieck gibt es senkrechte und parallele Linien. Überprüfe damit, welche der Linien in der Aufgabe 1 parallel oder senkrecht sind.

3 a) Mit einer Wasserwaage kann man überprüfen, ob eine Kante waagrecht verläuft. Beschreibe, wie man dabei vorgeht.

b) Wo findest du in deinem Klassenzimmer zueinander senkrecht oder parallel verlaufende Geraden? Überprüfe mit dem großen Tafel-Geodreieck.

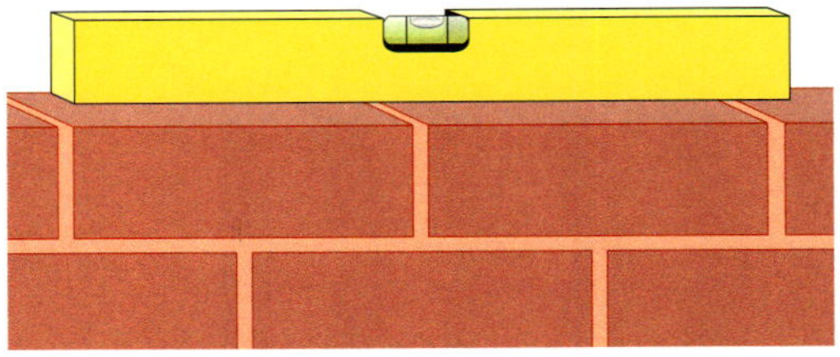

4 Auf dem Foto siehst du einen Abschnitt einer geraden Gleisstrecke.
Die einzelnen Schienen haben überall den gleichen Abstand.
Wo findest du in deiner Umwelt gerade Linien (Strecken, Kanten), die überall den gleichen Abstand haben?

5 a) Zeichne mit Hilfe deines Geodreiecks mehrere zueinander parallele Geraden schräg (nicht entlang einer Kästchenreihe) in dein Heft.

b) Ergänze nun eine Gerade, die zur ersten der Parallelen senkrecht steht.
Wie liegt sie bezüglich der anderen Parallelen?

M

zueinander senkrecht

g ⊥ h

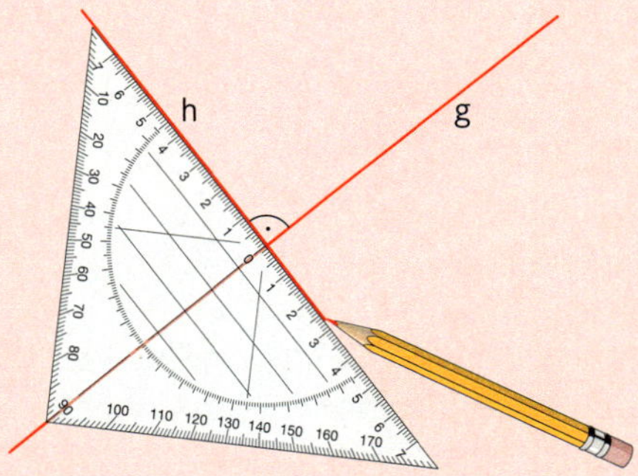

Die Geraden g und h stehen **senkrecht zueinander**, sie bilden **rechte Winkel**.
Schreibe: g ⊥ h
lies: g senkrecht zu h

In der Zeichnung wird der rechte Winkel mit ⦜ gekennzeichnet

zueinander parallel

g ∥ h

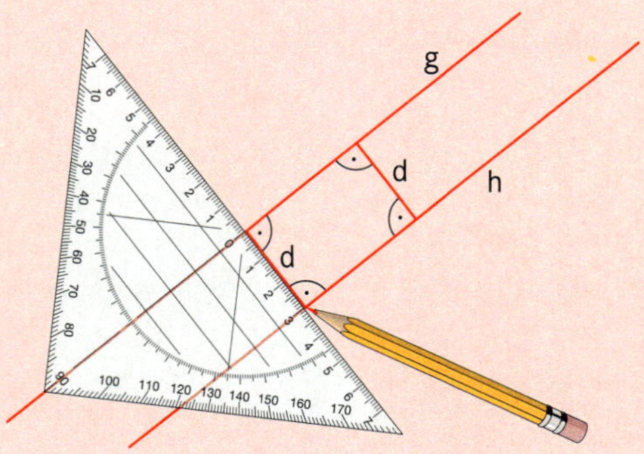

Zwei Geraden g und h, die zu einer dritten Geraden gemeinsam senkrecht stehen, heißen **zueinander parallel**.
Schreibe: g ∥ h
lies: g parallel zu h

Umgekehrt gilt:
Zwei Geraden, die zueinander parallel sind, stehen auf einer dritten gemeinsamen Geraden senkrecht.
Der Abstand der Parallelen heißt d
z. B. d = 3 cm

Übungen

6 Überprüfe, welche Geraden senkrecht, welche parallel zueinander sind. Notiere in Kurzschreibweise.

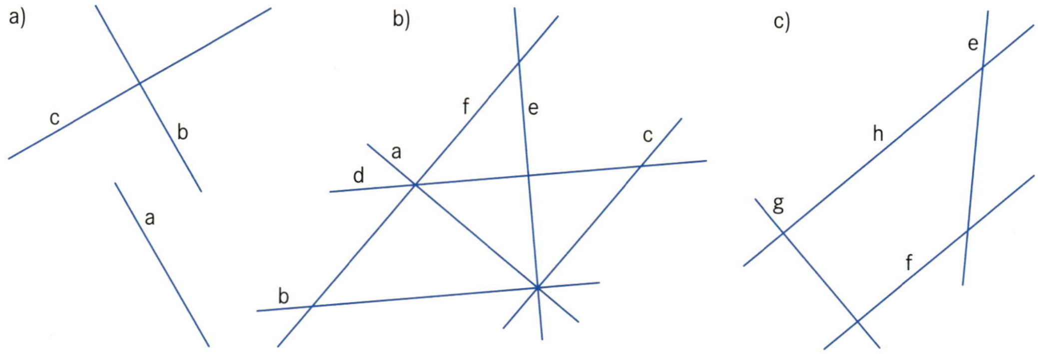

7 So kannst du mit dem Geodreieck eine Senkrechte zu einer Geraden durch einen Punkt P zeichnen.

B

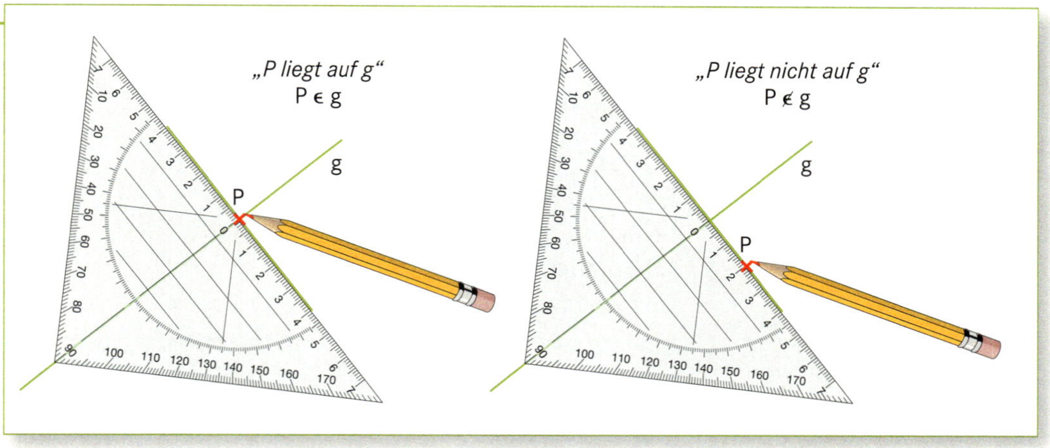

Trage die Geraden in ein Gitternetz ein sowie den Punkt P. Zeichne durch P alle Senkrechten auf die angegebenen Geraden ein.

a) Die Gerade g ist bestimmt durch die Punkte A (0 | 9) und B (3 | 0); P (3 | 2)
b) g = AB, h = BC mit A (1 | 0), B (5 | 4), C (2 | 7) und P (3 | 2)
c) g = AB, h = BC, f = AC mit A (1 | 0), B (8 | 1), C (3 | 8) und P (5 | 4)

8 Gegeben sind die Punkte P (0 | 2), Q (5 | 3), R (2 | 1) und S (3 | 6).

a) Zeichne die Punkte P, Q, R und S sowie die Strecken [PQ], [PS], [QS] und [RS] in ein Gitternetz ein. Welche Strecken sind senkrecht zueinander? Schreibe in Kurzform.
b) Zeichne durch den Punkt S eine senkrechte Gerade s zur Strecke [RS]. Wie verläuft die Gerade s bezüglich der Strecke [PQ]? Begründe.

Welche Figur passt?

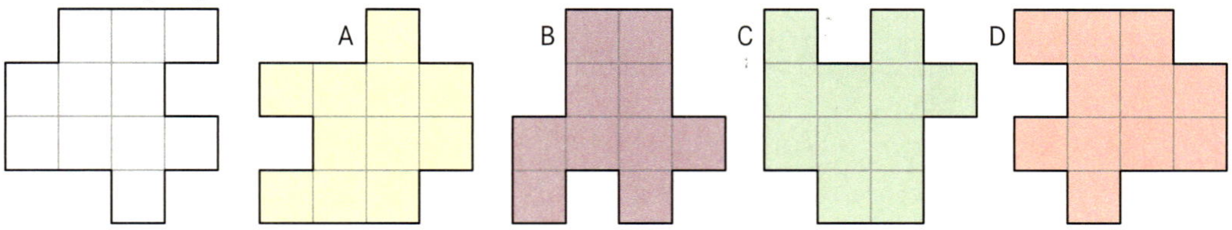

9 So kannst du mit dem Geodreieck durch einen Punkt P die Parallele zu einer Geraden g zeichnen.

B

1. Zeichne durch den Punkt P die Senkrechte zu g. Bezeichne die Senkrechte mit s.

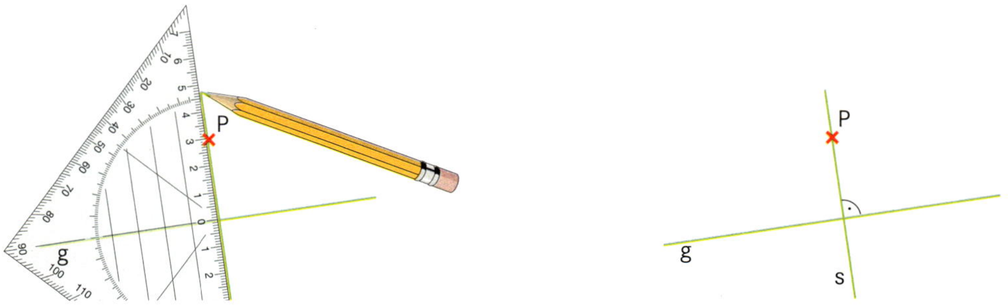

2. Zeichne durch den Punkt P die Senkrechte zu s. Du erhältst die Parallele h zur Geraden g.
Finde mit Hilfe des Bildes eine weitere Möglichkeit zum Zeichnen von Parallelen.

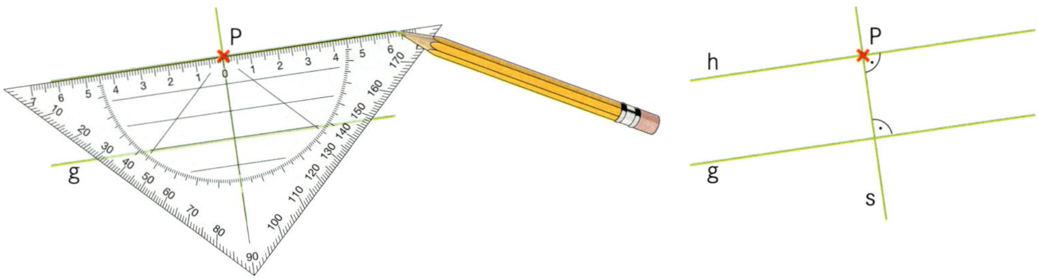

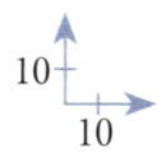

Trage die Punkte und die Gerade g jeweils in ein Gitternetz ein. Zeichne anschließend durch die vorgegebenen Punkte A … D die Parallelen zu g.

a) g = PQ mit P(0|0), Q(6|8), A(2|6), B(5|3)

b) g = PQ mit P(0|5), Q(8|3), A(5|7), B(6|4), C(3|1) und D(6|2)

10 Zeichne die Punkte A(3|4), B(8|7) und C(5|10) in ein Gitternetz ein. Verbinde sodann die Punkte durch Strecken. Zeichne zu jeder Strecke eine Parallele durch den jeweils 3. Punkt. Welche Figur(en) erhältst du?

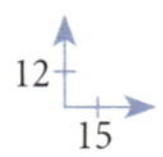

11 Familie Maier legt auf drei Seiten ihres Hauses ein 1 m breites Blumenbeet an. Damit man überall gut hinkommt, soll am Haus ein 50 cm breiter Streifen frei bleiben. Fertige eine Zeichnung im Maßstab 1:100 an. Der Grundriss des rechteckigen Hauses ist festgelegt durch die Punkte A(3|2), B(13|4) und C(12|9), die Seite zwischen A und B bleibt frei.

12 Auf 4 Tischen stehen 4 gefüllte Gläser. Welches steht senkrecht auf dem Tisch? In welchem Glas steht die Flüssigkeit parallel zum Tisch?

1 Die Ameisen **E**mil (E) und **F**ritz (F) wollen zur Blattlaus laufen, aber zwei dicke Spinnen kontrollieren die rot markierten Strecken. Ameisen finden immer den kürzesten Weg, allerdings können Emil und Fritz nur entlang der Gitterlinien laufen.
Es gilt: E (5|8); F (6|2).

a) Übertrage das Gitternetz und die Tiere in dein Heft.

b) Trage die Punkte für Emil und Fritz ein. Suche für die beiden den kürzesten Weg. Notiere dazu die Koordinaten der Gitterpunkte, die auf dem Weg liegen.

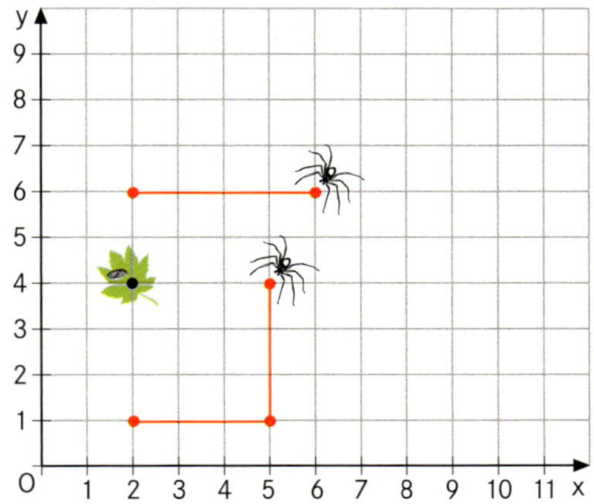

2 Übertrage die Tabelle in dein Heft und ergänze sie.

Text	Kurzschreibweise	Zeichnung
Der Punkt A liegt auf der Geraden p		
	B ∈ [AC]	
		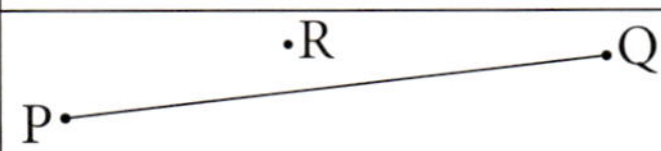
	$\overline{BC}$ = 2 cm	

3 a) Trage die Punkte A (1|7), B (13|3), C (2|4), D (7|9), E (4|10) und F (14|1) in ein Gitternetz ein.

b) Zeichne die Strecken [AB], [CD] und [EF]. In welchen Punkten schneiden sich die Strecken? Gib die Koordinaten der Schnittpunkte an.

c) Ergänze die Geraden AE und ED. Suche parallele und senkrechte Linien. Notiere in Kurzform.

4 Punkte auf einer Kreislinie kann man durch Strecken verbinden. Dadurch wird der Kreis in Teilflächen zerlegt. Unten siehst du die Ergebnisse, wenn zwei Punkte und wenn vier Punkte auf einer Kreislinie liegen.

Figur 1 Figur 2 Figur 3 Figur 4

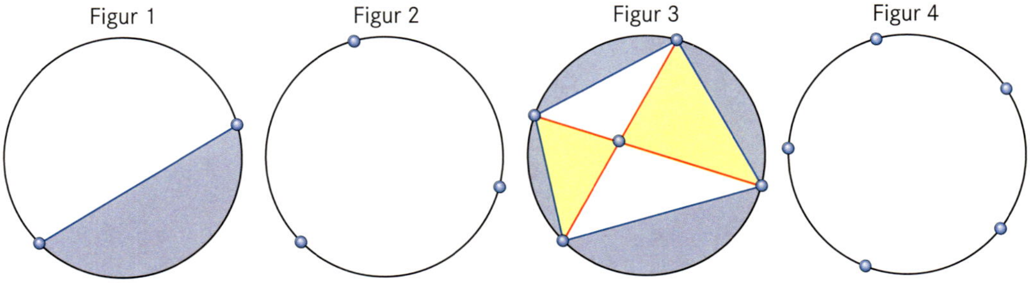

a) Zeichne die Figuren 2 und 4. Ergänze die Tabelle in deinem Heft.

	Figur 1	Figur 2	Figur 3	Figur 4
Anzahl der Punkte auf der Kreislinie	2	3	4	5
Anzahl der Verbindungsstrecken	1		6	
Anzahl der Teilflächen	2		8	

b) Wie viele Teilflächen erwartest du für die Figur 5? Was ergibt sich wirklich?

1 Ein 5 × 5 Geobrett entsteht

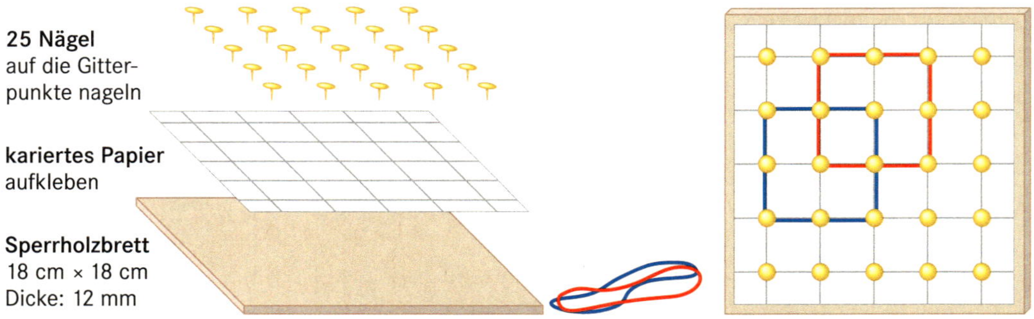

Auf einem Geobrett kannst du verschiedene Figuren darstellen. In der Abbildung siehst du, wie du selbst ein Geobrett bauen kannst. Besorge dir dazu ein quadratisches Brett, zeichne auf ein gleich großes Stück Papier ein Gitternetz mit jeweils fünf Linien in gleichen Abständen und klebe das Papier auf das Brett. In jeden Gitterpunkt schlägst du nun einen Nagel. Mit ein paar Gummiringen zum Spannen der Figuren bist du perfekt ausgerüstet.

a) Wie viele gleich große Quadrate kannst du auf deinem Geobrett spannen?
b) Spanne auf einem Geobrett ein Quadrat, das wie im Bild neun Punkte umfasst. Bilde aus diesem Quadrat durch Versetzen zweier Eckpunkte verschiedene Rechtecke. Beschreibe deine Rechtecke.
c) Übertrage die Tabelle in dein Heft und kreuze das Zutreffende an.

Eigenschaften	Rechteck	Quadrat
Die gegenüberliegenden Seiten sind parallel.	■	■
Die gegenüberliegenden Seiten sind gleich lang.	■	■
Alle Seiten sind gleich lang.	■	■
Die Nachbarseiten sind immer senkrecht zueinander.	■	■
Die Figur hat vier rechte Winkel.	■	■

2

In dieser Aufgabe beginnst du mit einem Quadrat, das vier Punkte umfasst.

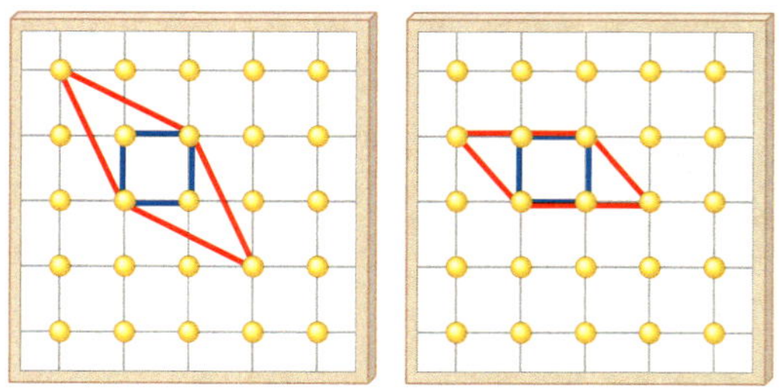

a) Wenn du zwei Eckpunkte verziehst wie im linken Bild, entsteht eine Raute.
b) Durch Verschieben zweier Eckpunkte des Quadrats wie im rechten Bild entsteht ein Parallelogramm. Bilde vier verschiedenen Parallelogramme und zeichne sie in dein Heft.

3

a) Haben die beiden Recht? Erkläre.

b) Ist ein Rechteck auch ein Quadrat?

1 Welche der Figuren sind Rechtecke, welche sind Quadrate? Versuche, deine Antwort zu begründen.

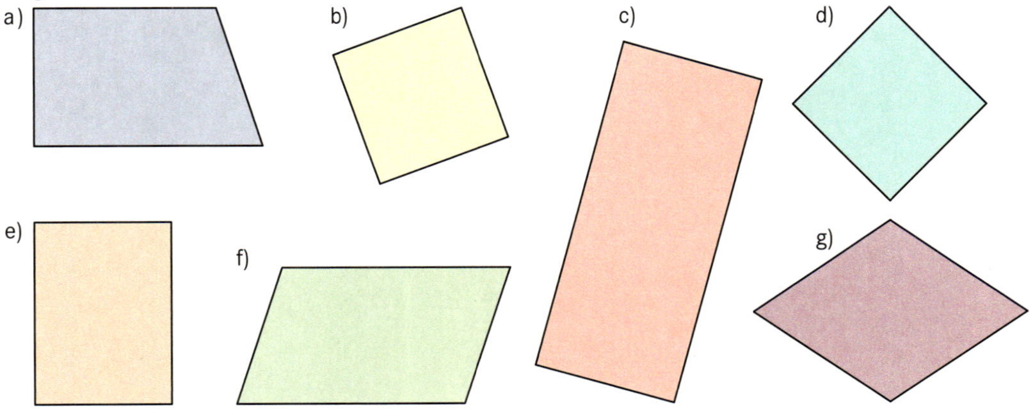

2 Übertrage die Figuren auf kariertes Papier und schneide sie aus.
Zerlege jede Figur so durch einen Schnitt, dass du die beiden Teile zu einem Rechteck zusammenfügen kannst.

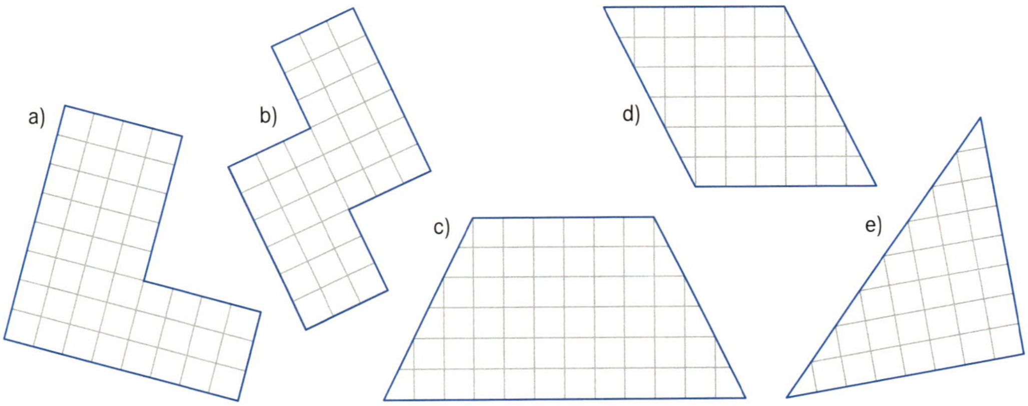

Rechteck

Quadrat

M

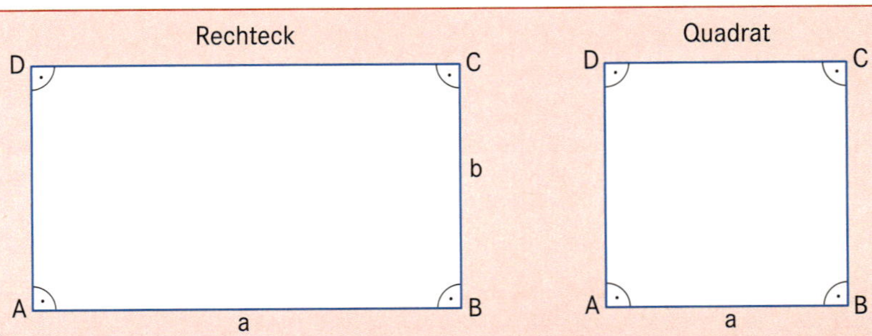

Eckpunkte und Seiten werden entgegen dem Uhrzeigersinn bezeichnet.

Ein Viereck, in dem die benachbarten Seiten senkrecht zueinander stehen, heißt **Rechteck**.

Ein Rechteck, in dem alle Seiten gleich lang sind, heißt **Quadrat**.

Übungen

3 Zeichne ein Rechteck bzw. Quadrat mit den angegebenen Seitenlängen.

	a)	b)	c)	d)	e)	f)
Länge	5 cm	4,5 cm	= Breite	7,8 cm	1,6 cm	5,5 cm
Breite	2 cm	= Länge	3,8 cm	3,5 cm	6,4 cm	5,5 cm

4

Schneide aus kariertem Papier zwölf Quadrate aus. Die Länge einer Quadratseite soll 2 cm betragen.
Bilde aus allen Quadraten jeweils Rechtecke. Wie viele Rechtecke lassen sich legen? Zeichne sie in dein Heft und notiere ihre Seitenlängen.

5

Der große Sultan Suleiman will in seinem Palast den 10 m langen und 10 m breiten Festsaal mit gleich großen, rechteckigen gewebten Teppichen vollständig und ohne Überlappung belegen lassen. Er versammelt seine Berater um sich. Sie sollen ihm sagen, wie groß die Teppiche sein müssen und wie viele er braucht. Dabei müssen sie bedenken, dass mit den Webstühlen nur Teppiche hergestellt werden können, die eine maximale Breite von 250 cm haben.

a) Ein Berater schlägt vor, dass die Teppiche jeweils 4 m Länge und 2 m Breite haben sollen. Doch ein zweiter Berater hält diesen Vorschlag für unsinnig. Er behauptet, es würde eine Restfläche unbedeckt bleiben. Hat er Recht? Begründe.
b) Kannst du den Beratern helfen? Der Sultan erwartet mindestens vier verschiedene Vorschläge, damit er den besten auswählen kann.

6 Wie viele Rechtecke findest du in der abgebildeten Figur? Wie viele dieser Rechtecke sind Quadrate?

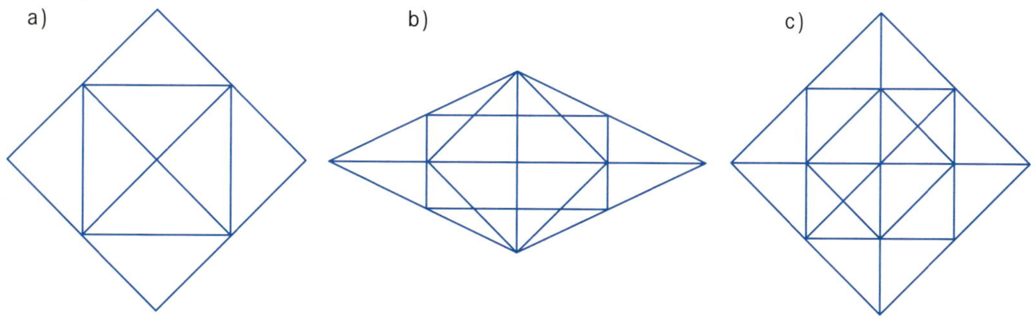

1 a) Zeichne ein Rechteck mit den Seitenlängen 6 cm und 4 cm.
Verbinde die gegenüberliegenden Eckpunkte. Die Verbindungsstrecken heißen **Diagonalen**.
b) Verbinde die gegenüberliegenden Seitenmitten. Die beiden Strecken heißen **Mittellinien**.

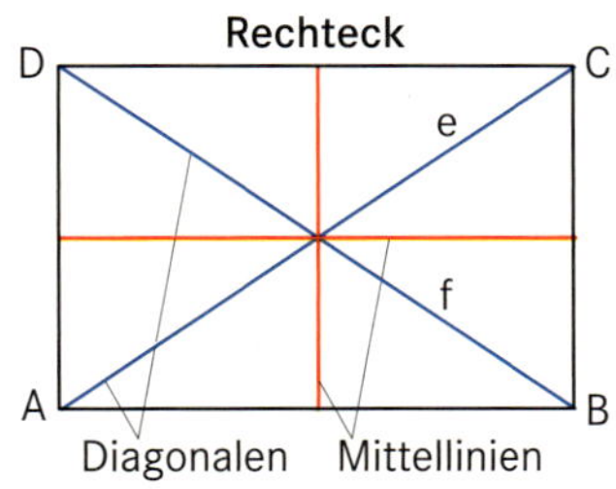

2 Zeichne ein Quadrat mit der Seitenlänge 6 cm. Zeichne die Diagonalen und die Mittellinien ein. Überprüfe mit dem Geodreieck, welche Strecken senkrecht und welche parallel zueinander sind.

3 Übertrage die Tabelle in dein Heft und kreuze das Zutreffende an.

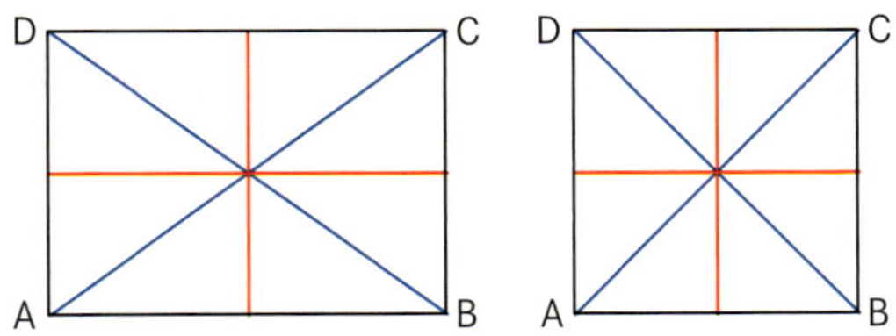

Eigenschaften	Rechteck	Quadrat
Die Diagonalen sind senkrecht zueinander.		
Die Diagonalen sind gleich lang.		
Die Diagonalen halbieren sich.		
Die Mittellinien sind senkrecht zueinander.		
Die Mittellinien sind gleich lang.		
Die Mittellinien halbieren sich.		

4 In der Abbildung siehst du die Teilfigur eines Rechtecks oder Quadrats. Sie ist durch Schnitte längs der blauen Diagonalen oder der roten Mittellinien entstanden. Übertrage die Teilfigur in dein Heft und vervollständige sie zu einem Rechteck oder Quadrat.

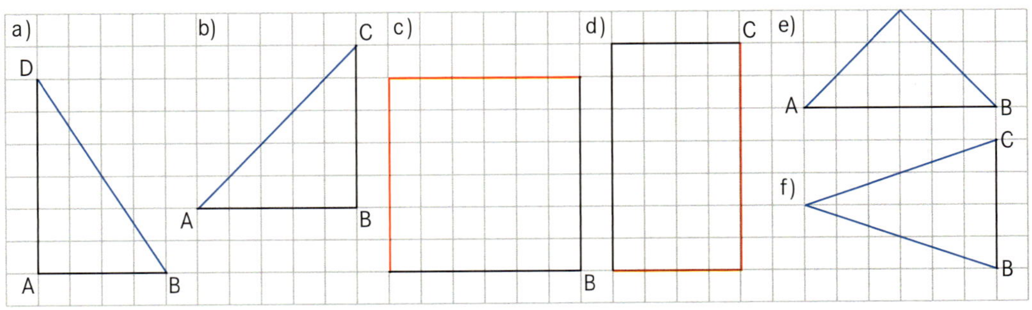

5 a) Die Mittellinien eines Rechtecks sind 6 cm und 4 cm lang. Zeichne die Figur.
b) Ein Quadrat hat eine Diagonalenlänge von 6 cm. Zeichne die Figur.

6 Zeichne die Punkte in ein Gitternetz und ergänze zum Rechteck bzw. Quadrat. Gib die Koordinaten der Eckpunkte an.
a) Die Mittellinien [EG] und [FH] eines Rechtecks ABCD sind gegeben.
Es gilt: E (3|2); F (10|6); G (11|14); H (4|10); 1 LE ≙ 1 Kästchen
b) [BD] ist die Diagonale eines Quadrates ABCD. Es gilt: B (11|4); D (3|10)

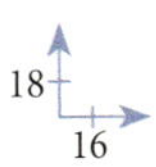

1. Mirjam und David haben aus Leitern und Stäben zwei Gerüste gebaut. Begründe, warum sie an einem Gerüst zwei weitere Stäbe schräg angebracht haben. Welche Figuren sind dadurch an diesem Gerüst entstanden?

2. Warum sind beim Fachwerk manche rechteckigen Flächen noch einmal unterteilt?

3. Sebastian hat drei Holzleisten zu einem Dreieck zusammengefügt.

Er möchte an das 60 cm lange Holzstück zwei Holzleisten anlegen, so dass ein weiteres Dreieck entsteht.

Welche der abgebildeten Holzstücke kann er dafür auswählen? Gib alle Möglichkeiten an.

4 Spanne auf dem Geobrett Dreiecke.
a) Bilde Dreiecke, die zwei gleiche Seitenlängen besitzen. Zeichne sie in dein Heft.
b) Unter den Dreiecken von a) gibt es sicher „gleichschenklig-rechtwinklige“ Dreiecke. Beschreibe sie und übertrage drei von ihnen ins Heft.

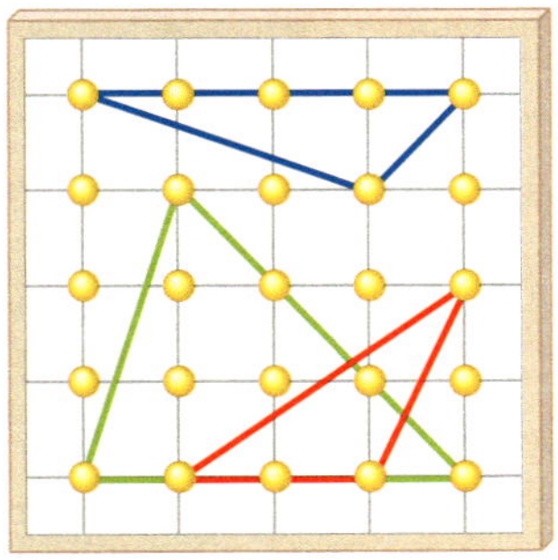

5 Welche der abgebildeten Dreiecke haben besondere Eigenschaften? Erkläre.

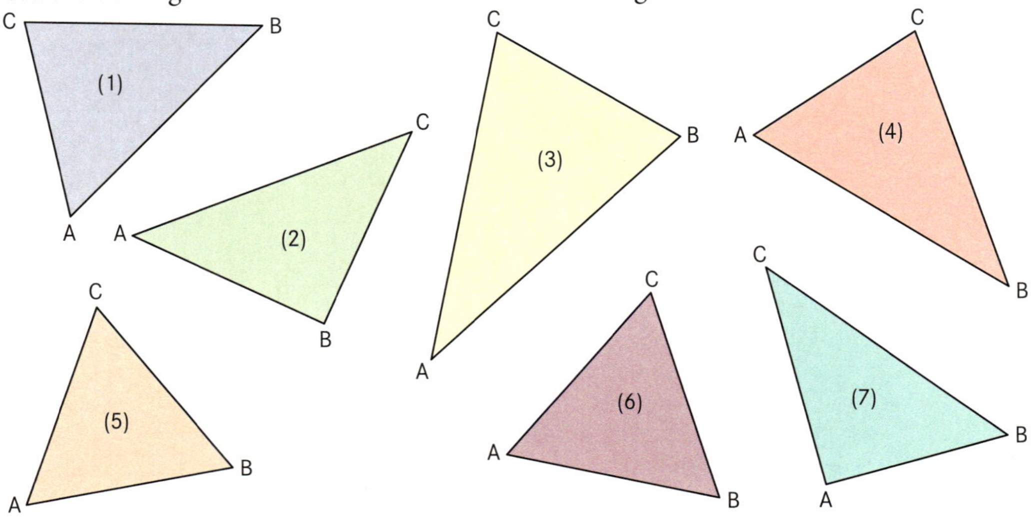

M Bei Dreiecken benennt man die Seiten wie die gegenüberliegenden Eckpunkte, allerdings mit kleinen Buchstaben.

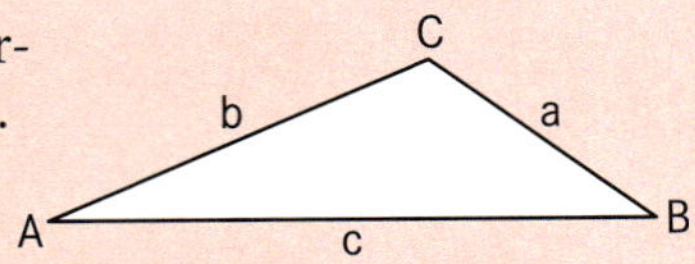

Es gibt besondere Dreiecke:

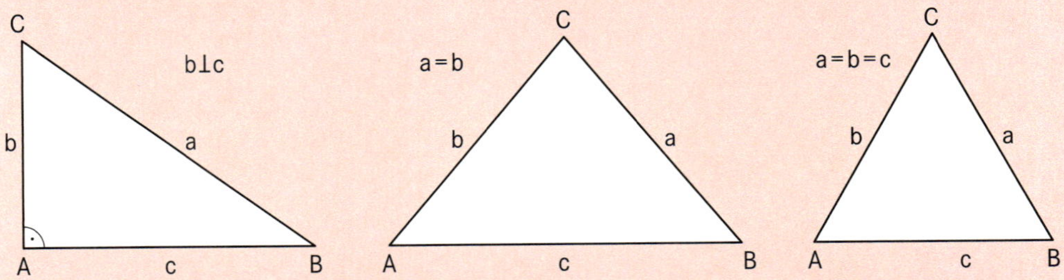

Rechtwinkliges Dreieck: Zwei Seiten stehen aufeinander senkrecht.

Gleichschenkliges Dreieck: Zwei Seiten sind gleich lang.

Gleichseitiges Dreieck: Alle drei Seiten sind gleich lang.

Rechtwinkliges Dreieck

Gleichschenkliges Dreieck

Gleichseitiges Dreieck

Übungen

6 Durch die Diagonalen und Mittellinien wird ein Quadrat oder Rechteck in Dreiecke zerteilt.
a) Zeichne ein Quadrat mit 4 cm Seitenlänge. Trage die Diagonalen ein. Wie heißen die entstandenen Dreiecke?
b) Ergänze in der Zeichnung zu a) die Mittellinien. Was stellst du fest?
c) Zeichne ein Rechteck mit den Seitenlängen 7cm und 4 cm. Trage die Diagonalen und Mittellinien ein. Haben die Dreiecke die gleiche Form wie beim Quadrat? Beschreibe.

7 Zeichne die Punkte A, B und C in ein Gitternetz ein und verbinde sie zu einem Dreieck. Es gilt: A (1|0); B (6|2); C (4|6)
Zeichne vom Eckpunkt A aus eine Senkrechte auf die gegenüberliegende Seite [BC], von B aus eine Senkrechte auf [AC] und von C aus eine Senkrechte auf [AB]. Was fällt dir auf?

8 Zeichne ein kleines Dreieck wie im Bild, lasse rundum genügend Platz zum Ergänzen der Zeichnung. Male das kleine Dreieck farbig an.

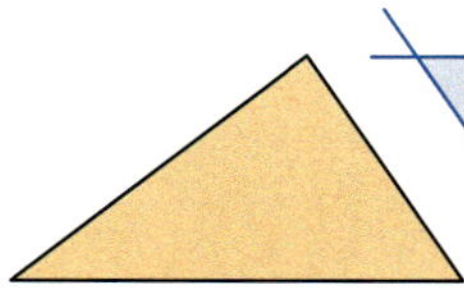
Figur 1

Figur 2
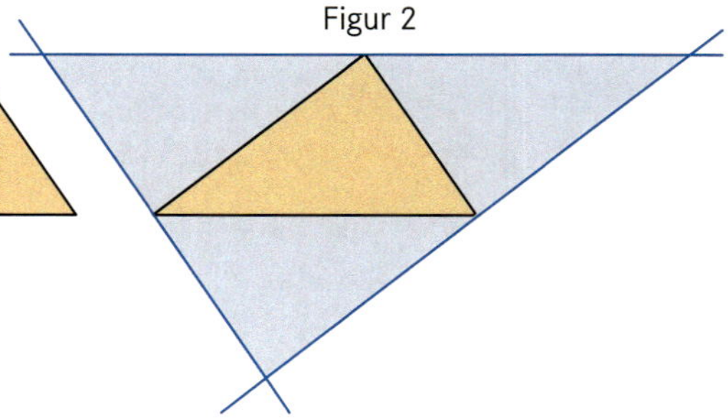

a) Zeichne durch jeden Eckpunkt des Dreiecks eine Parallele zur gegenüber liegenden Seite. Diese Parallelen schneiden sich so, dass ein neues größeres Dreieck entsteht (Figur 2).
Vergleiche dieses neue Dreieck mit dem kleinen farbigen Anfangsdreieck.
b) Zur Figur 2 kannst du auf die gleiche Weise eine neue, noch größere Figur 3 zeichnen. Wie viele kleine, farbige Dreiecke passen nun in diese Figur 3?
c) Finde einen mathematischen Zusammenhang für die Anzahl der kleinen, farbigen Dreiecke in jeder Figur. Übertrage dazu die Tabelle in dein Heft und fülle die Platzhalter aus.

	Figur 1	Figur 2	Figur 3	Figur 4
Anzahl der kleinen Dreiecke	1	4	▢ = 4 · ▢	▢ = 4 · 4 · ▢

d) Wie viele kleine, farbige Dreiecke beinhaltet die Figur 5?

9 a) Wie viele gleichseitige Dreiecke beinhaltet die Figur?
b) Wie viele Dreiecke findest du insgesamt in der Figur?

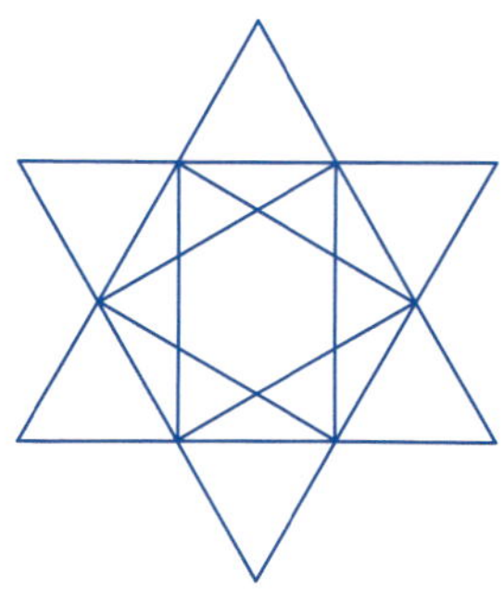

Finde vier verschiedene Zahlen zwischen 0 und 20, deren Summe 30 beträgt und deren Produkt 30 mal 30 ist.
♠ + ♦ + ▲ + ● = 30 und ♠ · ♦ · ▲ · ● = 30 · 30

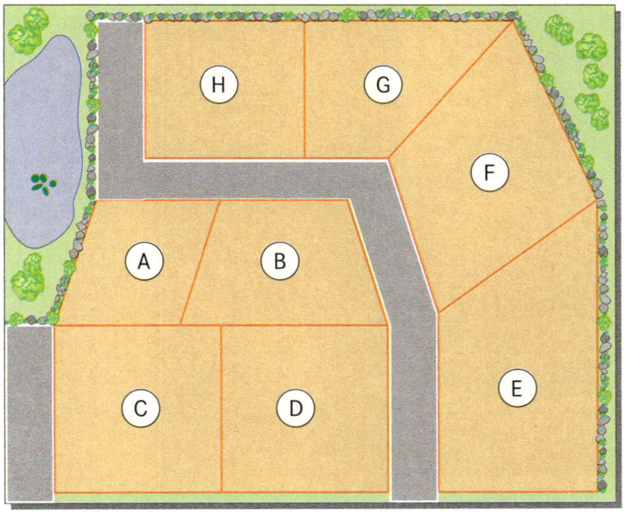

Haus und Bau AG Telefon 73669
Grundstücksvermittlung Telefax 73163

(1) Die abgebildeten Grundstücke sind jeweils Vielecke.

a) Welche Grundstücke haben eine Form, die du bereits kennst?

b) Familie Beier will das Grundstück B kaufen. Beschreibe dieses Viereck.
So ein Viereck nennt man **Trapez**.

c) Beschreibe die Form des Grundstücks E.

Übungen

(2) Übertrage die Figuren in dein Heft, benenne sie und zeichne die Diagonalen ein. Bei welchen Vierecken findest du bei den Diagonalen Besonderheiten?

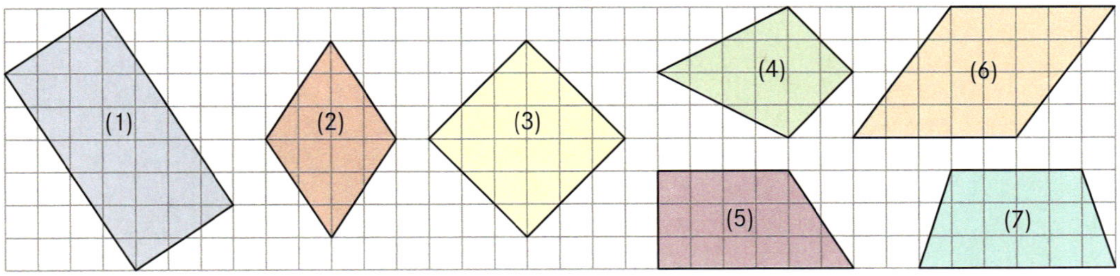

(3) Wenn du von einem beliebigen Viereck eine Ecke abschneidest, erhältst du ein Fünfeck.

a) Zeichne ein Fünfeck in dein Heft und benenne die Eckpunkte wie im Bild.

b) Zeichne weitere Vielecke in dein Heft.
Notiere, um welches Vieleck es sich handelt (Sechseck, Siebeneck …).

c) Zeichne jeweils alle Diagonalen ein, die sich nicht schneiden. Wie viele Teildreiecke ergeben sich jeweils?

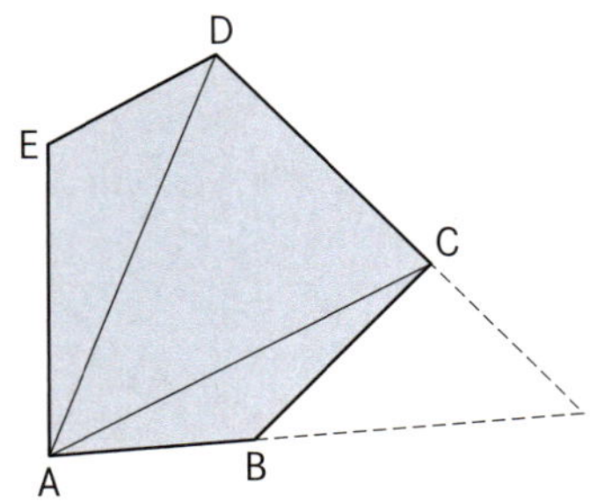

(4) Es gibt auch Vielecke, bei denen alle Seitenlängen gleich sind. Man nennt sie **regelmäßige Vielecke**.

Ein regelmäßiges Achteck kannst du mit Hilfe zweier gleich großer Quadrate bilden. Schneide zwei gleiche Quadrate aus und zeichne die Diagonalen und die Mittellinien ein. Lege sie so übereinander, dass die Mittellinien des 2. Quadrates auf den Diagonalen des 1. Quadrates liegen. Schneide die überschüssigen Eckdreiecke ab.

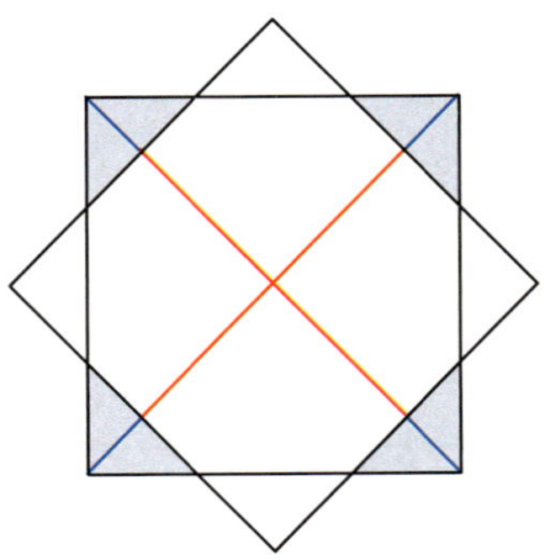

Regelmäßiges Fünfeck

(1) 

Beschreibe, wie die einzelnen Gebäude auf dem Foto angeordnet sind.

(2) Für einen Spieletag markiert die Klasse 5c auf ihrem Schulhof den Freiwurfraum eines Basketballspielfeldes.
Iris und Felix müssen noch einen Kreis zeichnen. Wie werden sie vorgehen?

(3) Kreis oder nicht Kreis?

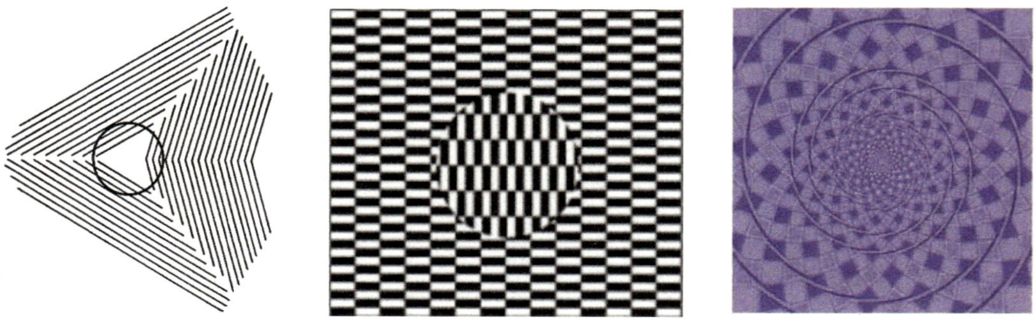

Zeichne zwei parallele Geraden und markiere auf der einen 5, auf der anderen 3 Punkte. Verbinde jeden der 5 Punkte auf der einen mit jedem der 3 Punkte auf der anderen Parallelen. Wie viele Strecken erhältst du?

1 Die Klasse 5c entwirft im Kunstunterricht farbige Kreismuster. Sie stellt ihre Zeichnungen in der Pausenhalle der Schule aus.

Übertrage die Kreismuster in dein Heft. Überlege zunächst, wo die Mittelpunkte der Kreise liegen. Gestalte die Muster mit verschiedenen Farben.

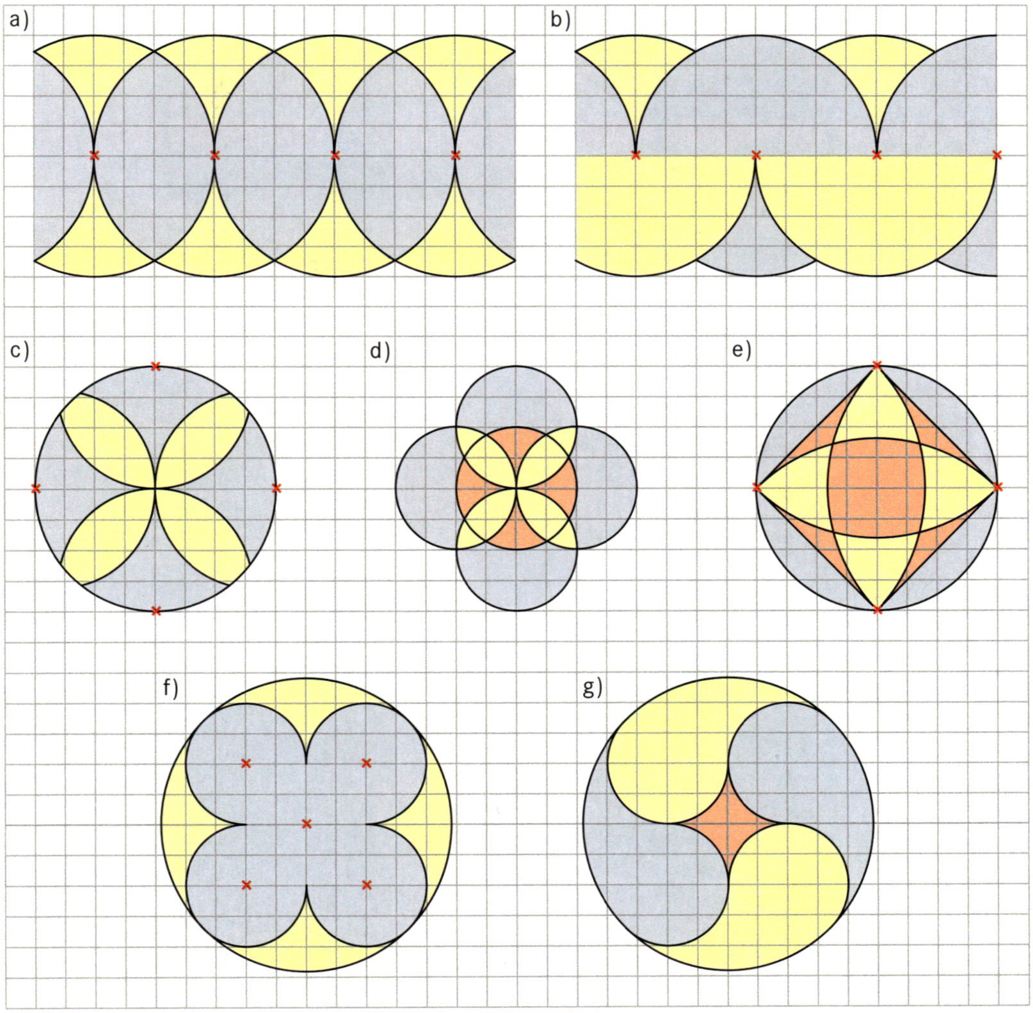

2 Entwirf selbst verschiedene Kreismuster. Benutze dazu gleich große oder verschieden große Kreise.

Radius

Durchmesser

M Die Kreislinie ist eine Menge von unendlich vielen Punkten. Sie haben alle vom Mittelpunkt M die gleiche Entfernung. Diese Entfernung heißt **Radius r**.

Schreibe: **k (M; r)**

Lies: Kreis mit Mittelpunkt M und Radius r

Der doppelte Radius heißt **Durchmesser d**:
d = 2 · r

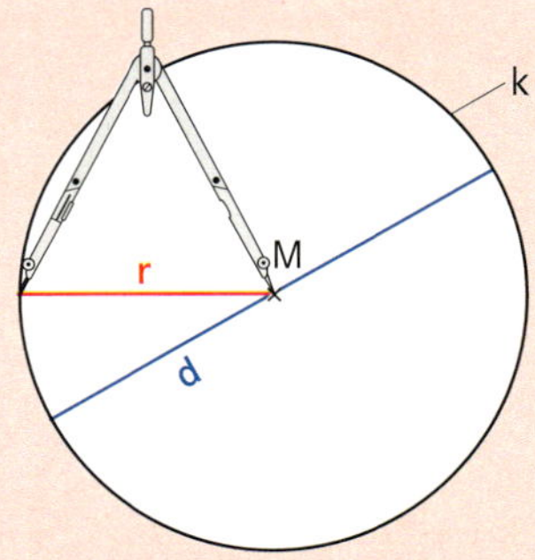

Übungen

1 

Zeichne Kreise mit dem angegebenen Radius bzw. Durchmesser.

a) r = 4 cm b) d = 6 cm
c) d = 6,8 cm d) r = 52 mm
e) r = 15 mm f) d = 9,6 cm
g) d = 5 cm h) r = 3,5 cm

2 Berechne die fehlenden Werte in deinem Heft.

	a)	b)	c)	d)	e)	f)	g)	h)
Durchmesser d	34 cm	98 mm			7,20 m	1,800 km		
Radius r			29 dm	231 cm			5,40 m	3,200 km

3 Zeichne zwei gleich große Kreise mit dem Radius 4 cm. Die Kreise sollen sich
a) nicht berühren oder schneiden b) schneiden c) berühren
Wie wählst du jeweils die Entfernung der Mittelpunkte? Erkläre.

4 Zeichne zwei Kreise k (A; 3 cm) und k* (B; 3,5 cm). Ordne die beiden Kreise so an, dass sie
a) keinen gemeinsamen Punkt haben b) einen gemeinsamen Mittelpunkt haben
c) sich berühren d) sich schneiden
e) ineinander liegen f) ineinander liegen und sich berühren.
Gib jeweils die Entfernung $\overline{AB}$ der Mittelpunkte an.

5 Du hast eine Schnur, ein Blatt Papier, eine Schachtel Reißnägel, einen Bleistift und eine dicke Unterlage. Versuche nun einen Kreis zu zeichnen,
a) indem du den Bleistift bewegst, b) ohne den Bleistift zu bewegen.

6 In welchem der Gefäße kann die Wasseroberfläche unterschiedliche Kreise bilden? Erhältst du auch Kreise, wenn du das Gefäß schief hältst?

1 Benenne die Vierecke. In welche Teilfiguren können sie zerlegt werden? Finde jeweils mehrere Möglichkeiten. Übertrage die Figuren in dein Heft und markiere die Teilfiguren.
Das Geobrett kann dir helfen.

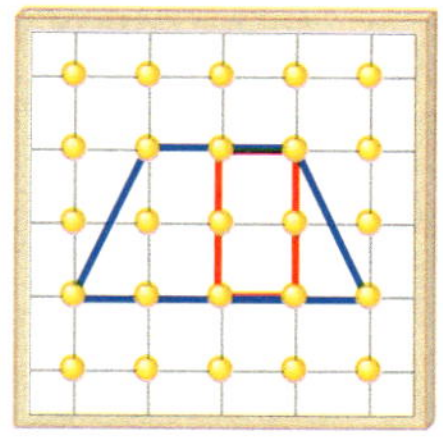

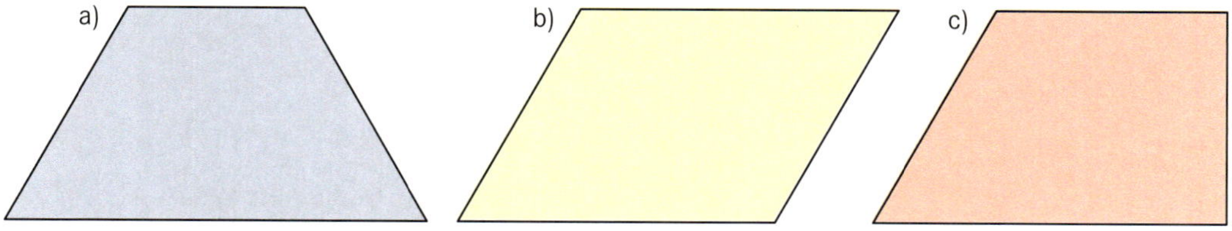

2 Zeichne jeweils ein Quadrat, Rechteck, Parallelogramm und eine Raute und verbinde die Mittelpunkte der Seiten zu einem Viereck. Welche Vierecksformen entstehen?

3 Der Hund Pluto hängt an einer langen Leine. Diese ist im Punkt A am Haus befestigt. Haus und Garten haben die Form wie in der Skizze. Übertrage die Zeichnung im Maßstab 2 : 1 in dein Heft. Kennzeichne den Teil der Grundstücksfläche farbig, den Pluto erreichen kann.

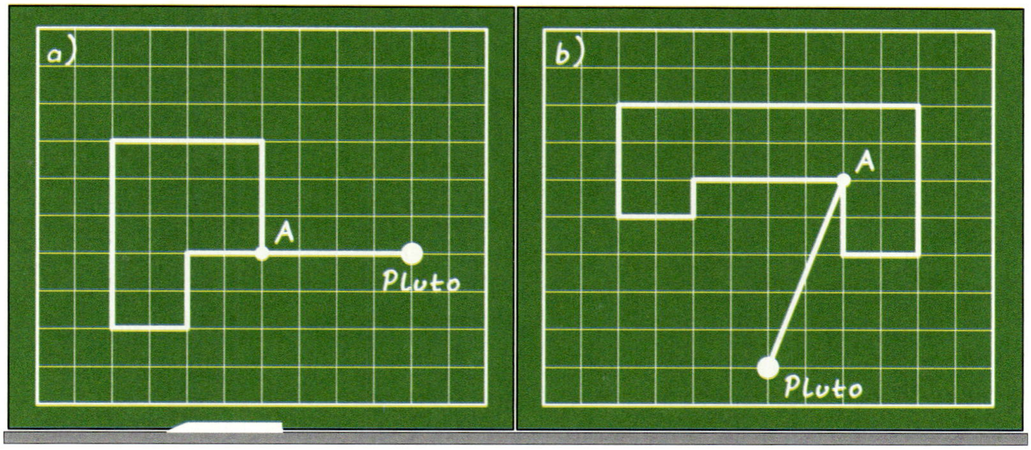

4 Die drei Kreise besitzen unterschiedliche Radien. In der Zeichnung sind sie so angeordnet, dass sie sich nicht schneiden.
a) Zeichne drei solche Kreise so in anderer Anordnung (nicht nebeneinander!) in dein Heft, dass sie sich ebenfalls nicht schneiden.
b) Zeichne nun drei Kreise so, dass sie möglichst viele Schnittpunkte besitzen.

5 Zeichne einen Kreis mit dem Radius r = 6 cm. Ergänze dann die Zeichnung durch einen zweiten Kreis so, dass folgende Bedingungen erfüllt sind:
a) Der zweite Kreis hat 4 cm Radius, die Mittelpunkte sind 1 cm voneinander entfernt.
b) Der zweite Kreis hat 4 cm Radius und berührt den größeren Kreis von außen.
c) Der zweite Kreis berührt den anderen von innen und die Mittelpunkte sind 2 cm voneinander entfernt.

6 In einem rechteckigen Garten von 12 m Länge und 10 m Breite stehen zwei Bäume A und B.

a) Zeichne den Garten in ein Gitternetz; nimm den Ursprung als einen Eckpunkt und lege zwei Seiten auf die Achsen. Die Bäume sind durch A (3 | 2) und B (8 | 3) dargestellt (Maßstab 1 : 100).

b) Im Garten sollen zwei weitere Bäume C und D so gepflanzt werden, dass alle 4 Bäume ein Quadrat bilden. Trage C und D ein und gib deren x- und y-Koordinaten an.

c) Ein weiterer Baum soll genau in der „Mitte" des Quadrats gepflanzt werden. Trage auch diesen Punkt E ein.

7 Die gegebenen Punkte sind Eckpunkte eines Rechtecks. Zeichne sie in ein Gitternetz ein und ergänze zum Rechteck mit den angegebenen Bedingungen.

a) A (1 | 0); B (5 | 1); D $\in$ y-Achse
b) A (0 | 2); D (2 | 4); B $\in$ x-Achse
c) C (6 | 6); D (3 | 7); A (? | 1)
d) B (6 | 1); C (8 | 4); A (2 | ?)

8 In einem großen Tal liegen die Ortschaften Abensdorf, Biberfeld, Dachsbach, Eschental und Fuchsau. Im Gitternetz kann ihre Lage durch die Punkte A (2 | 3), B (10 | 9), D (6 | 5), E (4 | 8) und F (13 | 2) dargestellt werden. Es gilt: 1 LE ≙ 1 km

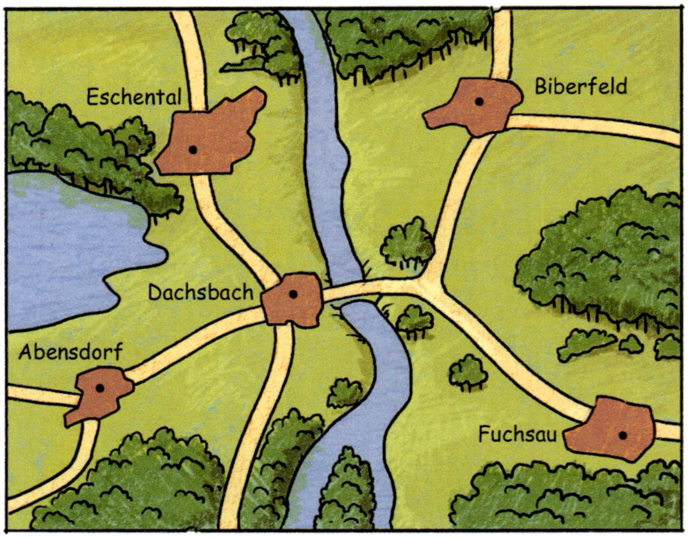

a) Für alle Gemeinden zusammen soll eine Sirene angeschafft werden, die in Dachsbach aufgestellt wird. Die Sirene ist im Umkreis von 5 km zu hören. Sind alle Gemeinden einverstanden?

b) In der Mitte zwischen Fuchsau und Biberfeld (Luftlinie) wird ein Sendemast für einen lokalen Sender aufgestellt. Wie groß muss seine Reichweite sein, damit jeder in den Genuss seines Programms kommt?

c) Es gibt eine Gruppe von Wanderfreunden, die in gemütlicher Gangart 3 km pro Stunde schaffen. Bei einer maximalen Gehzeit von 6 Stunden kommen sie an einem Tag fast überall hin im Tal, nicht aber nach Abensdorf. In welchem Ort wohnen die Wanderfreunde?

9 Die Punkte E, F, G und H sind die Mittelpunkte der Seiten eines Quadrates.
Es gilt: E (4 | 6); F (11 | 7); G (10 | 14); H (3 | 13)

a) Zeichne die Punkte in ein Gitternetz. Für die Achsen gilt: 1 LE ≙ 0,5 cm

b) Finde das passende Quadrat zu den Seitenmittelpunkten und gib die Koordinaten der Eckpunkte des Quadrates an.

Hinweis: Eine Skizze hilft dir dabei. Markiere in einem Quadrat die Mittelpunkte der Seiten und suche Hilfslinien.

Wie schwer sind ein kleiner Hund, ein Kätzchen und ein Zwerghase?

1 Die Bilder zeigen Folgen von Quadraten und Dreiecken.

a) Gib die Koordinaten aller Eckpunkte an z. B. A_1 (0 | 3).

b) Zeichne das Viereck $A_4B_4C_4D_4$ und gib die Koordinaten der Eckpunkte an. Begründe deine Zeichnung.

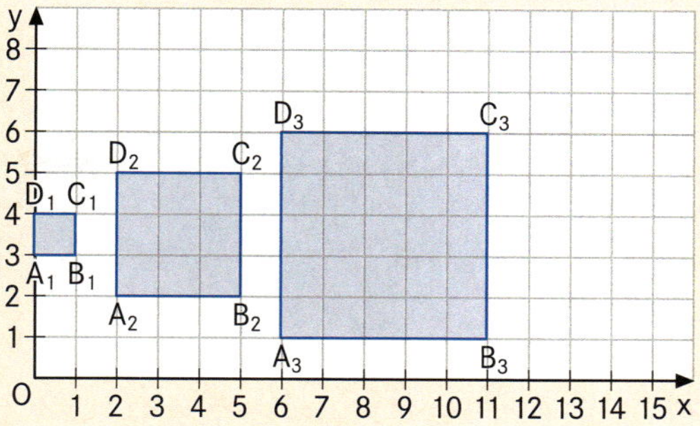

c) Zeichne in dein Heft das Dreieck $A_4B_4C_4$. Gib die Koordinaten der Eckpunkte an. Begründe.

d) Erfinde selber Folgen von geometrischen Figuren, bei denen man Eckpunktskoordinaten angeben kann.

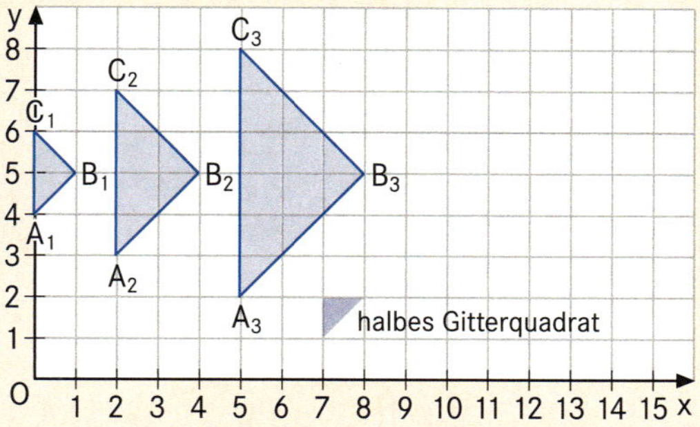

e) Bei den abgebildeten Quadraten und Dreiecken siehst du Gitterpunkte, die auf dem Rand liegen und zusätzlich meist auch Gitterpunkte im Flächeninneren.
Zwischen der Anzahl dieser Punkte und der Anzahl der Gitterquadrate, die innerhalb der Flächen liegen, gibt es einen Zusammenhang. Versuche diesen herauszufinden. Ergänze dazu die Tabelle in deinem Heft.
Beachte: Zwei halbe Gitterquadrate kann man zu einem ganzen Gitterquadrat zusammenfügen.

	Quadrate				Dreiecke			
	(1)	(2)	(3)	(4)	(1)	(2)	(3)	(4)
Anzahl der Punkte im Innern	0	4	■	■	■	1	■	■
Halbe Anzahl der Punkte auf dem Rand	2	6	■	■	■	4	■	■
Anzahl der Gitterquadrate	1	9	■	■	1	4	■	■

f) Wie viele Gitterquadrate passen in eine Figur, bei der 20 Gitterpunkte auf dem Rand und 15 Gitterpunkte im Innern liegen? Zeichne eine solche Figur.

G Den Zusammenhang zwischen der Anzahl der Gitterquadrate und der Anzahl der Gitterpunkte auf und im Innern eines Vielecks fand der österreichische Mathematiker Georg Pick. Pick wurde 1859 in Wien als Sohn jüdischer Eltern geboren. Er studierte in Wien und arbeitete als Professor an der Universität in Prag, wo er maßgeblich mitverantwortlich war für die Berufung Einsteins an diese Universität. Nach der Machtergreifung der Nationalsozialisten wurde Pick 1942 ins KZ Theresienstadt verschickt, wo er kurz später verstarb.

1

In der Natur findest du viele regelmäßig geformte Figuren.

a) Oben siehst du die farbige Flügelzeichnung eines Schmetterlings. Gib Punkte seines Flügelmusters an, die beim Zusammenfalten der Flügel aufeinandertreffen.

b) Lässt sich das abgebildete Ahornblatt so falten, dass die beiden Hälften genau aufeinanderfallen? Suche nach weiteren Mustern in der Umwelt.

2 Beschreibe verschiedene Methoden, eine symmetrische Figur zu erzeugen. Stelle ebenso derartige Figuren her.

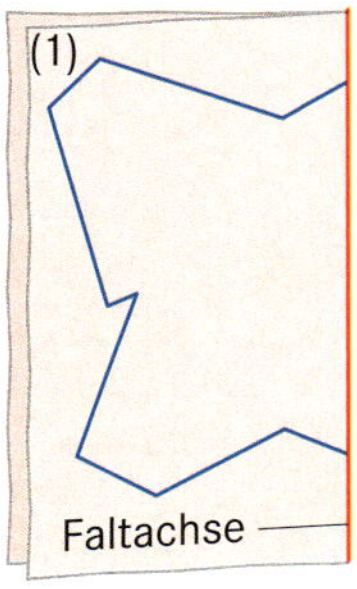

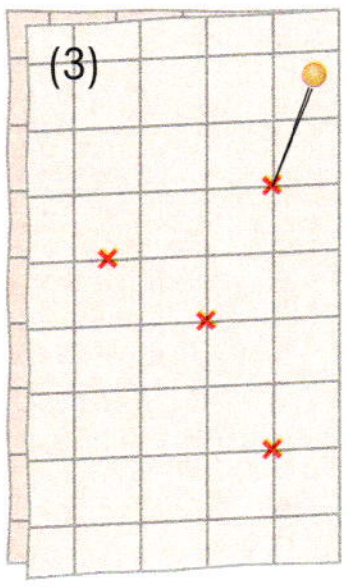

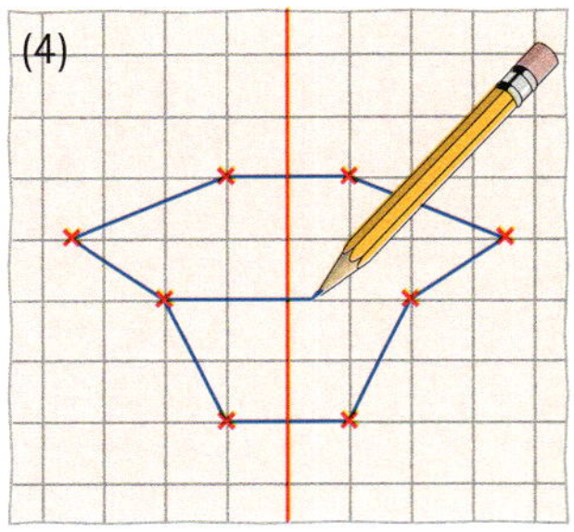

M

Achsensymmetrie

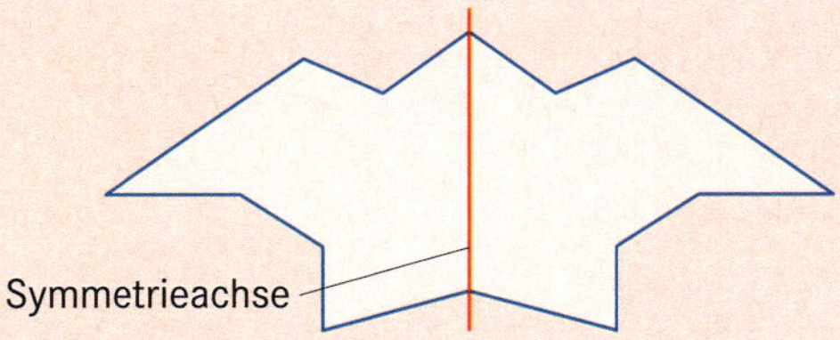

Eine Figur, in der sich beim Zusammenfalten die beiden Hälften genau decken, heißt **achsensymmetrisch**.

Die Faltachse heißt **Symmetrieachse** der Figur.

Übungen

3 Schneide aus kariertem Papier ein 12 cm langes und 6 cm breites Rechteck sowie ein Quadrat von 10 cm Seitenlänge aus. Stelle durch Falten fest, wie viele Symmetrieachsen das Rechteck bzw. das Quadrat hat. Notiere das Ergebnis in deinem Heft.

4 a) Übertrage die achsensymmetrischen Flaggen in dein Heft und zeichne jeweils alle Symmetrieachsen ein.

b) Entwirf selbst fünf achsensymmetrische Flaggen.

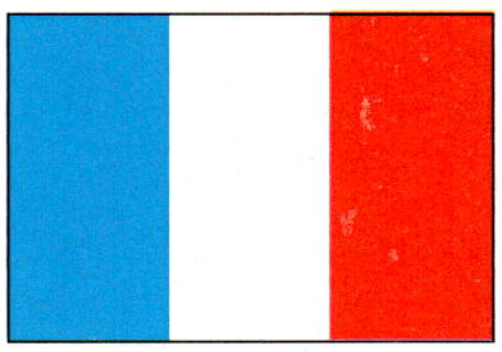

Frankreich

Schweden

Deutschland

Schweiz

(5) Die Figuren sind nicht vollständig. Spanne die Figuren auf deinem Geobrett und ergänze sie so, dass sie achsensymmetrisch sind. Übertrage die fertigen Figuren in dein Heft. Markiere die Symmetrieachse.

a)

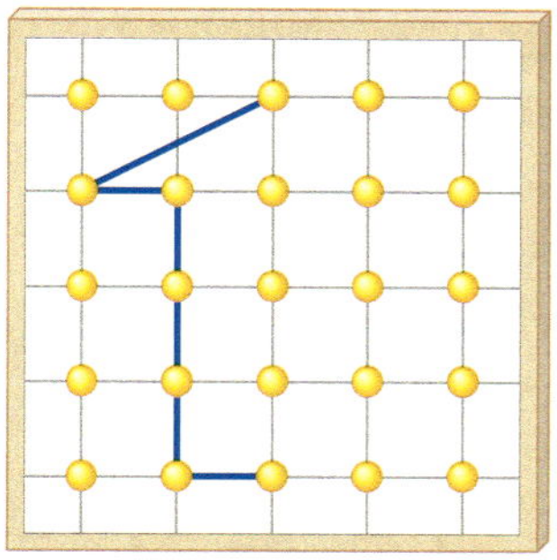

b)

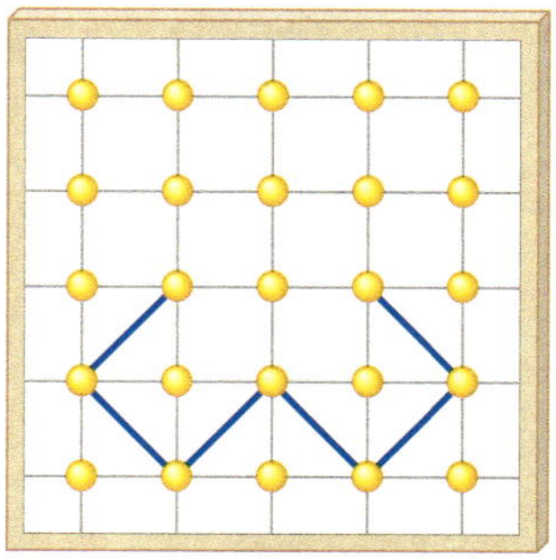

c)

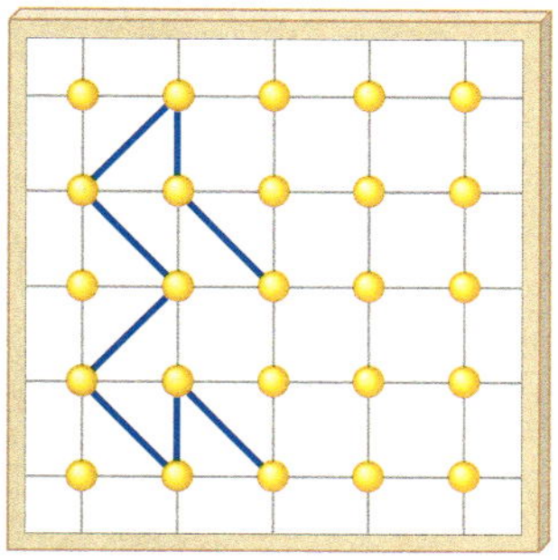

d) Erfinde selbst Teile von achsensymmetrischen Figuren, die du von deinem Nachbarn fertig spannen lässt.

(6) Spanne die Figuren auf deinem Geobrett und vervollständige sie. Die Symmetrieachsen sind rot markiert.

a)

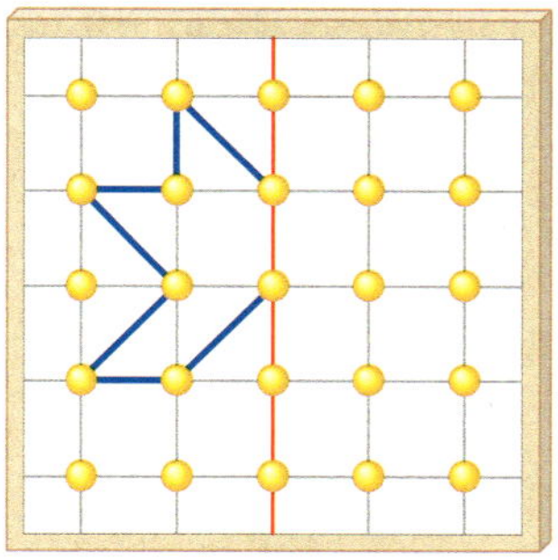

b)

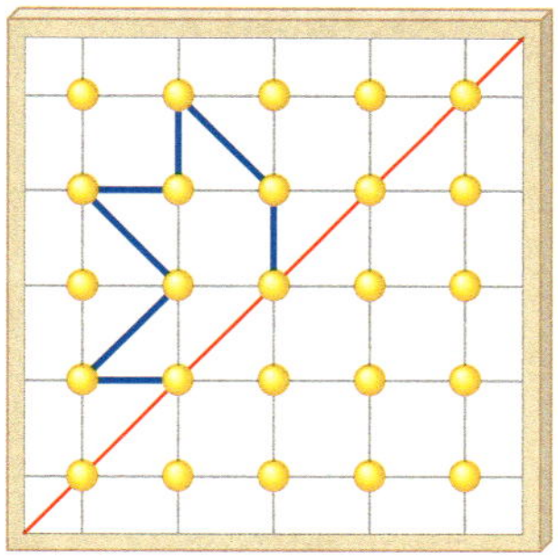

c)

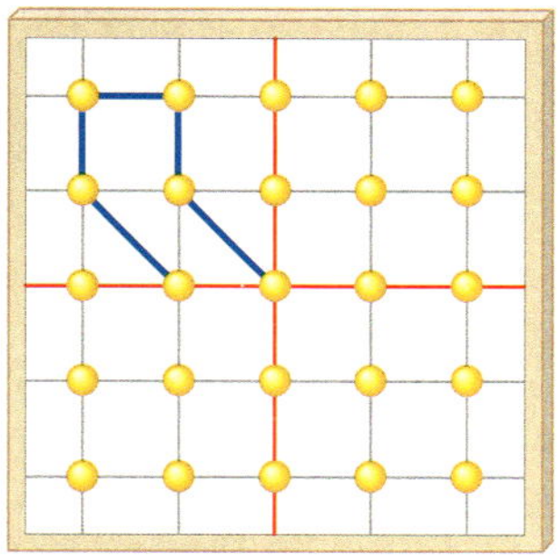

(7) Für diese Aufgabe arbeitet ihr in Vierergruppen, so dass vier Geobretter kombiniert werden können. Je zwei Seiten eines Geobretts bilden eine Symmetrieachse. Der oder die Erste in jeder Gruppe spannt eine beliebige Figur. Der oder die Zweite legt sein Geobrett daneben und spannt die symmetrische Figur. Ein dritter und vierter Schüler vervollständigt die symmetrische Figur nach unten.

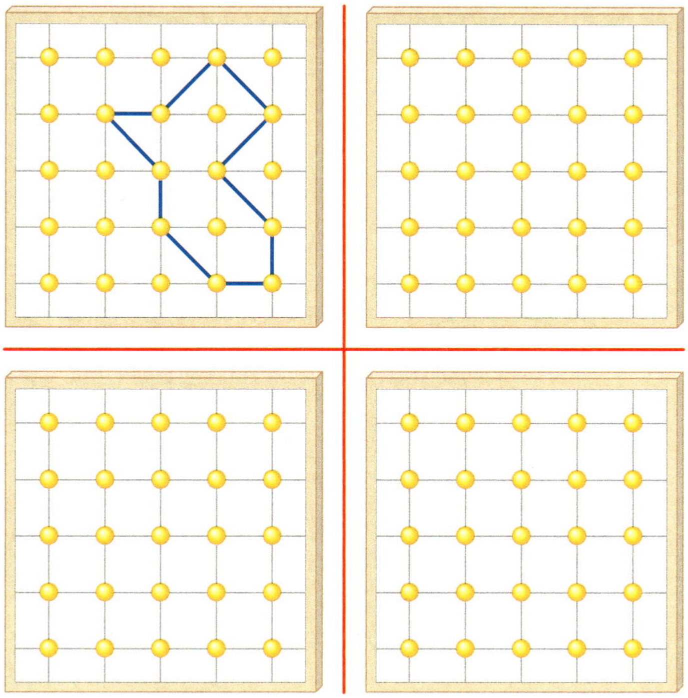

8 Wie bei der Willibaldsburg in Eichstätt im Bild spiegelt sich das Märchenschloss in einem See direkt vor dem Schloss. Übertrage die Zeichnung in dein Heft und zeichne das Spiegelbild.

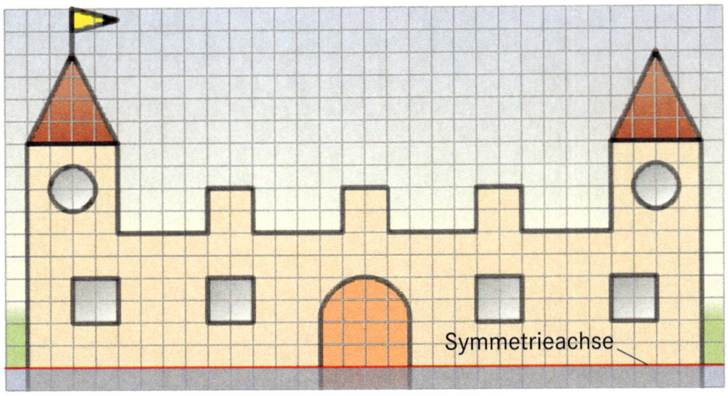

9 

Einige der Großbuchstaben in Blockschrift sind achsensymmetrisch. Schreibe sie auf und zeichne die Symmetrieachsen ein.
Es gibt Wörter, die achsensymmetrisch sind. Finde weitere Beispiele.

10 a) Aus einem gefalteten Papier kannst du durch zwei Schnitte einen Drachen ausschneiden. Beschreibe seine Eigenschaften.
b) Wie musst du schneiden, damit du eine Raute erhältst?
c) Zeichne jeweils zwei Drachen und zwei Rauten in dein Heft.

11 Übertrage die Figuren in dein Heft, benenne sie und zeichne alle Symmetrieachsen ein.

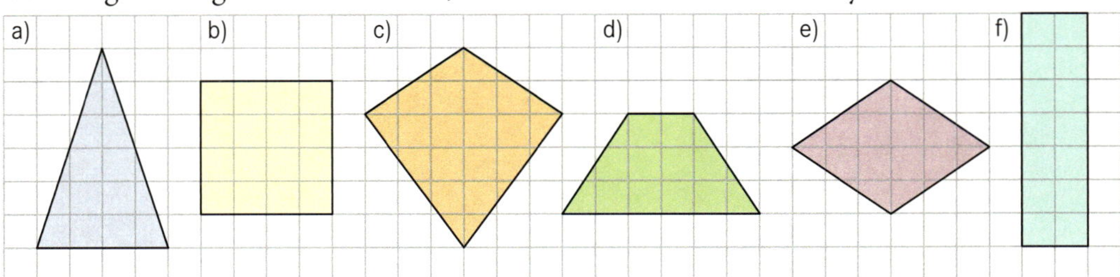

12 a) Zeichne ein Gitternetz und trage die folgenden Punkte ein: A (8 | 3), B (10 | 4), C (11 | 6), D (10 | 8), E (8 | 9), F (6 | 8), G (5 | 6), H (6 | 4).
b) Verbinde die Punkte in der Reihenfolge A, B, C, D, E, F, G, H und A zu einer Figur. Zeichne alle Symmetrieachsen der Figur rot ein.
Um welche Figur handelt es sich?

13 Zeichne die angegebenen Punkte in ein Gitternetz. Ergänze einen vierten Punkt so, dass ein achsensymmetrisches Viereck ABCD entsteht. Die Symmetrieachse soll dabei immer parallel zu einer Gitterachse verlaufen. Gib die Koordinaten des vierten Eckpunktes an.
a) A (1 | 5); B (3 | 2); D (3 | 8)
b) A (9 | 5); B (2 | 3); D (11 | 3)
c) A (1 | 3) ; B (10 | 3); C (8 | 6)
d) A (5 | 0); B (10 | 4); C (5 | 6)

14

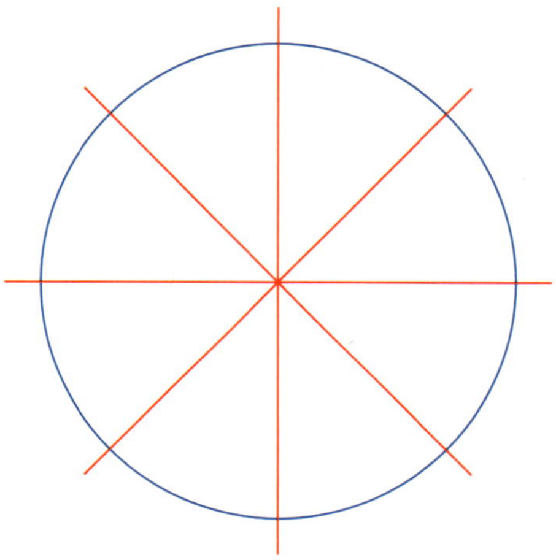

15 a) Beschreibe anhand der Abbildung, wie du mit Hilfe des Zirkels ein Sechseck mit gleich langen Seiten (regelmäßiges Sechseck) zeichnen kannst.
b) Zeichne ein regelmäßiges Sechseck in einen Kreis mit dem Radius r = 3 cm (4 cm) ein. Wie viele Symmetrieachsen hat das Sechseck? Zeichne sie ein.
c) Mit Hilfe der Konstruktion in a) kannst du auch ein gleichseitiges Dreieck zeichnen.

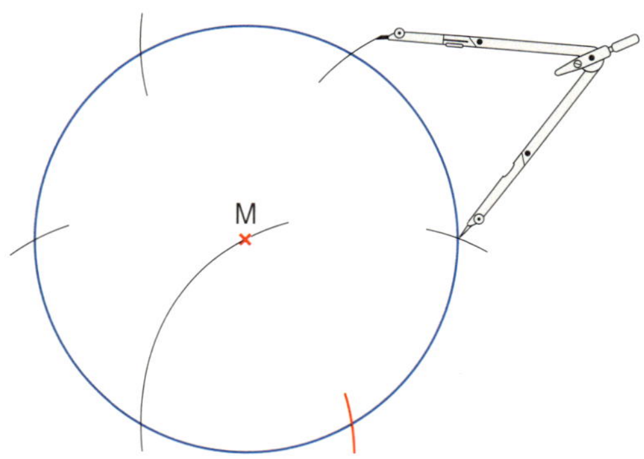

16 a) Zeichne ein Rechteck mit den Seitenlängen 4 cm und 7 cm und trage die Symmetrieachsen ein. Markiere die Seitenmittelpunkte und verbinde sie zu einem Seitenmittenviereck. Welche Form hat das Seitenmittenviereck? Vergleiche die Anzahl der Symmetrieachsen der Vierecke.
b) Untersuche bei weiteren dir bekannten Vierecksformen die Seitenmittenvierecke. Stimmt die Anzahl der Symmetrieachsen immer überein?

Hier stimmt doch etwas nicht!

1 *Pentominos*

Figuren, die man aus fünf Quadraten bilden kann, heißen Pentominos. Die Quadrate haben mindestens eine Seite gemeinsam. Unten siehst du sechs der insgesamt zwölf verschiedenen Pentominos.

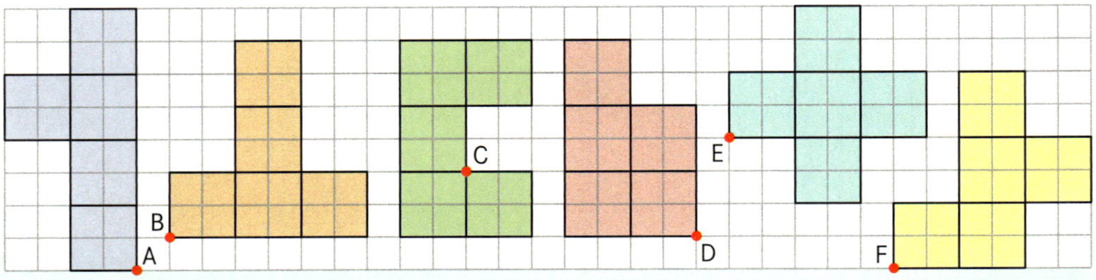

a) Zeichne die abgebildeten Pentominos auf ein Blatt und schneide sie aus.

b) Lege die Pentominos so, dass sie das rechts abgebildete Rechteck ohne Lücke ausfüllen. Tipp: Lege A auf (0|4). Gib die Koordinaten der Punkte B bis F an.

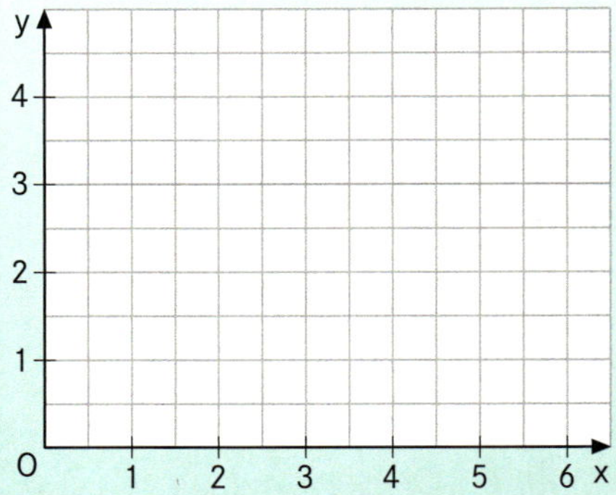

5 *Kreise*

a) Zeichne 3 Kreise mit 2 cm, 3 cm und 4 cm Radius, die sich jeweils in einem Punkt berühren (es reicht, wenn du eine mögliche Lösung findest).

b) Übertrage die Muster auf ein Blatt. Verwende dabei den doppelten Radius.

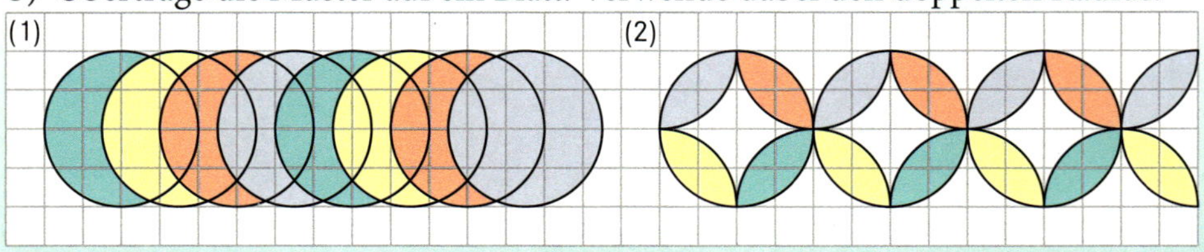

4 *Ein Spiel zu zweit*

- Zeichnet einen großen Kreis.
- Markiert nun abwechselnd auf dem Kreis 10 Punkte. (Jeder wählt eine Farbe.)
- Verbindet die 10 Punkte des Mitspielers – wiederum abwechselnd – durch Strecken.
- Die Schnittpunkte der Strecken ergeben Siegpunkte, wobei ein Schnitt mit einer andersfarbigen Linie doppelt zählt.
- Die Siegpunkte werden nach jedem „Zug" in einer Tabelle notiert. Gewonnen hat natürlich, wer die meisten Punkte gesammelt hat.

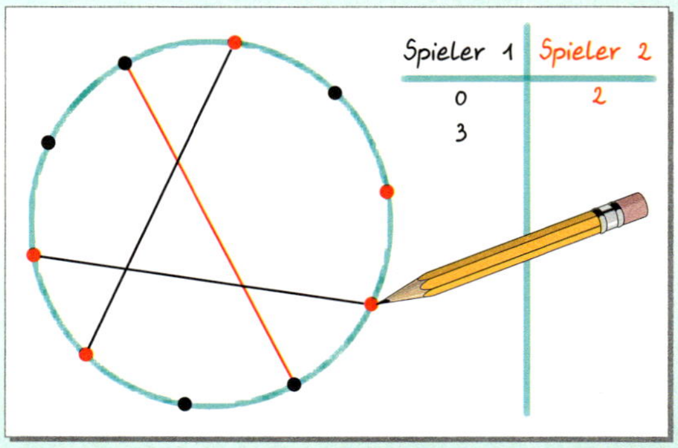

2 *Symmetrie*

Falte ein Blatt Papier zweimal genau in der Mitte. Anschließend schneidest du geometrische Figuren ab und faltest das Papier anschließend auf. (siehe Abbildung)

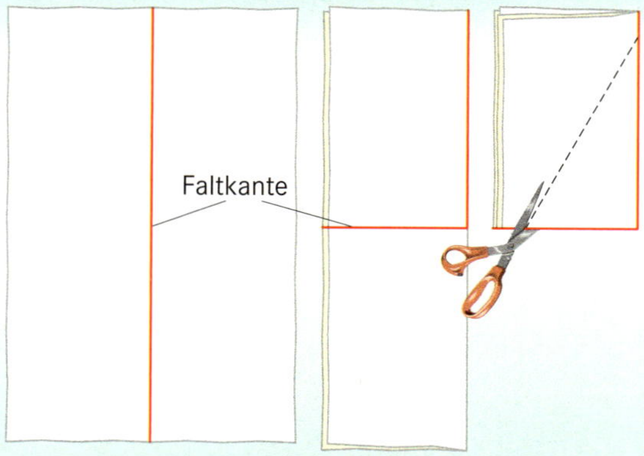

a) Welche geometrische Figur entsteht, wenn du ein Dreieck abschneidest?
b) Nimm ein neues Blatt Papier und schneide andere Figuren ab. Notiere jeweils, was du abschneidest und welche neue Figur nach dem Auffalten entsteht. Klebe die entstandenen Figuren in dein Heft.
c) Wie viele Symmetrieachsen haben alle Figuren, die du durch Falten und Abschneiden erhältst?
d) Welche Vierecksform wirst du so nicht erhalten? Begründe.

3 *Gitternetz*

Hier siehst du den Lageplan eines Grundstücks.

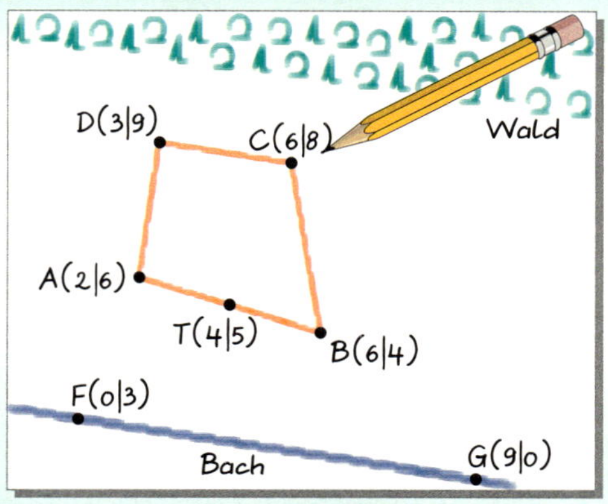

a) Zeichne das Grundstück mit dem Gartentor (T) und den Bach maßstabsgerecht (1 LE ≙ 10 m) in ein Gitternetz.
b) Vom Tor aus soll ein Weg senkrecht zum Bach führen. Zeichne ihn ein. Der Weg trifft den Bach im Punkt P. Gib die Koordinaten von P an.
c) Wie lang ist der Weg zum Bach?
d) Der Waldrand verläuft parallel zur Rückseite [CD] in 20 m Abstand. Markiere den Waldrand.
e) Im Grundstück werden an den Seiten [AD] und [BC] jeweils 5 m breite Streifen mit Büschen bepflanzt. Ergänze sie.
f) Die Zeichnung im Gitternetz stellt nur einen Ausschnitt dieser Gegend dar. Reicht der Waldrand irgendwo an den Bach, wenn beide in derselben Richtung weiter verlaufen? Begründe.

7 Terme – Gleichungen – Ungleichungen

Kennst du den Trick?

1 Mit Hölzchen (oder Stiften) kannst du Zäune bauen.
Du siehst hier Elemente eines „gekreuzten" Zauns.

1 Element	2 Elemente	3 Elemente
	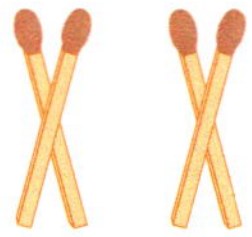	

a) Zeichne den Zaun mit vier und mit fünf Elementen. Wie viele Hölzchen brauchst du jeweils?

b) Welche Gesetzmäßigkeiten erkennst du, wenn du weiterbaust?

c)

Ergänze die Tabelle in deinem Heft

Anzahl x der Elemente	1	2	3	4	5	20	x
Anzahl der Hölzchen	$2 \cdot 1 = 2$	$2 \cdot 2 = 4$	$2 \cdot 3 = 6$				

d) Berechne, wie viele Hölzchen für einen Zaun mit 150 Elementen notwendig sind.

M

Variable

Term

Termwert

x, y, z, … bezeichnet man als **Platzhalter** oder **Variable.**
Rechenausdrücke wie 3 + 4 oder (39 – 15) + 9 aber auch $2 \cdot x$ oder y – 1 … bezeichnet man als **Terme.** Auch einzelne Zahlen und Variable kann man als Terme auffassen, z. B. x, 12, …
Setzt man in einen Term anstelle einer Variablen eine Zahl ein, so kann man den **Termwert** berechnen.
Beispiel:
Durch Einsetzen der Zahl 300 in den Term $2 \cdot x$ erhält man den Termwert $2 \cdot 300 = 600$.

Übungen

2 Übertrage die Tabelle in dein Heft. Ergänze die Termwerte.

	x	5	9	15	21	25	31	35	42
a)	$2 \cdot x$								
b)	$2 \cdot x + 1$								
c)	$100 - (85 - 2 \cdot x)$								

3 Der Zaun aus Aufgabe 1 wird in einer neuen Form gebaut.

1 Element	2 Elemente	3 Elemente

a) Lege einen Zaun mit vier und mit fünf Elementen. Wie viele Hölzchen brauchst du jeweils?
b) Versuche die Anzahl der Hölzchen für einen Zaun mit 20 Elementen anzugeben.
c) Simon und Julia untersuchen, wie man die Anzahl der Hölzchen für diesen Zaun mit x-beliebig vielen Elementen berechnen könnte.
Erkläre, wie Simon und Julia gedacht haben könnten.

Anzahl x der Elemente	1	2	3	4	5	20	x
Anzahl von Simon	2	$5 = 2 + 1 \cdot 3$	$8 = 2 + 2 \cdot 3$				
Anzahl von Julia	$2 = 1 \cdot 3 - 1$	$5 = 2 \cdot 3 - 1$	$8 = 3 \cdot 3 - 1$				

d) Nachfolgend findest du Terme zur Berechnung der Anzahl der Hölzchen.
Welcher dieser Terme passt zur zweiten Zeile der Tabelle, welcher zur dritten Zeile?
A $x \cdot 3 + 1$ **B** $x \cdot 3 - 1$ **C** $2 + (x - 1) \cdot 3$ **D** $2 + x \cdot 3$
e) Überprüfe, ob deine Rechnung in b) für einen Zaun mit 20 Elementen richtig war. Bestimme nun die Anzahl der Hölzchen für einen Zaun mit 45 Elementen.
f) Vergleiche für $x = 6$ (7, 8, 9) die Werte der folgenden Terme. Was stellst du fest?
(1) $x \cdot 3 - 1$ und $x \cdot 1 - 3$ (2) $x \cdot 3 - 1$ und $2 + (x - 1) \cdot 3$

4 Unten sind Elemente eines Quadratzauns abgebildet.

1 Element

2 Elemente

3 Elemente

Nadine, Manuel und Sophie haben Terme ermittelt, mit denen sie die Anzahl der Hölzchen für einen Zaun mit x-beliebig vielen Elementen berechnen wollen.
Nadine: $1 + 3 \cdot x$ Manuel: $4 \cdot x - 1$ Sophie: $4 + (x - 1) \cdot 3$
a) Entscheide wer Recht hat. Begründe deine Antwort.
b) Wie viele Hölzchen sind für einen Zaun mit 20 Elementen erforderlich?
c) Aus wie vielen Elementen besteht der Quadratzaun, wenn man 40 Hölzchen braucht?

5 Baue selbst Zäune. Lasse deinen Partner den passenden Term finden.

Ich denke mir eine zweistellige Zahl, vertausche die Einer- und Zehnerziffer, dividiere durch 3 und erhalte die Zahl 8.

1 a)

b)

2 Unten ist immer das gleiche Zahlenrätsel in vier verschiedenen Formen dargestellt: Text, Bild, Term, Tabelle.

<table>
<tr><td>Durch hintereinander folgende Aufträge kannst du ein Zahlenrätsel beschreiben.</td><td>Ein Zahlenrätsel kannst du nachspielen. Dazu versteckst du in einem Päckchen so viele Hölzchen, wie die gedachte Zahl angibt.</td><td>Die gedachte Zahl, die außer dir keiner kennt, tarnst du z. B. mit der Variablen x. Anschließend übersetzt du die Aufträge in Terme.</td><td>Einige Mitschüler haben ihre gedachten Zahlen in die Terme eingesetzt. Die Termwerte werden in Tabellen erfasst.</td></tr>
<tr><td>Text</td><td>Bild</td><td>Term</td><td>Tabelle</td></tr>
<tr><td>Denke dir eine x-beliebige Zahl.</td><td>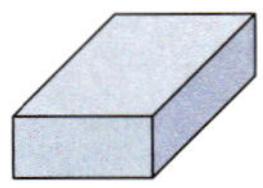</td><td>x</td><td><table><tr><td>x</td><td>4</td><td>5</td><td></td></tr></table></td></tr>
<tr><td>Verdopple die Zahl.</td><td></td><td>$2 \cdot x$</td><td><table><tr><td>x</td><td>4</td><td>5</td><td></td></tr><tr><td>$2 \cdot x$</td><td>8</td><td>10</td><td></td></tr></table></td></tr>
<tr><td>Addiere 6.</td><td>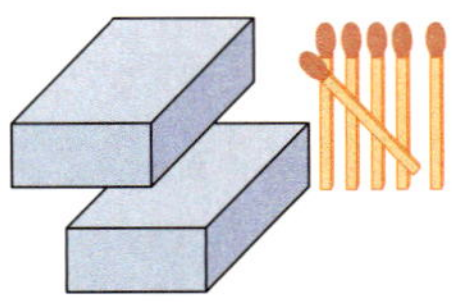</td><td>$2 \cdot x + 6$</td><td><table><tr><td>x</td><td>4</td><td>5</td><td></td></tr><tr><td></td><td>14</td><td>16</td><td></td></tr></table></td></tr>
<tr><td>Halbiere das Ergebnis.</td><td>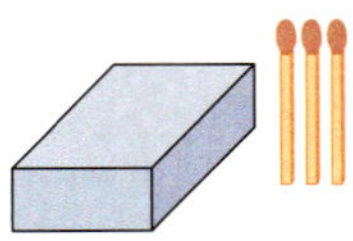</td><td>$(2 \cdot x + 6) : 2$
oder
$x + 3$</td><td><table><tr><td>x</td><td>4</td><td>5</td><td></td></tr><tr><td></td><td>7</td><td>8</td><td>15</td></tr></table></td></tr>
<tr><td>Subtrahiere die gedachte Zahl.</td><td></td><td>$(2 \cdot x + 6): 2 - x$
oder
3</td><td><table><tr><td>x</td><td>4</td><td>5</td><td></td></tr><tr><td></td><td>3</td><td>3</td><td>3</td></tr></table></td></tr>
</table>

Achtung:
In jedem Päckchen musst du **gleich viele** Hölzchen verstecken.

a) Spiele das Rätsel nach. Begründe das überraschende Ergebnis.
b) Erkläre die aufgelisteten Terme und die Termwerte in den Tabellen.
c) Stefan hat bei der vierten Tabelle den orange markierten Termwert 15 erhalten. Welche Zahl hat er sich gedacht?
Finde nun die fehlenden Zahlen in den Tabellen.

3 Ein Zahlenrätsel kann durch einen Text, ein Bild, einen Term oder eine Tabelle dargestellt werden. Im Folgenden sind vier verschiedene Zahlenrätsel (1), (2), (3) und (4) in einer der vier Darstellungsformen gegeben.

a) Ergänze jeweils die anderen Darstellungsformen in deinem Heft, z. B. Nr. (1) durch Term, Bild und Tabelle usw.

(1)

Text
Denke dir eine x-beliebige Zahl.
Verdreifache die Zahl.
Addiere sechs.
Dividiere das Ergebnis durch 3.

(2)

Term
x
x + 5
(x + 5)· 2
(x + 5) · 2 − 10
x

Anstelle der Päckchen kannst du einfach Rechtecke zeichnen.

(3) Bild

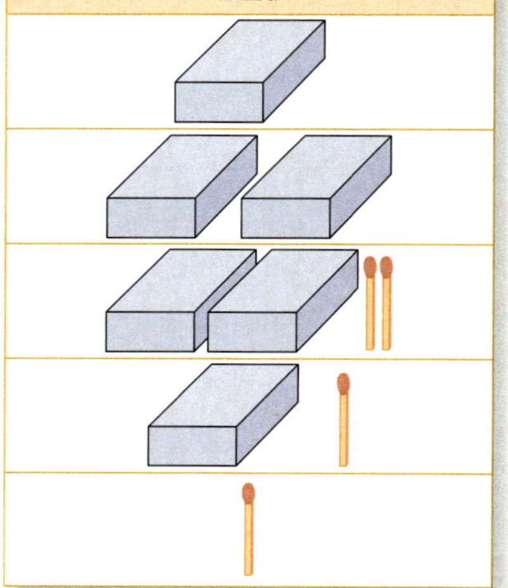

(4) Tabelle

x	3	4	5	6

x	3	4	5	6
	7	8	9	

x	3	4	5	6
	14	16	18	

x	3	4	5	6
	8	8	8	

b) In der Darstellung 1 ist das Ergebnis 21. Wie heißt die gedachte Zahl?

c) Wie viele Hölzchen hat Anna in der Darstellung (2) am Anfang in ihrem Päckchen versteckt, wenn sie am Schluss insgesamt 16 Hölzchen hat?

d) Simon behauptet: „In der Darstellung (3) habe ich am Schluss genau ein Hölzchen.“ Wie kommt er dazu?

e) In der Darstellung (4) hat jeder am Schluss den Termwert 8. Welche Aussage kannst du über die Zahl machen, die sich in diesem Rätsel jemand gedacht hat?

4 Wir untersuchen folgende Terme:

(1) $x + 119 - 19$ (2) $3 \cdot x - x - x$ (3) $119 + x - 19 - x$

a) Setze einige Zahlen für x in den Term ein und berechne anschließend den Wert des Terms. Was stellst du fest?

b) Zu welchem der in a) gegebenen Terme passt das Rätsel von Sophie?
Schreibe zu den beiden anderen Termen jeweils ein Zahlenrätsel.

1

Oben sind zwei Zahlenrätsel gegeben.
a) Welche Darstellungsformen gehören zu demselben Zahlenrätsel?
b) Erkläre, wie du jeweils mit Hilfe des Bildes, der Tabelle und der Gleichung die gesuchte Zahl findest.

M

Gleichung

Grundmenge

Lösungsmenge

Ein Zahlenrätsel kann man durch eine **Gleichung** darstellen.
Eine Gleichung besteht aus zwei Termen, die man mit dem Zeichen = verbindet.

Beispiele: $\mathbf{x + 12 + 5 = 21;}$ $\mathbf{x - (24 - 11) = 121 + 6;}$ $\mathbf{x = 300;}$ $\mathbf{3 \cdot x = 21;}$ **…**

Die Menge aller Zahlen, die man für die Variable in einer Gleichung einsetzen kann, bezeichnet man als **Grundmenge** $\mathbb{G}$, z. B. $\mathbb{G} = \{0; 1; 2; 3; 4; 5\}$
Die Zahlen aus $\mathbb{G}$, die beim Einsetzen in die Gleichung zu wahren Aussagen führen, d. h. die die Gleichung erfüllen, bilden die **Lösungsmenge** $\mathbb{L}$.

2 So kannst du eine Gleichung lösen.

B

Gleichung: $x + (25 - 7) = 12 + 21$ $\quad \mathbb{G} = \mathbb{N}_0$
Vereinfachen: $x + 18 = 33$

Einsetzen von Zahlen aus $\mathbb{G} = \mathbb{N}_0$

$6 + 18 = 33$ falsch
$10 + 18 = 33$ falsch
$15 + 18 = 33$ wahr
$16 + 18 = 33$ falsch

oder Umkehrung der Rechenschritte

$x = 33 - 18$
$x = 15$
Probe: $15 + (25 - 7) = 12 + 21$
$15 + 18 = 33$
$33 = 33$ wahr

Lösungsmenge: $\mathbb{L} = \{15\}$

a) $x + 15 = 150$ b) $x - 15 = 150$ c) $x \cdot 15 = 150$ d) $x : 15 = 150$

3 a) Welche Gleichung beschreibt das Rätsel auf Seite 134? Löse die Gleichung.
A $26 \cdot 9 + x + x = 296$ **B** $26 \cdot 9 + x - x = 296$
C $26 \cdot 9 + x + 26 = 296$ **D** $26 \cdot 9 + x - 26 = 296$
b) Finde die Schuhgröße, wenn das Datum der 15. und das Ergebnis 190 ist.

Übungen

4 Bestimme die Lösungen der Gleichungen in $\mathbb{G} = \mathbb{N}_0$. Schreibe jeweils bei zwei der Aufgaben a)–d) ein passendes Zahlenrätsel.

a)	b)	c)	d)
$x - 35 = 70$	$x + 15 = 105$	$3^2 + x = 36$	$(4^2 + 4) + x = 128$
$x + 35 = 70$	$x - 15 = 105$	$x - 3^2 = 36$	$x - (4^2 - 4) = 128$
$x \cdot 35 = 70$	$x \cdot 15 = 105$	$x \cdot 3^2 = 36$	$x \cdot (4^2 \cdot 4) = 128$
$x : 35 = 70$	$x : 15 = 105$	$x : 3^2 = 36$	$x : (4^2 : 4) = 128$

5 Löse in $\mathbb{G} = \mathbb{N}_0$. Welche Gesetzmäßigkeiten erkennst du? Ergänze bei jeder Aufgabe die vierte Zeile.

a)	b)	c)	d)
$6 - x = 2$	$6 - x = 4$	$6 - x = 3$	$6 - x = 5$
$60 - x = 2$	$60 - x = 40$	$16 - x = 3$	$16 - x = 15$
$600 - x = 2$	$600 - x = 400$	$26 - x = 3$	$116 - x = 115$

6 Finde zu jeder Aufgabe die vierte Zeile. Löse in $\mathbb{G} = \mathbb{N}_0$.
Schreibe jeweils bei einer der Aufgaben a)–d) ein passendes Zahlenrätsel.

a)	b)	c)	d)
$4 \cdot x = 960$	$x \cdot 6 = 120$	$18 : x = 3$	$18 : x = 3$
$8 \cdot x = 960$	$x \cdot 12 = 240$	$180 : x = 3$	$180 : x = 30$
$16 \cdot x = 960$	$x \cdot 24 = 480$	$1800 : x = 3$	$1800 : x = 300$

7 Ermittle die Lösung der Gleichungen in $\mathbb{G} = \mathbb{N}_0$.

a) $8 - x = 5$
b) $43 - x = 13$
c) $12 - x = 3^2$
d) $234\,678 - x = 12\,334$
e) $234\,678 + x = 237\,234$
f) $2^5 \cdot 150 - x = 1230$
g) $456 \cdot 125 - x = 32\,337$
h) $(123 - 11^2) \cdot 569 - x = 457$
i) $(34^2 - 67) : 33 - x = 25$
k) $46\,644 : 52 + 103 - x = 49$
l) $(23^2 - 39) : 7 = 125 - x$
m) $456 + 234 = x + 17^2$

Beachte:
$6 : x = 2$
$x = 3$
denn $6 : 3 = 2$

8 Löse in $\mathbb{G} = \mathbb{N}_0$.

a) $10 : x = 2$
b) $39 : x = 3$
c) $(45 + 10) : x = 5$
d) $18\,528 : x = 32$
e) $556 \cdot x = 32\,248$
f) $123 + 24 = 2352 : x$
g) $789 \cdot x = 18\,112 + 35$
h) $x : 345 = 10\,005$
i) $x : (12^2 - 72) = 18$
k) $x : (14^2 - 672 : 4) = 14$
l) $x \cdot (45 + 55) = 0$
m) $x : 78 = 289 - 17^2$

Lösungen: 0, 0, 5, 7, 11, 13, 16, 23, 58, 392, 579, 1296, 3 451 725

9 Erstelle eine Gleichung und löse sie in $\mathbb{G} = \mathbb{N}_0$.

a) Dividiere eine Zahl durch 25. Das Ergebnis ist 167.
b) Subtrahiere von 789 eine Zahl. Du erhältst das Produkt aus 45 und 11.
c) Addiere zur Differenz aus 789 und 235 eine Zahl. Es ergibt sich 1234.
d) Multipliziere eine Zahl mit 45. Du erhältst die Summe aus 11 999 und 646.

10 In welche Behälter fallen die Kugeln in der Sortiermaschine?
Welche Kugeln bleiben übrig?

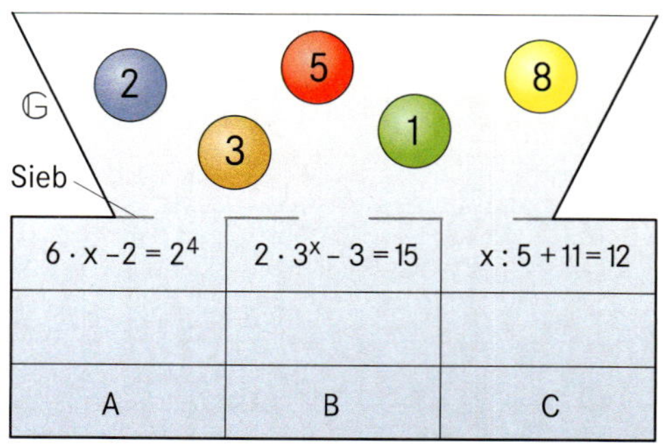

11 Finde die Lösung der Gleichung durch Probieren. $\mathbb{G} = \{5; 6; \ldots 12\}$

a) $5 \cdot x + 12 = 42$
b) $5 \cdot x - 12 = 43$
c) $7 \cdot x + 8 = 43$
d) $2^x - 1 = 63$
e) $6 \cdot x + 6 = 42$
f) $2^x + 1 = 33$
g) $12 \cdot x - 12 = 60$
h) $2^x + 2^x = 128$

1 Vater Holzmeier baut einen Sichtschutzzaun an der Front zur Straße. An der Innenseite pflanzt er später einmal Kletterpflanzen.
Herr Holzmeier möchte wissen, wie viele 18 cm breite Bretter er für ein Zaunfeld braucht. Sohn Maxi, der seinem Vater hilft, möchte zeigen, was er in Mathe schon alles kann.
So versucht Maxi, das Problem mit einer Gleichung zu lösen.

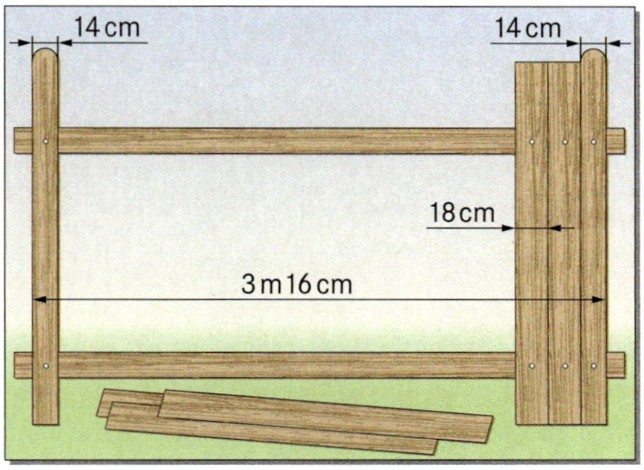

B

Anzahl der Bretter:	x
Breite von x Brettern:	$x \cdot 18$ *cm*
ergibt Breite des Zaunfeldes in cm:	$x \cdot 18\ cm = 316\ cm - 2 \cdot 14\ cm$

Da alle Größen in gleichen Maßeinheiten angegeben sind, kann man die Maßeinheiten weglassen. Man erhält dann eine Gleichung für die Maßzahlen.
$x \cdot 18 = 316 - 2 \cdot 14$; $\mathbb{G} = \mathbb{N}$

a) Führe die Rechnung zu Ende.
b) Berechne die Anzahl der Bretter pro Zaunfeld, wenn die Bretter nicht 18 cm, sondern nur 16 cm breit sind.
c) Berechne, wie viele 14 cm breite Bretter man pro Zaunfeld braucht, wenn sie wie in der Abbildung rechts dargestellt angebracht werden.

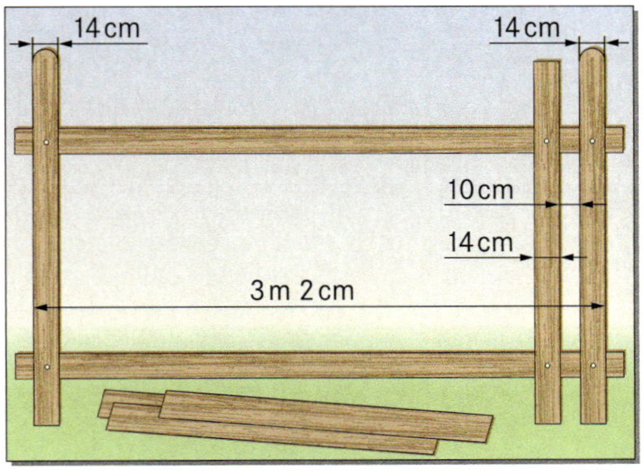

2 Frau Reininger kauft eine Waschmaschine für 552 €.
a) Folgendes Angebot macht der Verkäufer: „300 € Anzahlung sind sofort fällig. Der Rest ist in 6 gleichen Monatsraten zu begleichen.“
Wie hoch ist eine Rate? Löse mit Hilfe einer Gleichung.
b) Frau Reininger kann 200 € sofort aufbringen, aber monatlich höchstens 50 € zurückbezahlen. Welchen Vorschlag würdest du als Verkäufer machen?

3 Das Auto „ Bavaria“ kostet neu 12 000 €, wenn sofort bezahlt wird.
Erstelle jeweils passende Gleichungen und löse.
a) Herr Meier will das Auto kaufen, aber den Betrag in 24 gleichen Monatsraten abbezahlen. Insgesamt kostet dann das Auto 600 € mehr.
b) Herr Maier könnte 3000 € Anzahlung leisten und den Rest in 24 Monatsraten bezahlen. Das Auto würde nun noch 480 € mehr kosten.
c) Finde weitere mögliche Zahlungsbedingungen. Stelle dazu auch Gleichungen auf und löse sie.

4 Finde für die Maßzahlengleichung $2 \cdot x = 12 - 2 \cdot 3$ eine passende Textaufgabe.

1

Martin schreibt folgende Gleichung für das Zahlenrätsel:

gedachte Zahl:	x
3 · 10 addieren:	x + 3 · 10
ergibt 30 + x:	x + 3 · 10 = 30 + x

Martin löst so:

x + 3 · 10 = 30 + x; $\mathbb{G} = \mathbb{N}_0$
x + 30 = 30 + x
x = 10
$\mathbb{L}$ = { 10 }
Probe: 10 + 30 = 30 + 10 w

Wir testen dies, in dem wir nacheinander Zahlen aus der Grundmenge $\mathbb{G} = \mathbb{N}_0$ in die Gleichung
x + 3 · 10 = 30 + x einsetzen.
0 + 30 = 30 + 0 w
1 + 30 = 30 + 1 w
2 + 30 = 30 + 2 w
…

Susi hat Recht. Alle natürlichen Zahlen sind Lösung der Gleichung.
$\mathbb{L} = \{0; 1; 2; 3; \ldots\} = \mathbb{N}_0 = \mathbb{G}$

allgemeingültig

M Die Lösungsmenge $\mathbb{L}$ der Gleichung stimmt mit der Grundmenge $\mathbb{G}$ überein.
Man sagt: Die Gleichung ist **allgemeingültig** in der Grundmenge $\mathbb{G}$.

2

Katharina schreibt:

gedachte Zahl:	x
zu 26 addieren:	26 + x
Zahl subtrahieren:	26 + x − x
ergibt 14:	26 + x − x = 14

Wir überprüfen:
26 + x − x = 14; $\mathbb{G} = \mathbb{N}_0$
26 + 0 − 0 = 14 f
26 + 1 − 1 = 14 f
26 + 2 − 2 = 14 f

nicht erfüllbar

Leere Menge

M Keine Zahl aus $\mathbb{G} = \mathbb{N}_0$ erfüllt die Gleichung.
Man sagt: Die Gleichung ist in der Grundmenge $\mathbb{G}$ **nicht erfüllbar.**
Die Lösungsmenge ist die **leere Menge.** Man schreibt: $\mathbb{L} = \emptyset$

Übung

3 Löse in $\mathbb{G} = \mathbb{N}_0$.
a) x − 17 = 3 b) 17 + x = 3 c) x + 17 = 23 − 6 d) 3 · 8 − x + x = 4 · 6
e) 15 − x = 22 f) x · 0 = 0 g) x · (34 : 17) = 28 · 0 h) (25 − 2) − x = 72 : 3

1 Die Aufgabe 1 von Seite 141 kann Maxi auch mit einem Tabellenkalkulationsprogramm lösen:

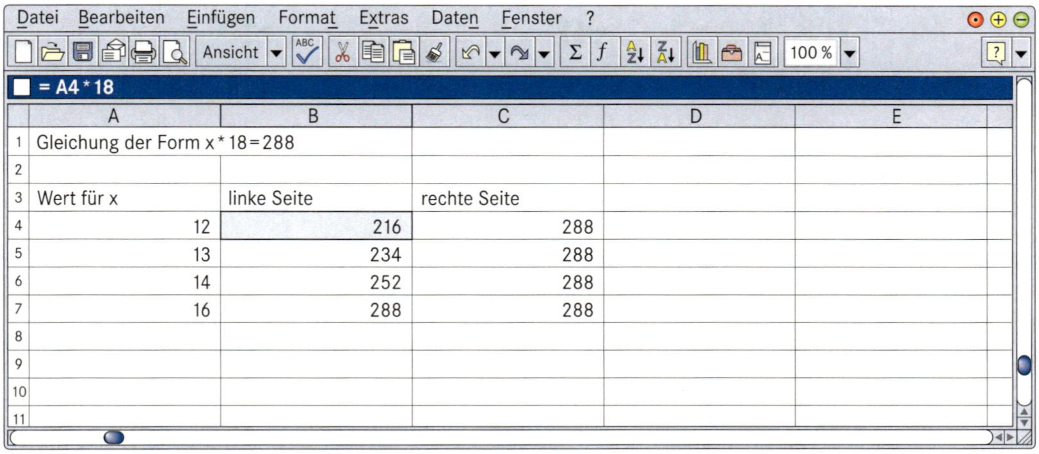

	A	B	C	D	E
1	Gleichung der Form x * 18 = 288				
2					
3	Wert für x	linke Seite	rechte Seite		
4	12	216	288		
5	13	234	288		
6	14	252	288		
7	16	288	288		
8					
9					
10					
11					

Die Gleichung $x \cdot 18 = 288$ ist wahr für $x = 16$.

Suche wie oben mit Hilfe eines Tabellenkalkulationsprogrammes Lösungen zu folgenden Gleichungen.

a)

Gleichung der Form $156 - x = 64$		
Wert für x	linke Seite	rechte Seite
80	76	64
84		
88		
92		

b)

Gleichung der Form $336 : x = 24$		
Wert für x	linke Seite	rechte Seite
6	56	24
8		
12		
14		

2 Christian löst Gleichungen am Computer mit Hilfe der Tabellenkalkulation. Wenn er die Lösung gefunden hat, hört er auf. Leider hat Christian die Gleichungen nicht vollständig geschrieben. Wie heißen die Gleichungen vollständig?

a)

Wert für x	Gleichung der Form $x \cdot 5 = \square$	w/f
10	50	f
13	65	f
15	75	f
17	85	w

b)

Wert für x	Gleichung der Form $x \cdot \square = \square$	w/f
1	9	f
10	90	f
11	99	f
12	108	w

Übertrage die Punkte in dein Heft. Zeichne einen Streckenzug, der durch alle Punkte geht.
Der Streckenzug soll jedoch nur aus vier Einzelstrecken bestehen.

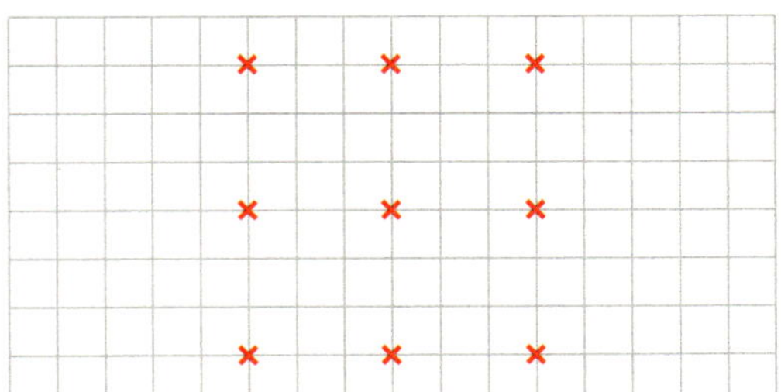

1 Michael möchte sich im nächsten Winter ein Snowboard kaufen. Er weiß, dass er für ein gutes Snowboard mehr als 200 € hinlegen muss. 72 € hat Michael bereits gespart. Maximal kann er im Monat 20 € zurücklegen.
Wie viel *ganze Euro* muss Michael im Monat mindestens sparen, wenn er das Geld für das Snowboard nach acht Monaten zur Verfügung haben will?

Michael stellt folgende Rechnung auf:

Mindestens zu sparender Betrag in €:	200 − 72 = 128
Sparrate pro Monat in €:	x
Betrag in 8 Monaten in €:	8 · x
Der Betrag in € ist größer als 128:	8 · x > 128

Michael kann maximal 20 € sparen. Also $\mathbb{G} = \{1; 2; \dots 20\}$

Für die Maßzahlen (ohne Maßeinheiten) gilt: $\mathbf{8 \cdot x > 128}$ $\quad \mathbb{G} = \{1; 2; 3; \dots 20\}$

Michael probiert durch Einsetzen zu lösen. Er schätzt, dass er pro Monat mindestens 15 € sparen muss.
Deshalb startet er mit x = 15.

$8 \cdot 15 > 128$
$120 > 128$ f

$8 \cdot 16 > 128$
$128 > 128$ f

$8 \cdot 17 > 128$ w
$136 > 128$ w

$8 \cdot 18 > 128$ w

$\mathbb{L} = \{17; 18; 19; 20\}$

Seine ältere Schwester Vroni löst die Aufgabe mit der Umkehrrechnung.

$8 \cdot x > 128 \qquad \mathbb{G} = \{1, 2, \dots; 20\}$
$x > 128 : 8$
$x > 16$

$\mathbb{L} = \{17; 18; 19; 20\}$

Vroni erklärt Michael die Rechnung:

„Für das Snowboard musst du in 8 Monaten mehr als 128 € sparen. Somit musst du in einem Monat mehr als 16 € beiseite legen."

Antwort: Michael muss mindestens 17 € pro Monat sparen.

M

Ungleichung

Verbindet man zwei Terme durch eines der Zeichen < oder >, so erhält man eine **Ungleichung,** z. B.: $8 \cdot x > 128$; ▭ > 12; $6 \cdot y < 18$.

Lösungsmenge
Teilmenge

Alle Zahlen aus der Grundmenge $\mathbb{G}$, die beim Einsetzen in die Ungleichung zu einer wahren Aussage führen, sind **Lösungen** der Ungleichung. Die Menge dieser Zahlen bildet die **Lösungsmenge** $\mathbb{L}$. Die Lösungsmenge $\mathbb{L}$ ist eine **Teilmenge** der Grundmenge $\mathbb{G}$. *Schreibe:* $\mathbb{L} \subseteq \mathbb{G}$

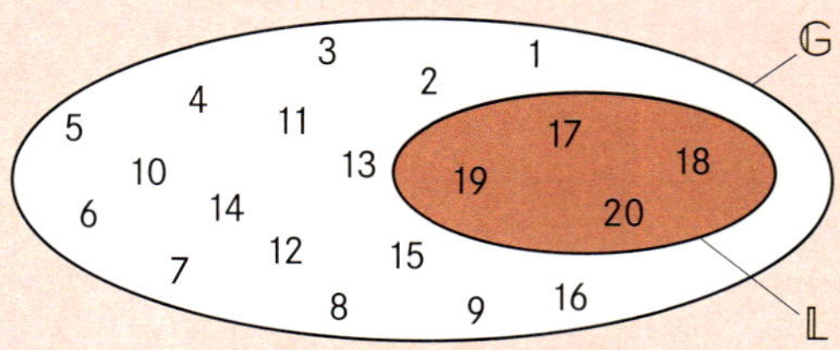

$\mathbb{L} = \{17; 18; 19; 20\}$

Darstellung der Lösungsmenge $\mathbb{L}$ auf der Zahlenhalbgeraden

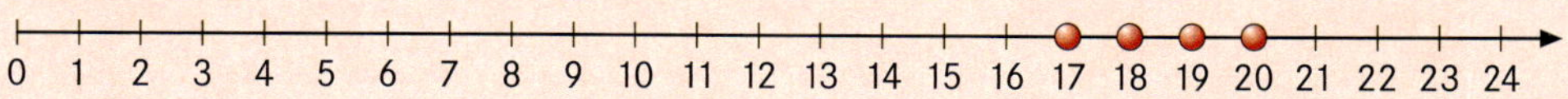

Übungen

2 Bestimme die Lösungsmenge.

	Ungleichung	Grundmenge $\mathbb{G}$
a)	$x + 17 < 23$	$\mathbb{N}$
b)	$x - 12 > 3$	$\{15; 16; \ldots 20\}$
c)	$23 - x < 6 \cdot 3$	$\mathbb{N}$
d)	$504 : x > 169$	$\{1; 2; 3\}$

	Ungleichung	Grundmenge $\mathbb{G}$
e)	$13 \cdot x > 104 : 8 + 26$	$\mathbb{N}$
f)	$x : 5 < 5 \cdot 25 + 25$	$\{150; 175; 200; \ldots\}$
g)	$x \cdot 3 > (197 - 177) \cdot 7$	$\{7; 8; \ldots 11\}$
h)	$x \cdot (27 : 9) > 33$	$\{3; 6; 9; \ldots 30\}$

3 Die Lösung der Ungleichung ist auf einem Ausschnitt der Zahlenhalbgeraden dargestellt. Gib die passende Ungleichung an. $\mathbb{G} = \{1; 2; \ldots; 8\}$

a) 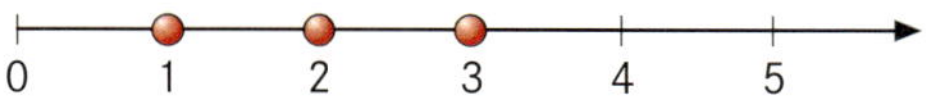

A $21 - x > 17$
B $6 \cdot x > 24 - (13 - 39 : 3)$
C $x + 22 : 2 > 15$

b) 

A $28 - x < 23$
B $3 \cdot x > 23 - (112 + 9) : 11$
C $(75 - 23) : 4 > 14 - x$

4 Erstelle eine passende Ungleichung und löse sie. $\mathbb{G} = \mathbb{N}_0$

x ist **mindestens** 7	Das heißt: x ist gleich 7 oder x ist größer als 7 Man schreibt: $x \geqq 7$
x ist **höchstens** 7	Das heißt: x ist gleich 7 oder x ist kleiner als 7 Man schreibt: $x \leqq 7$

a) Wenn man zu einer Zahl 12 addiert, so ist das Ergebnis mindestens 112 .
b) Wenn man von einer Zahl 18 subtrahiert, so ist das Ergebnis höchstens 9.
c) Subtrahiere von einer Zahl die Zahl 87. Das Ergebnis ist mindestens 23.
d) Dividiere 64 durch eine Zahl. Das Ergebnis ist höchstens 4.

5 Das Geschäft *Radl Sepp* bezieht vom Hersteller 150 Fahrräder der Marke *Tritt und Fahr*.
Pro Fahrrad müssen 240 € bezahlt werden. Bis alle Räder verkauft sind, entstehen dem Geschäft *Radl Sepp* zusätzlich Kosten von x € für Strom, Heizung, Personal usw.

a) Damit das Geschäft weder einen Gewinn noch einen Verlust macht, müssen alle 150 Fahrräder für 360 € verkauft werden. Wie hoch werden die zusätzlichen Kosten angesetzt? Welche Gleichung passt?
A $240 \cdot x = 150 \cdot 360$ **B** $240 \cdot 150 + x = 360 \cdot 150$ **C** $(360 - 240) \cdot 150 = x$
b) Mit dem Verkauf der 150 Fahrräder möchte *Radl Sepp* einen Gewinn von über 12 000 € machen. Dazu müssen mindestens y € auf den Preis von 360 € aufgeschlagen werden. Ermittle den Preis, der mindestens zusätzlich erforderlich ist.
A $y > 1200 : 360$ **B** $y \cdot 150 > 12\,000$ **C** $y + 12\,000 > 360 \cdot 150$
c) Erfinde eine weitere Aufgabe, die mit dem Geschäft *Radl Sepp* und einer Ungleichung zu tun haben könnte. Löse sie.

8 Teilbarkeit

Man erzählt sich die schöne, aber fast unglaubliche Geschichte von einem Herrscher, der ein Gefängnis mit 100 Zellen und 100 Wächtern hatte. Täglich entließ der Herrscher einen Teil der Gefangenen nach folgender Methode:
Die Wärter gingen von Tür zu Tür und machten Kreuze. Der erste machte an jeder Tür ein Kreuz, der zweite an jeder zweiten, beginnend bei der zweiten Tür, der dritte an jeder dritten Tür usw. Anschließend ließ er alle Gefangenen frei, an deren Tür genau zwei Kreuze waren. Alle anderen durften sich neue Zellen aussuchen. Welche Zellennummern würdest du den Gefangenen empfehlen?
Hinweis: Erstelle eine Liste der Zellennummern und streiche ab.

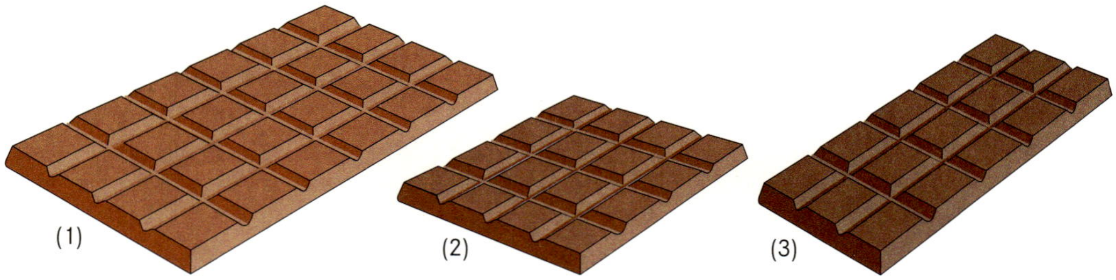
(1) (2) (3)

1 Unter den Geschwistern Anna, Maxi und Sophie gibt es immer wieder Streit beim Aufteilen einer Tafel Schokolade.
a) Welche der drei Tafeln können gerecht geteilt werden? Begründe.
b) Klappt das auch noch, wenn die Mutter mit isst?
c) In einer Tüte sind Pralinen. Unter den drei Geschwistern können sie nicht gerecht aufgeteilt werden. Es funktioniert auch nicht, wenn Freund Stefan oder die Eltern mitessen.

2 Viele Zahlen lassen sich durch eine andere Zahl ohne Rest teilen und umgekehrt als Produkt darstellen. Die einzelnen Faktoren nennt man Teiler der Zahl. Ganz einfach lässt sich jede Zahl als Produkt aus 1 und der Zahl selbst schreiben. Sie sind allerdings unechte Teiler. Ergänze in deinem Heft die Tabelle und setze sie fort mit den Zahlen 16, 18, 24, 30. Was fällt dir auf?

Zahl	6	7	8	9	10	11	12
echte Teiler	2, 3	■	■	■	■	■	2, 3, 4, 6
unechte Teiler	1, 6	■	■	■	■	■	■

M

Vielfaches

Teiler

12 : 4 = 3
12 ist durch 4 teilbar.
4 ist ein **Teiler** von 12.

Schreibe: **4 | 12**
Lies: 4 teilt 12

4 → ist Teiler von → 12
12 → ist Vielfaches von → 4

12 = 3 · 4
12 ist ein **Vielfaches** von 4.

12 ist nicht durch 5 teilbar. Beim Teilen bleibt ein Rest.
5 ist **nicht Teiler** von 12.

Schreibe: **5 ∤ 12**
Lies: 5 teilt nicht 12

12 ist **nicht Vielfaches** von 5.

Übungen

3 a) Sebastian hat alle neun Teiler von 36 gefunden. Welche sind es?
b) Findest du zehn Teiler von 48?

4 Schreibe zu den ersten drei Vielfachen einer Zahl die nächsten vier Vielfachen auf.
a) 8, 16, 24, … b) 13, 26, 39, … c) 16, 32, 48, … d) 24, 48, 72, …

5 Du findest jeweils ein Lösungswort.

	K	M	R	B	I	E	I	L	S	E	N
a) 48 ist ein Vielfaches von	36	12	10	96	480	8	16	5	4	24	100
b) 12 ist ein Teiler von	4	3	24	6	50	36	72	1	12	60	2
c) 30 ist ein Vielfaches von	10	60	5	8	90	15	6	4	2	120	150
d) 6 ist ein Teiler von	2	3	12	70	56	60	30	76	48	16	46
e) 16 ist ein Vielfaches von	32	40	16	48	1	2	160	100	4	8	60
f) 24 ist ein Teiler von	3	8	2	6	12	48	72	12	24	60	4

1 In Aufgabe 2 auf der vorigen Seite hast du alle Teiler einiger Zahlen gefunden. Diese fasst man als Teilermenge zusammen. Zum Beispiel bilden die Teiler von 18 die Teilermenge {1; 2; 3; 6; 9; 18}
a) Schreibe die Teilermengen von 24 (48; 72) in dein Heft.
b) Welche Zahl gehört zu der Teilermenge {1; 3; 5; 15}, welche zu {1; 2; 4; 5; 10; 20}?

2 Wie heißen die ersten zehn Vielfachen der Zahl 9 (13, 25, 60)?

M

Teilermenge

Vielfachenmenge

Alle Teiler einer Zahl bilden ihre **Teilermenge.**
$T_{20} = \{1; 2; 4; 5; 10; 20\}$

Alle Vielfachen einer Zahl bilden ihre **Vielfachenmenge.**
$V_8 = \{8; 16; 24; 32; \dots\}$

Übungen

3 Bilde folgende Teilermengen.
a) T_{18} b) T_{24} c) T_{28} d) T_{32} e) T_{40} f) T_{42} g) T_{45} h) T_{50} i) T_{70}

4 Schreibe die Vielfachenmenge auf. Gib die ersten sechs Elemente an.
a) V_7 b) V_{11} c) V_{15} d) V_{21} e) V_{25} f) V_{30} g) V_{110}

5 Einige Teilermengen sind falsch angegeben. Suche sie heraus und schreibe sie richtig in dein Heft.
a) $T_{24} = \{1; 2; 3; 6; 8; 12; 24\}$
$T_{36} = \{1; 2; 3; 4; 9; 12; 18; 36\}$
$T_{50} = \{1; 2; 5; 10; 25\}$
b) $T_{30} = \{2; 3; 5; 6; 10; 30\}$
$T_{42} = \{1; 2; 3; 6; 7; 14; 21; 42\}$
$T_{48} = \{1; 2; 3; 4; 6; 8; 12; 16; 24; 48\}$

6 Welche Zahlen fehlen hier? Schreibe die vollständige Teilermenge in dein Heft.
a) $T_{\square} = \{1; \square; 25\}$
$T_{\square} = \{1; 3; \square\}$
b) $T_{\square} = \{1; 2; 3; 4; \square; 12\}$
$T_{\square} = \{1; 2; 3; \square\}$
c) $T_{\square} = \{\square; 17\}$
$T_{\square} = \{\square; 5; 11; \square\}$

7 Wo ist die Menge aller Vielfachen richtig angegeben?
a) $V_{12} = \{12; 24; 36; 48; 60; \dots\}$
b) $V_{31} = \{31; 62; 63; 94; \dots\}$
c) $V_{20} = \{40; 60; 80; 100; 120; \dots\}$
d) $V_{11} = \{11; 22; 33; 44; 55\}$

8 Alle Teiler einer Zahl sind hier versteckt. Wie heißt die Zahl? Du erhältst ein Lösungswort.
a) 1 K | 28 E | 24 T | 2 L | 30 U | 6 M | 4 A | 12 R | 7 S | 14 S

b) 4 E | 40 S | 10 I | 50 U | 2 H | 6 T | 1 C | 30 K | 5 M | 20 E

So kannst du die Häuser nachzeichnen.

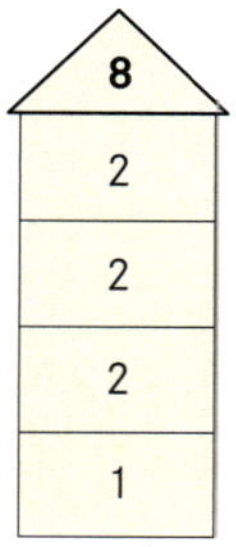

1 Im Bild sind zu den Zahlen 8, 9, 10, 11 und 12 in den Dächern die jeweiligen Stockwerke gezeichnet.

a) Erkläre, wie die Stockwerke entstanden sind.
b) Eines der Häuser ist falsch dargestellt. Zeichne dieses Haus richtig.
c) Zeichnet nun die fehlenden Häuser für die Zahlen von 1 bis 30. Ihr könnt dies auch auf die Klasse verteilen.
d) Gibt es besondere Häuser? Beschreibe ihre Eigenschaften.

Primzahlen

M Natürliche Zahlen, die nur durch 1 und sich selbst teilbar sind, heißen **Primzahlen**. Die Zahl 1 selbst ist aber keine Primzahl.

2 Die meisten Zahlen der Aufgabe 1 besitzen außer der Zahl 1 mehrere Faktoren, die sich nicht weiter zerlegen lassen. Sie heißen Primfaktoren.
So kannst du die Zahl 120 in Primfaktoren zerlegen.

B
$$\begin{aligned}\mathbf{120} &= 2 \cdot 60\\ &= 2 \cdot 2 \cdot 30\\ &= 2 \cdot 2 \cdot 2 \cdot 15\\ &= \mathbf{2 \cdot 2 \cdot 2 \cdot 3 \cdot 5}\\ &= \mathbf{2^3 \cdot 3 \cdot 5}\end{aligned}$$

Beginne mit einem kleinen Faktor. Der zweite Faktor wird immer kleiner und die Zerlegung einfacher.

a) 32, 80, 135, 136, 176
b) 188, 192, 208, 320, 400

Übungen

3 Welche der Zahlen sind bereits in Primfaktoren zerlegt? Führe bei den anderen Zahlen die Zerlegung zu Ende.

a) $36 = 2^2 \cdot 9$
$30 = 2 \cdot 3 \cdot 5$

b) $44 = 2^2 \cdot 11$
$56 = 7 \cdot 8$

c) $75 = 3 \cdot 25$
$48 = 2^4 \cdot 3$

d) $60 = 3 \cdot 4 \cdot 5$
$76 = 2^2 \cdot 19$

4 Die Primzahlen bis 100 kannst du leicht nach folgender Methode finden.
Lege eine übersichtliche Tabelle der Zahlen 1 bis 100 (Hundertertafel) an. Die Zahl 1 ist keine Primzahl und wird gestrichen. Die Zahl 2 ist Primzahl, aber nicht ihre Vielfachen. Also werden diese alle gestrichen. Verfahre ebenso mit 3 und ihren Vielfachen. Verwende jeweils für die Vielfachen einer neuen Zahl ein anderes Zeichen oder eine andere Farbe. Die ersten Schritte sind im Beispiel schon markiert.
Übertrage in dein Heft und setze fort.

Vergleiche mit der Aufgabe auf Seite 146. Was fällt dir auf?

G Dieses Verfahren wird dem griechischen Mathematiker **Eratosthenes** zugeschrieben, der von über 2200 Jahren lebte. Man nennt es deshalb auch **„Sieb des Eratosthenes“**

~~1~~	2	3	~~4~~	5	~~6~~	7	~~8~~	~~9~~	~~10~~
11	~~12~~	13	~~14~~	~~15~~	16	17	18	19	~~20~~
~~21~~	22	23	24	25	26	27	~~28~~	29	30
31	32	33	34	35	36	37	38	39	40
41	42	43	44	45	46	47	48	49	50

1

a) Welche der abgebildeten Zahlen sind durch 2 teilbar?
b) Woran erkennst du, ob eine Zahl durch 2 teilbar ist?
c) Welche der abgebildeten Zahlen sind durch 5 teilbar? Woran erkennst du die Teilbarkeit durch 5?

2 Auch die Teilbarkeit durch 4 kann man durch Überlegen finden.
a) *Begründe:* Alle Vielfachen von 100, also z. B. 200, 300, 500, 1700, … sind durch 4 teilbar.
b) Untersuche nun 136, 216, 540, 3418 und 5811. Finde eine Regel für die Teilbarkeit durch 4.

3 Schreibe alle Zahlen zwischen 31 und 41 auf, die teilbar sind
a) durch 2, aber nicht durch 5
b) durch 5, aber nicht durch 2
c) durch 2 und durch 5
d) durch 4 und durch 5
e) durch 4, aber nicht durch 5
f) weder durch 2 noch durch 5

M **Teilbarkeitsregeln**

Eine Zahl ist **durch 5 teilbar**, wenn die letzte Ziffer 0 oder 5 ist.
Eine Zahl ist **durch 2 teilbar**, wenn die Zahl gerade ist.
Eine Zahl ist **durch 4 teilbar**, wenn die beiden letzten Ziffern 0 sind oder eine durch 4 teilbare Zahl bilden.

Übungen

4 a) Finde für jede der folgenden Zahlen die nächstkleinere Zahl, die durch 5 teilbar ist:
423 7077 1024 4018 9079 1000 2225 10800
b) Gib zu jeder Zahl die nächstgrößere an, die durch 2 teilbar ist.

5 a) Welche Zahlen sind durch 4 teilbar? b) Welche Zahlen sind durch 25 teilbar?
Bei richtiger Lösung erhältst du die Namen von zwei europäischen Städten.

312	446	774	875	900	558	364	835	1300	3725	1950	4936
W	E	O	M	I	T	L	R	N	S	K	A

6 Schreibe fünf Zahlen auf, die man aus 238 durch Vertauschen der Ziffern bilden kann. Zwei dieser Zahlen sind durch 4 teilbar. Nenne sie.

7 Welche der Zahlen sind durch 2, aber nicht durch 4 teilbar?
Bei richtiger Lösung erhältst du den Namen eines großen europäischen Flusses.

36	226	100	142	714	1204	5000	3334	6775	9010	7390
S	T	A	H	E	O	U	M	N	S	E

(1)

Hat das Mädchen Recht? Überprüfe durch eine schriftliche Division.

(2) So kannst du feststellen, ob eine Zahl durch 9 teilbar ist.

B

Ist 387 teilbar durch 9? Ist 4215 teilbar durch 9?

1. Bilde die Quersumme.	3 + 8 + 7 = 18	4 + 2 + 1 + 5 = 12
2. Überprüfe, ob die Quersumme ohne Rest durch 9 teilbar ist.	18 : 9 = 2	12 : 9 = 1 + 3 : 9
3. Schreibe das Ergebnis auf.	387 **ist** teilbar durch 9	4215 **ist nicht** teilbar durch 9.

Mache die Probe, indem du die Beispielzahlen 387 und 4215 jeweils durch 9 teilst.

(3) Prüfe an einigen Zahlen, ob es auch für die Zahl 3 eine Quersummenregel gibt.

Quersummenregel

M

Eine Zahl ist **durch 9 teilbar,** wenn ihre Quersumme durch 9 teilbar ist.
Eine Zahl ist **durch 3 teilbar,** wenn ihre Quersumme durch 3 teilbar ist.

Übungen

(4) Welche Zahlen sind durch 3 teilbar? Sind diese auch durch 9 teilbar?
a) 123 828 457 5679 2637 6193
b) 8955 16 729 45 297 94 995 87 413

(5) Sarah hat fünf Fehler gemacht. Suche sie heraus und schreibe die Aussagen richtig in dein Heft. Die Kennbuchstaben ergeben, richtig zusammengesetzt, ein Lösungswort.

a)	b)	c)	d)
$3 \mid 555$ B	$9 \nmid 8808$ U	$3 \mid 2202$ K	$9 \mid 63981$ M
$3 \nmid 596$ L	$9 \mid 5436$ I	$9 \nmid 5409$ E	$3 \mid 77765$ S
$3 \mid 787$ N	$9 \nmid 1809$ A	$3 \mid 1004$ R	$9 \nmid 72802$ T

(6) Ein Händler verkauft auf dem Markt jeden Artikel für 3 €. Als er am Schluss seine Einnahmen zählt und feststellt, dass es 466 € sind, ist er überrascht. Warum kontrolliert er die Kasse noch einmal?

1 Sarah will in ihrer Klasse Schokolade verteilen. Sie hat verschiedene Tafeln.

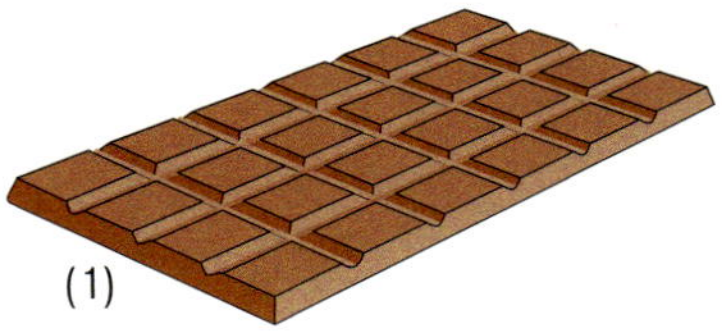
(1)

(2)

a) Auf wie viele Schüler höchstens kann sie die zwei abgebildeten Schokoladentafeln so verteilen, dass jeder von jeder Tafel gleich viele Stücke erhält?

b) Sarah möchte allen 16 Mädchen in ihrer Klasse Schokolade mitbringen. Sie wählt Tafel (1). Wie viele Tafeln braucht sie mindestens, damit jedes Mädchen gleich viel erhält?

2 In der Hundertertafel auf Seite 149 unten hast du die Vielfachen einiger Zahlen farbig markiert.

a) Suche die Vielfachen von 3 und 5 heraus. Notiere die gemeinsamen Vielfachen. Was kannst du über diese Zahlen aussagen?

b) Gib das kleinste gemeinsame Vielfache von 3 und 5 an.

c) Finde das kleinste gemeinsame Vielfache von 6 und 9 [von 7 und 13].

d) In der Liste findest du auch die Teiler von 16 und 24.

M

kgV

$V_{16} = \{16; 32; \underline{48}; 64; 80; 96; 112 \ldots\}$
$V_{24} = \{24; \underline{48}; 72; 96; 120; 144 \ldots\}$

Beide Vielfachenmengen haben die gemeinsamen Faktoren 48, 96, …
Das **kleinste gemeinsame Vielfache** ist 48.
Man schreibt **kgV(16, 24) = 48**

ggT

$T_{16} = \{1; 2; 4; \underline{8}; 16\}$
$T_{24} = \{1; 2; 4; 6; \underline{8}; 12; 24\}$

Beide Teilermengen haben die gemeinsamen Teiler 1, 2, 4 und 8.
Der **größte gemeinsame Teiler** ist 8.
Man schreibt **ggT(16, 24) = 8**

Übungen

3 Bestimme das kleinste gemeinsame Vielfache (kgV).

a) 30 und 5; 20 und 25
b) 7 und 8; 5 und 9
c) 16 und 24; 12 und 30
d) 15; 12 und 6; 14; 35 und 7
e) 12; 20 und 30; 4; 9 und 12

4 Bestimme im Kopf das kgV.

a) 2 und 5; 6 und 8
b) 11 und 4; 9 und 6
c) 10 und 12; 15 und 20
d) 33 und 22; 40 und 60
e) 4; 6 und 8; 8; 12 und 24

5 Ersetze den Platzhalter.

a) ggT (18, 20) = □; ggT (45, 60) = □
b) ggT (17, 21) = □; ggT (8, 42) = □
c) ggT (32, 48) = □; ggT (9, 35) = □
d) ggT (16, 20) = □; ggT (36, 48) = □

Lösungen: 1, 1, 2, 2, 4, 9, 12, 15, 16

6 Übertrage die Tabellen in dein Heft und bilde das kgV.

a)

kgV	4	10	15	12	11	20	25
6	□	□	□	□	□	□	□
15	□	□	□	□	□	□	□

b)

kgV	3	10	7	4	12	20	25
5	□	□	□	□	□	□	□
8	□	□	□	□	□	□	□

7 Der ggT oder das kgV sind gegeben. Finde passende Zahlen.

a) ggT(12, □) = 4; ggT(28, □) = 7
b) kgV(□, 12) = 48; kgV(5, □) = 30
c) ggT(24, □) = 12; ggT(□, 16) = 8
d) kgV(5, □) = 60; kgV(□, 9) = 72

(1) So kannst du den ggT und das kgV von 18, 54 und 90 mit Hilfe von **Primfaktoren** bestimmen.

(B)
Zerlege in Primfaktoren.

$18 = 2 \cdot 3 \cdot 3$
$54 = 2 \cdot 3 \cdot 3 \cdot 3$
$90 = 2 \cdot 3 \cdot 3 \cdot 5$

Der ggT ist das Produkt der in allen Zerlegungen gemeinsam auftretenden Primfaktoren.
ggT(18, 54, 90) = $2 \cdot 3 \cdot 3 = 18$

$18 = 2 \cdot 3 \cdot 3$
$54 = 2 \cdot 3 \cdot 3 \cdot 3$
$90 = 2 \cdot 3 \cdot 3 \cdot 5$

Das kgV ist das Produkt aller Primfaktoren, die in mindestens einer der Zahlen enthalten sind.
kgV(18, 54, 90) = $2 \cdot 3 \cdot 3 \cdot 3 \cdot 5 = 270$

Übungen

(2) Bestimme den ggT der beiden Zahlen.
a) 56 und 196; 96 und 216
b) 168 und 560; 200 und 500
c) 192 und 432; 392 und 560
d) 225 und 1350; 784 und 1568
e) 360 und 1080; 972 und 1458

Lösungen: 24, 28, 48, 56, 56, 100, 225, 784, 360, 486

(3) Gib jeweils den ggT zu der Primfaktorzerlegung zweier Zahlen an.
a) $2^3 \cdot 3^2 \cdot 5 \cdot 7^2$ und $2 \cdot 3^3 \cdot 5 \cdot 11$
b) $2 \cdot 5^3 \cdot 7 \cdot 13$ und $2^5 \cdot 3 \cdot 5^3 \cdot 7^2$

(4) Eine rechteckige Fläche ist 3,6 m lang und 4,2 m breit und soll in Quadrate geteilt werden.
a) Bestimme die Seitenlänge des größten Quadrates und gib die Anzahl der entstehenden Quadrate an.
b) Gib die Seitenlängen für zwei weitere Quadrate an, mit denen das Rechteck ausgelegt werden könnte.

(5) Bestimme das kgV der beiden Zahlen.
a) 80 und 100; 72 und 324
b) 192 und 144; 84 und 126
c) 120 und 450; 189 und 441
d) 400 und 720; 315 und 945
e) 180 und 1260; 1260 und 1800

Lösungen: 400, 648, 576, 252, 1800, 1323, 3600, 945, 1260, 12 600

(6) Gib jeweils das kgV zu der Primfaktorzerlegung zweier Zahlen an.
a) $2^3 \cdot 3^2 \cdot 5 \cdot 7^2$ und $2 \cdot 3^3 \cdot 5 \cdot 11$
b) $2 \cdot 5^3 \cdot 7 \cdot 13$ und $2^5 \cdot 3 \cdot 5^3 \cdot 7^2$

(7) Drei Riesenkängurus, von einem Flugzeug aufgeschreckt, hüpfen in großen Sprüngen davon. Nach welcher Entfernung sind ihre Fußabdrücke auf gleicher Linie, wenn ihre Sprungweiten 6 m, 10 m und 8 m betragen?

1 Suche die Primzahlen heraus. Bei jeder Aufgabe erhältst du ein Lösungswort.

a) 45 R, 39 M, 11 A, 31 U, 51 B, 23 P, 69 G, 19 E, 96 F, 47 S, 93 L

b) 75 C, 83 E, 61 T, 97 A, 57 H, 63 S, 79 F, 81 N, 59 L, 65 B

2 a) Resi hat jeweils acht quadratische Plättchen zu einem Rechteck zusammengelegt. Findest du eine weitere Möglichkeit? Begründe deine Antwort.

b) Wie viele verschiedene Rechtecke lassen sich aus 5 oder 11 Plättchen bilden?

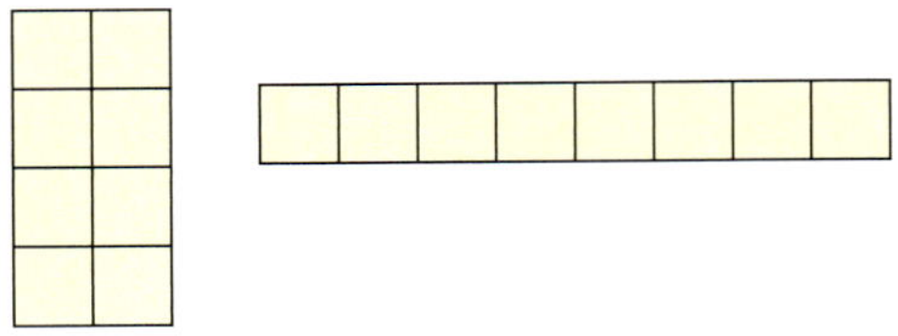

3 Welche Aussagen sind wahr? Begründe deine Antwort mithilfe von Zahlenbeispielen.

a) Es gibt Primzahlen, die unmittelbar aufeinanderfolgen.
b) Es gibt Primzahlen, zwischen denen nur eine natürliche Zahl steht.
c) Es gibt keine Primzahl, die als letzte Ziffer eine 9 hat.
d) Es gibt eine gerade Primzahl.
e) Nach jedem Vielfachen von 6 folgt immer eine Primzahl.
f) Zwischen 1 und 40 gibt es vier Vielfache von 6, die zwischen zwei Primzahlen stehen.

4 a) $\square = 3 \cdot 13 \cdot 17$; $1155 = 3 \cdot \square \cdot 7 \cdot 11$
b) $\square = 2^2 \cdot 11 \cdot 13$; $\square = 7 \cdot 17 \cdot 37$
c) $7315 = 5 \cdot 7 \cdot \square \cdot 19$; $\square = 3^2 \cdot 5 \cdot 23 \cdot 29$
d) $\square = 2 \cdot 11 \cdot 17 \cdot 41$; $16\,027 = 11 \cdot \square \cdot 47$

Lösungen: 5, 11, 30 015, 663, 4403, 572, 15 334, 31

5 Mit welcher Zahl muss man das Produkt $2 \cdot 3 \cdot 5 \cdot 7$ multiplizieren, um das Produkt $2^3 \cdot 3 \cdot 5^2 \cdot 7$ zu erhalten?

6 Manche Zahlen bestehen nur aus gleichen Primfaktoren (*Beispiel:* $16 = 2^4$). Wie heißen die Zahlen von 1 bis 100, deren Primfaktorzerlegung nur aus

a) Zweien, b) Dreien, c) Dreien und Fünfen besteht?

7 a) Lege eine Tabelle an. Überprüfe folgende Zahlen auf ihre Teilbarkeit durch 2, 3 und 6:
42, 54, 72, 99, 84, 420, 312, 513, 825

b) Stelle eine Teilbarkeitsregel für die Zahl 6 auf.

c) Welche Zahlen sind durch 6 teilbar?
428 378 291 684 2781 6004 47 340 126 834 5003 62 840

Zahl	teilbar durch 2	teilbar durch 3	teilbar durch 6
42	×	×	×
54	□	□	□
72	□	□	□

G

Jahr	Anzahl der Stellen
1951	39
1970	3376
1971	6002
1983	39 751
1992	227 832
2008	12 978 189

Seit 1951 werden Primzahlen von Computern berechnet. Die Tabelle zeigt, wie viele Stellen diese Zahlen jeweils hatten. Im Jahr 2008 wurde die bisher größte Primzahl mit fast 13 Millionen Stellen gefunden. Auf Rechenkaros geschrieben wäre diese Zahl fast 65 km lang.
Primzahlen werden heute für die Entwicklung fälschungssicherer Codes verwendet.

8 Ergänze die Ziffer im Heft so, dass die Zahlen durch 3 teilbar sind.
24□5 2□65 22□5 428□ 5□38 515□5 18□20

9 Der Herrscher ruft den Oberwärter seines Gefängnisses (siehe S. 146) und will wissen, wie viele Gefangene sich derzeit dort befinden. Leider ist der Oberaufseher sehr vergesslich. Er erinnert sich noch, dass es weniger als 100 Gefangene sein müssen und wenn er diese in Gruppen zu 2, 3, 4, 5 oder 6 Personen antreten lässt, bleibt immer einer übrig. Kannst du ihm helfen?

10 Julian hat des Produkt 1 · 2 · 3 … · 9 ausgerechnet. Leider hat er beim Abschreiben des Ergebnisses nicht aufgepasst und eine Ziffer fehlt ihm. Du kannst ihm helfen, ohne das Produkt auszurechnen. Julians Ergebnis lautet 3628□0.

11

Nicole stellt für die Freiarbeit Karteikarten aus farbigem Tonpapier her. Die Karten sollen eine quadratische Form haben und aus Blättern ausgeschnitten werden, die 56 cm lang und 32 cm breit sind. Es soll kein Papierrest übrig bleiben.
Welches ist das größtmögliche Maß für eine quadratische Karteikarte?
Wie viele Karteikarten erhält Nicole aus einem Blatt Tonpapier?

12 Lisa und Heinz kommen immer zusammen mit der Bahn um 13:20 Uhr von der Schule zurück. Sie müssen noch mit dem Bus weiterfahren. Lisas Bus fährt zur vollen Stunde und alle 12 Minuten. Der Bus von Heinz fährt jeden Tag um 12:00 Uhr am Bahnhof ab und dann alle 32 Minuten. Zu welchem Zeitpunkt können beide gleichzeitig weiterfahren, falls Bahn und Busse pünktlich sind?

13 Die Seeräuber *Schlauauge* und *Schwarzbart* finden am Strand eine zerrissene Perlenkette. Sie können noch 24 Perlen aufsammeln. Doch sie geraten in Streit, wer sich daraus eine neue Kette knüpfen darf. Schließlich einigen sie sich auf folgendes Spiel:
Jeder darf zwischen 1 und 3 Perlen nehmen. Wer die letzte Perle oder die letzten Perlen nimmt, hat gewonnen und erhält alle Perlen.

a) Nehmt 24 Spielchips und führt das Spiel mehrmals zu zweit durch. Findet Möglichkeiten, um zu gewinnen.
b) *Schlauauge* behauptet: Wenn *Schwarzbart* beginnt, gewinne ich immer. Stimmt das? Begründet mit Hilfe der Zeichnung.

c) Wie müsst ihr vorgehen, wenn nur 23 Perlen zur Verfügung stehen?
d) Eine der Spielregeln wird geändert: Jeder darf nun 1 bis 5 Perlen nehmen. Wie müsst ihr nun vorgehen um zu gewinnen?

1 a) Übertrage den Spielplan und ergänze ihn mit dreistelligen Zahlen, die durch 2, 3, 4, 5 oder 6 teilbar sind. Würfelt nun abwechselnd. Jeder Spieler kreuzt auf seinem Plan eine der Zahlen an, die durch die gewürfelte Augenzahl teilbar ist. Wer zuerst 5 Zahlen waagerecht, senkrecht oder diagonal angekreuzt hat, ruft „Bingo“ und hat gewonnen.

b) Dieses Spiel könnt ihr auch mit 2 Würfeln spielen. Wählt für den Spielplan Zahlen aus, die durch die möglichen Augenzahlen teilbar sind.

177	555	572	870	800
105			360	
240				332

6 Finde den Term. Ergänze die fehlenden Partner. Erfinde selbst eine solche Aufgabe. Lasse sie von deinen Mitschülern lösen.

a)

2	8

3	12

5	

17	68

x	

	84

b)

2	8

3	11

5	

17	53

x	

	83

5 Jeweils ein Bild, eine Tabelle, eine Gleichung und ein Text gehören zusammen. Unten ist einiges durcheinander geraten, einiges fehlt. Ordne und ergänze auf deinem Blatt.

Bild 1

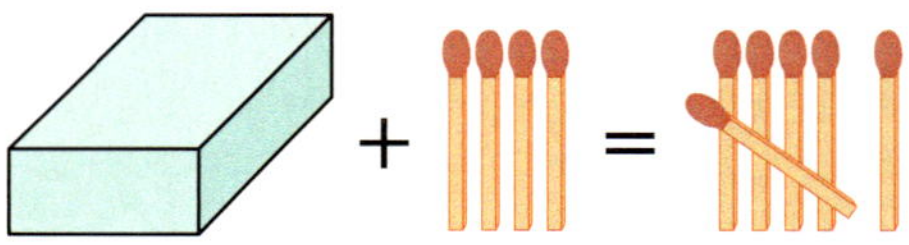

Bild 2

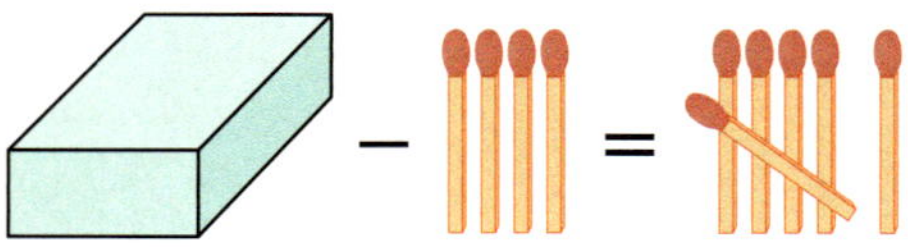

Bild 3

? ? ?

Tabelle 1

x	7	8
linke Seite	1	2
rechte Seite	4	4

Tabelle 2

x	1	2
linke Seite	5	6
rechte Seite	6	6

Tabelle 3

x	7	8
linke Seite	3	4
rechte Seite	6	6

Gleichung 1

$x - 6 = 4$

Gleichung 2

? ? ?

Gleichung 3

? ? ?

Text 1

Du erhältst sechs Hölzchen, wenn du von den Hölzchen aus der Box vier Hölzchen wegnimmst.

Text 2

? ? ?

Text 3

? ? ?

2 In einem Getriebe wird ein großes Zahnrad mit 72 Zähnen von einem kleinen Zahnrad mit 48 Zähnen angetrieben. Das kleine Zahnrad dreht sich 42-mal in einer Minute.

a) Nach wie vielen Umdrehungen des großen Zahnrades stehen sich die Markierungen wieder gegenüber?

b) Wie viele Umdrehungen führt das große Zahnrad in einer Minute aus?

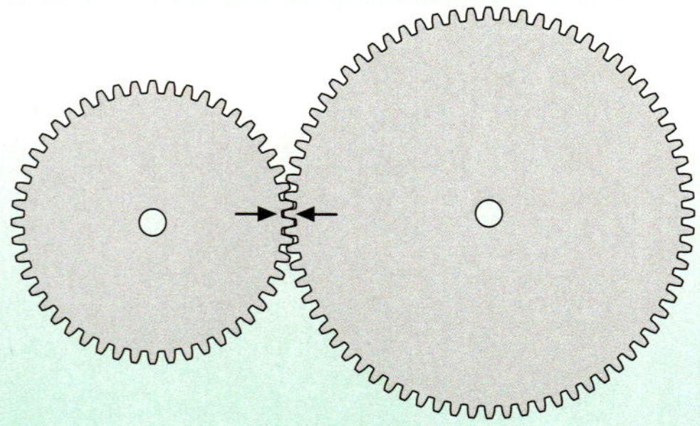

3 Übertrage das Quadrat in dein Heft. Trage alle sechzehn Zahlen so ein, dass benachbarte Zahlen stets Teiler beziehungsweise Vielfache voneinander sind. (Nachbarn liegen unmittelbar neben, unter oder über einer Zahl.)

32			10
		40	
	48		
12			3

4 Erstelle jeweils eine passende Gleichung und löse sie. Gib den gesuchten Geldbetrag in € an.

a)

b)

9 Räumliche Figuren

Museum Lothar Fischer, Neumarkt

Befreiungshalle Kelheim

BMW-Welt, München

Beschreibe die „Baukörper“. Welche räumlichen Grundfiguren erkennst du?

(1) a) Ordne den Verpackungen räumliche Grundfiguren zu.
b) Gib die Eigenschaften der Figuren an.
c) Nach welchen Eigenschaften kannst du die Figuren sortieren?

(2) Sammle selbst einige Verpackungen und bestimme an ihnen Anzahl und Länge der Kanten. Was fällt dir auf?

(3) Übertrage die Tabelle in dein Heft und ergänze sie.

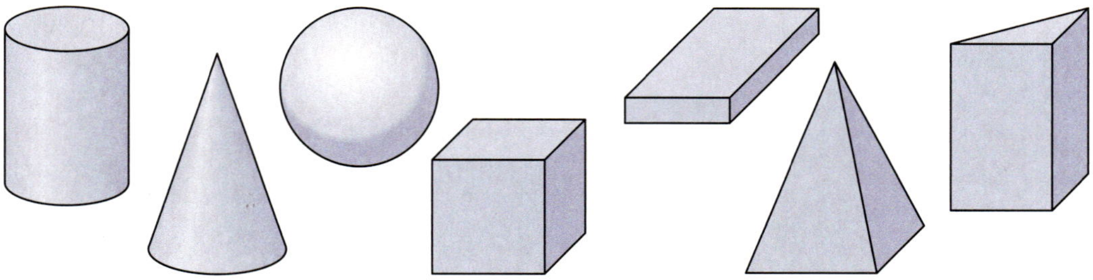

	Zylinder	Kegel	Kugel	Würfel	Quader	Pyramide	Prisma
Anzahl Ecken	■	■	■	■	■	■	■
Anzahl Kanten	■	■	■	■	■	■	■
Anzahl Flächen	■	■	■	■	■	■	■
Form der Flächen	■	■	■	■	■	■	■
Gegenstände mit dieser Form	■	■	■	■	■	■	■

(4) a) Baue z. B. aus Strohhalmen und Plastilinkugeln jeweils das Kantenmodell eines Würfels und einer Pyramide.
b) Wie viele Strohhalme und Plastilinkugeln brauchst du jeweils?
c) Baue aus sechs gleich langen Strohhalmen eine Pyramide. Was stellst du fest?

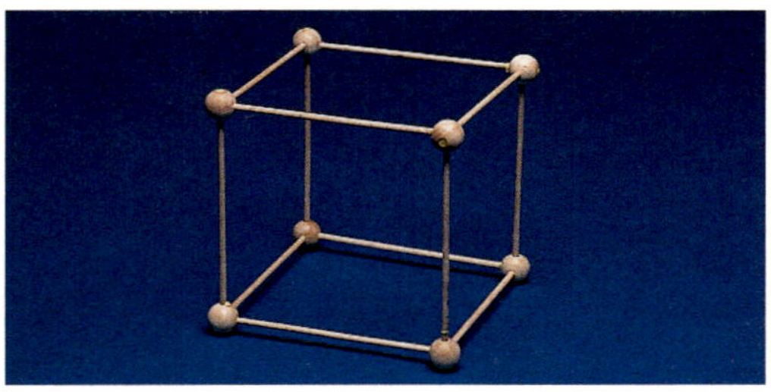

G

Soma-Würfel

Der dänische Schriftsteller und Wissenschaftler PIET HEIN hatte 1936 in einer Vorlesung zur theoretischen Physik die geniale Idee, dass sich ein 3x3x3-Würfel aus einem Würfeldrilling (Tromino) und sechs Würfelvierlingen (Tetromino) zusammensetzen lässt. Er nannte seine Idee „Soma-Würfel". Der Name wurde vermutlich aus dem griechischen Wort für Körper „soma" abgeleitet.
Es gibt 240 Möglichkeiten für das Zusammensetzen des Soma-Würfels.

Übungen

5

a) Baue diese Figuren nach. Du kannst dazu entweder Würfel zusammenkleben oder von einer Holzleiste passende Stücke absägen und diese dann verbinden.
b) Baue aus allen 7 Teilen einen Würfel.
c) Überlege, warum eins der sieben Teile ein Würfeldrilling ist.
d) Wie viele Möglichkeiten gibt es insgesamt für verschiedene Würfelvierlinge?
e) Du kannst auch andere Formen zusammensetzen, wenn du nicht alle Figuren verwendest. Versuche, die Beispiele nachzubauen.

(1)

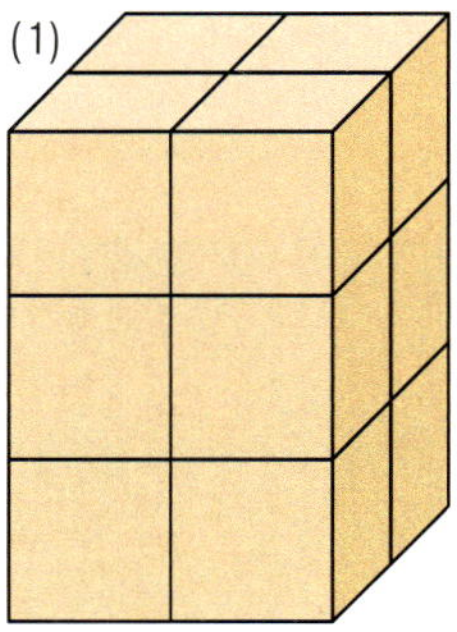

(2)

(3)

f) Finde selbst weitere Figuren.

1

(1)

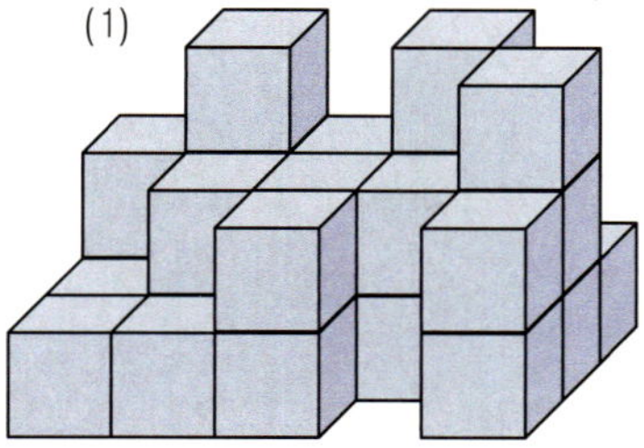

(2)

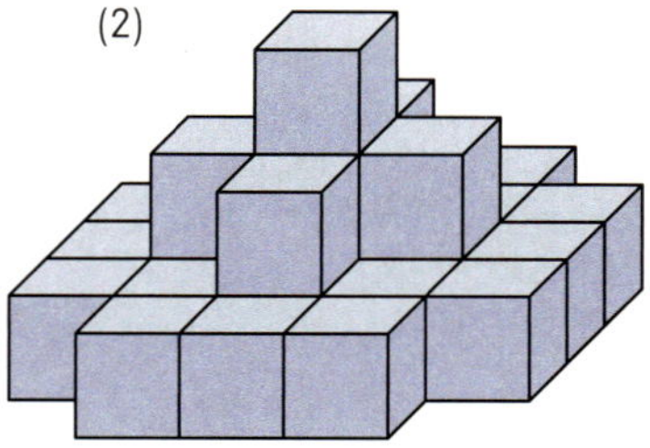

(3)

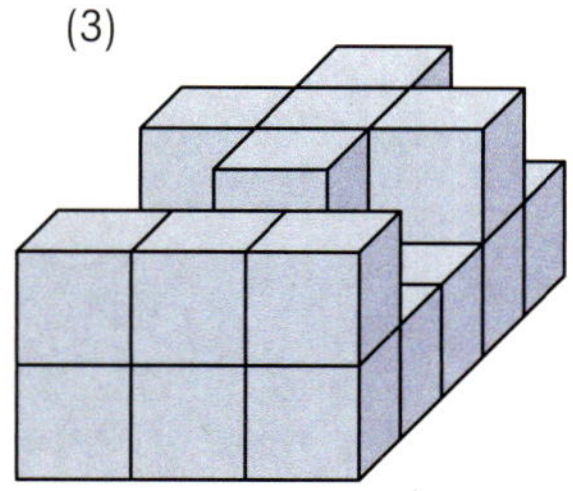

5	3	3	4
4	3	2	3
3	2	1	2

a) Gib für jedes Würfelgebäude einen Bauplan wie im Beispiel an.
b) Ergänze die Würfelgebäude zu einem Quader (Würfel). Wie viele kleine Würfel sind jeweils erforderlich?
c) Wie viele kleine Würfel werden benötigt, um einen doppelt so großen Quader (Würfel) zu erhalten?

2 Ermittle anhand der Baupläne, wie viele kleine Würfel für die Ergänzung zu einem Quader (Würfel) benötigt werden.

a)

7	6	5	4
3	4	5	6

b)

2	2	5	3
1	6	5	9
2	3	1	7
1	8	2	5

c)

1	9	10
8	2	11
7	12	3
6	5	4

Quader

Würfel

M

Quader

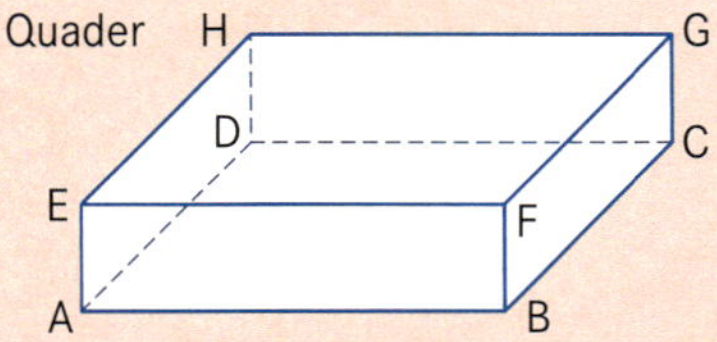

Ein **Quader** hat sechs rechteckige Begrenzungsflächen.

Würfel

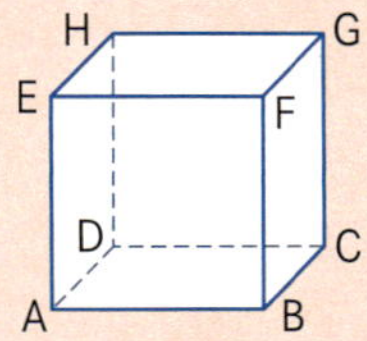

Ein **Würfel** ist ein Quader mit sechs gleich großen quadratischen Begrenzungsflächen.

Übung

3 Skizziere einen Quader und einen Würfel in dein Heft und notiere die zutreffenden Eigenschaften darunter.

① Alle Kanten sind gleich lang.
② Der Körper hat 8 Ecken.
③ Der Körper hat 12 Kanten.
④ Der Körper setzt sich aus 6 Seitenflächen zusammen.
⑤ Gegenüberliegende Kanten sind gleich lang.
⑥ Gegenüberliegende Kanten sind parallel zueinander.
⑦ Nachbarkanten sind senkrecht zueinander.
⑧ Alle Flächen sind gleich groß.
⑨ Gegenüberliegende Flächen sind gleich groß.
⑩ Gegenüberliegende Flächen sind parallel zueinander.

1 Leonie hat einen Spielwürfel aus Pappe gebaut.
Sie schneidet den Würfel an einigen Kanten auf und faltet ihn auseinander. Sie erhält das **Netz des Würfels**.

a) Was hat sie beim Beschriften des Würfels falsch gemacht?

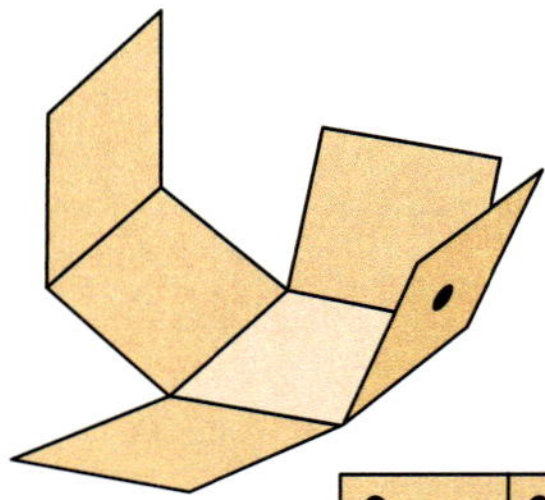

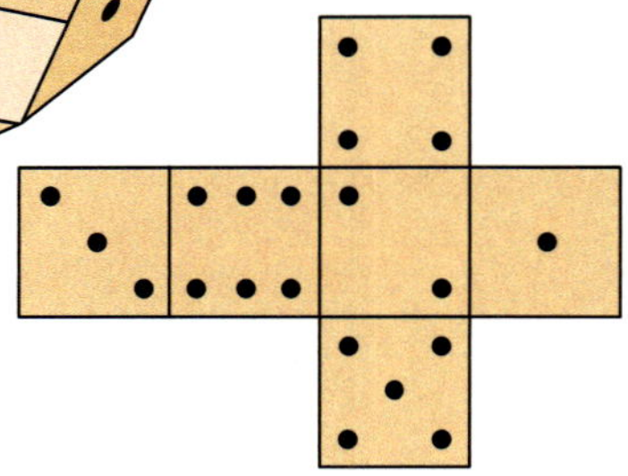

b) Stelle fest, ob die Augenzahl auf den abgebildeten Würfelnetzen richtig angeordnet ist.

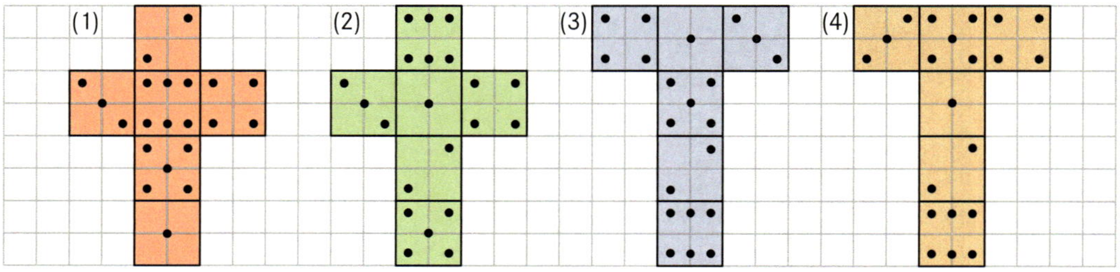

2

Zeichne das Netz des abgebildeten Würfels auf dünne Pappe.
Schneide das Netz aus und falte es zu einem Würfel. Klebe den Würfel an den Klebelaschen zusammen.

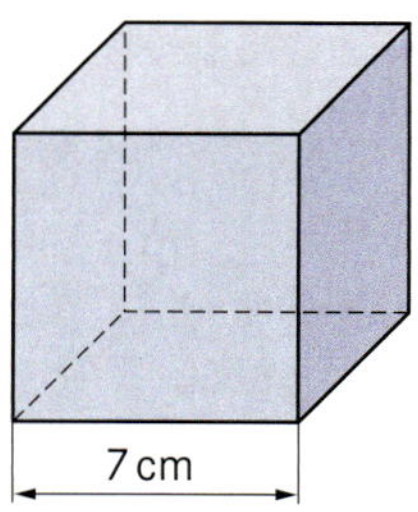

Übungen

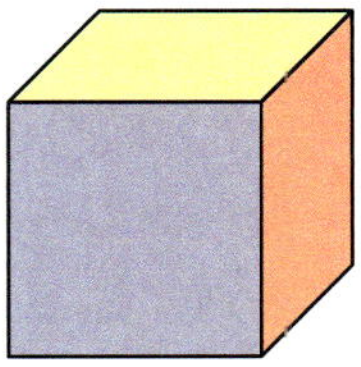

(3) Zeichne die abgebildeten Würfelnetze in dein Heft. Kennzeichne jeweils die gegenüberliegenden Flächen des Würfels mit der gleichen Farbe.

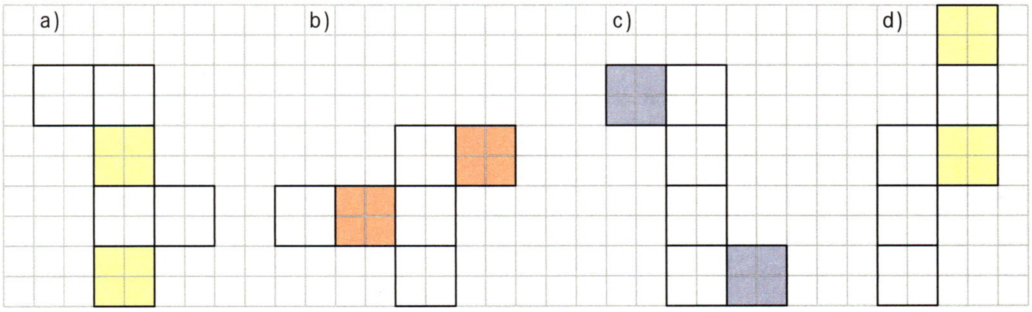

(4) Abgebildet sind 2 Würfelnetze mit jeweils einer markierten Ecke. Übertrage das Netz in dein Heft und kennzeichne diejenigen Punkte, die zur gleichen Würfelecke gehören.

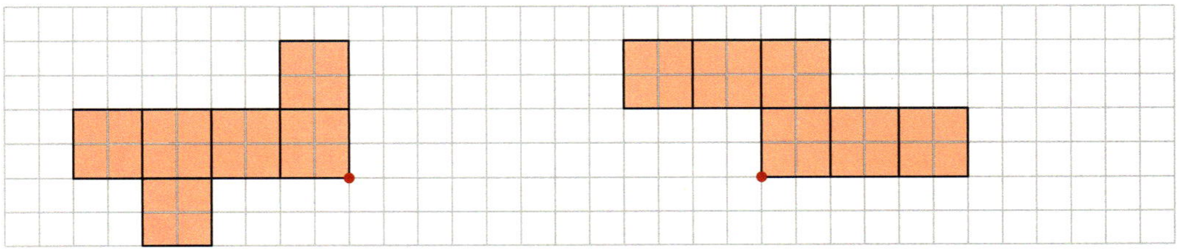

(5) Ein Würfel hat die Kantenlänge von 2 cm. Zeichne vier verschiedene Würfelnetze und male jeweils gegenüberliegende Flächen mit der gleichen Farbe aus.

(6) Stelle dir vor, der abgebildete Würfel wird zur Hälfte in Tinte getaucht. Übertrage das Würfelnetz und färbe die Flächen entsprechend ein.

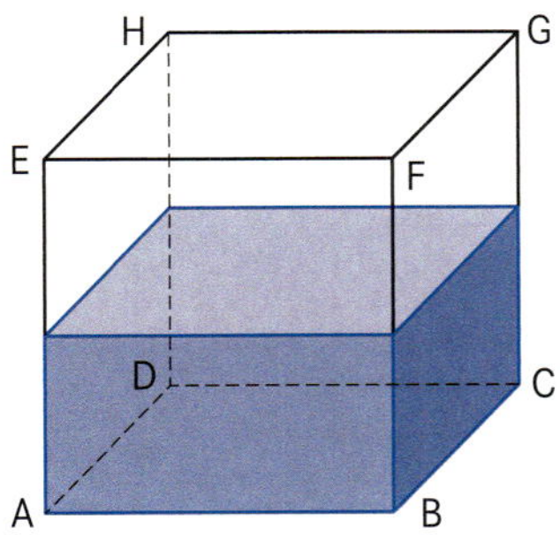

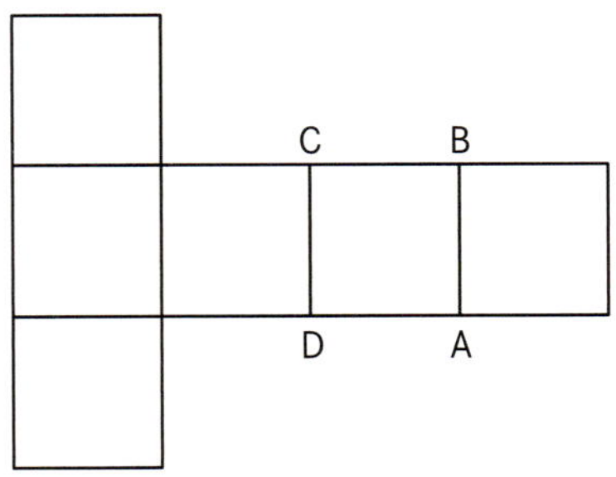

(7)

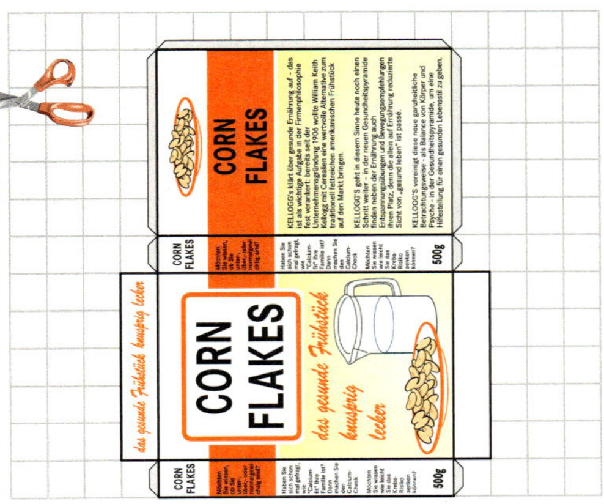

Fiona hat eine Cornflakespackung an den zusammengeklebten Kanten aufgetrennt. Sie erhält das **Netz eines Quaders**.
Stelle mit Hilfe des abgebildeten Netzes einen Quader aus Karton her. Der Quader soll 8 cm lang, 6 cm breit und 4 cm hoch werden.

8 Übertrage die Quadernetze in dein Heft. Male Flächen, die sich gegenüberliegen, mit der gleichen Farbe aus.

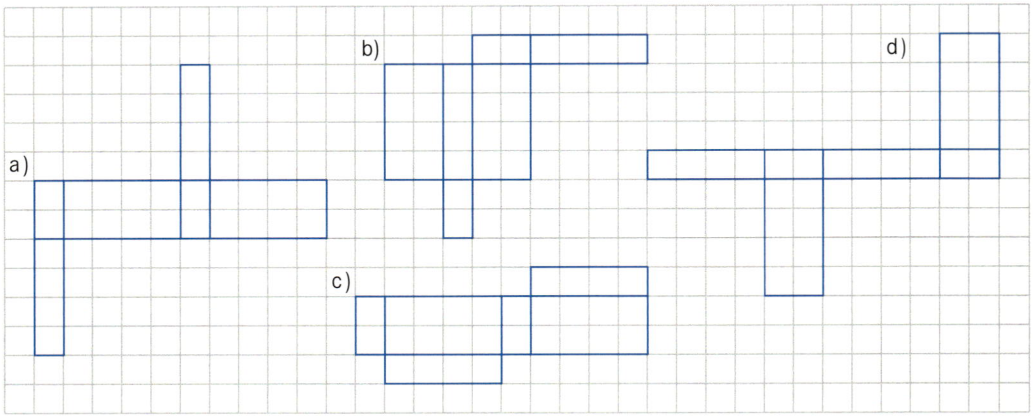

9 Übertrage die Quadernetze in dein Heft. Markiere in den einzelnen Quadernetzen jeweils die beiden Rechteckseiten mit gleicher Farbe, die beim Falten zu einem Quader zusammentreffen.

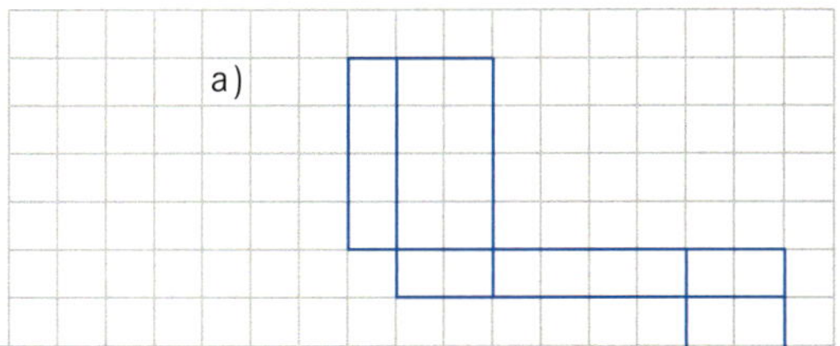

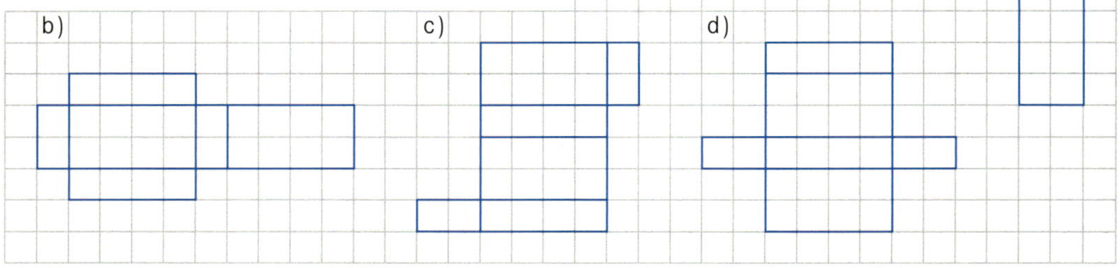

10 Ein Quader ist 5,5 cm lang, 2,5 cm breit und 4 cm hoch. Zeichne drei verschiedene Netze dieses Quaders auf kariertes Papier.
Überprüfe deine Lösungen, indem du das einzelne Netz ausschneidest und versuchst, es zu einem Quader zu falten.

11 Maximilian möchte zwei möglichst große quaderförmige Verpackungen bauen. Ihm stehen zwei Pappen mit den nebenstehenden Maßen zur Verfügung.

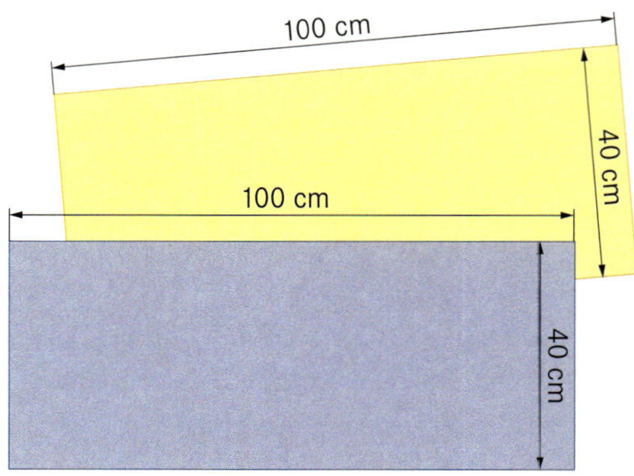

a) Die blaue Verpackung soll 40 cm lang sein. Zeichne ein Netz in einem geeigneten Maßstab.
Wie hoch und wie breit wird die Verpackung?
b) Die gelbe Verpackung soll eine Höhe von 4 cm haben.
Welche Maße hat diese Verpackung?
c) Welche Maße muss eine Pappe mindestens haben, damit eine quaderförmige Verpackung mit folgenden Abmessungen gebaut werden kann: Länge 70 cm, Breite 20 cm, Höhe 15 cm

(1) In dem Bild treffen Sonnenstrahlen schräg auf das Kantenmodell eines Würfels.
Auf der Wand entsteht dadurch ein Schatten.
Dieses Schattenbild ist ein **Schrägbild des Würfels**.

Um einen Körper anschaulich darzustellen, wird er häufig als Schrägbild gezeichnet.

a)

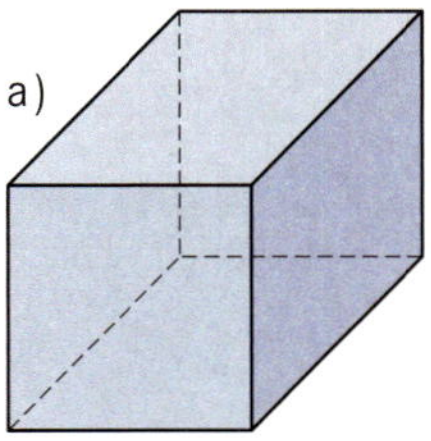

b)

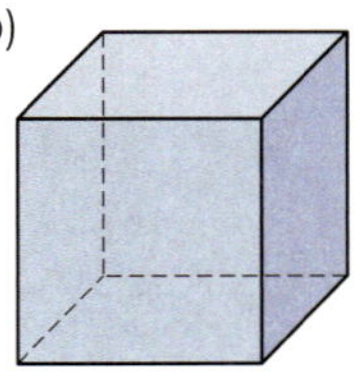

Die Abbildung zeigt zwei Schrägbilder.
Miss in den beiden Zeichnungen jeweils die Länge der einzelnen Kanten.
Was stellst du fest?

Welches Bild stellt am anschaulichsten einen Würfel dar?

(2) So kannst du das Schrägbild eines Würfels mit der Kantenlänge 2 cm zeichnen.

B

1. Schritt:

Zeichne die Vorderfläche des Würfels.
Lege die Kanten auf Gitterlinien.

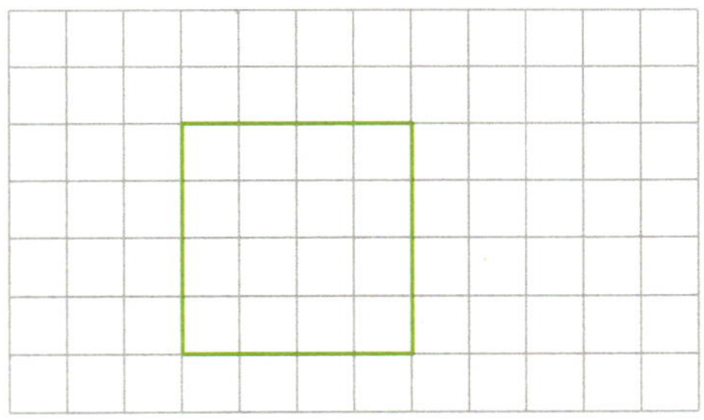

2. Schritt:

Zeichne die nach hinten laufenden Kanten auf Kästchendiagonalen.
Zeichne diese Kanten **auf die Hälfte verkürzt**.

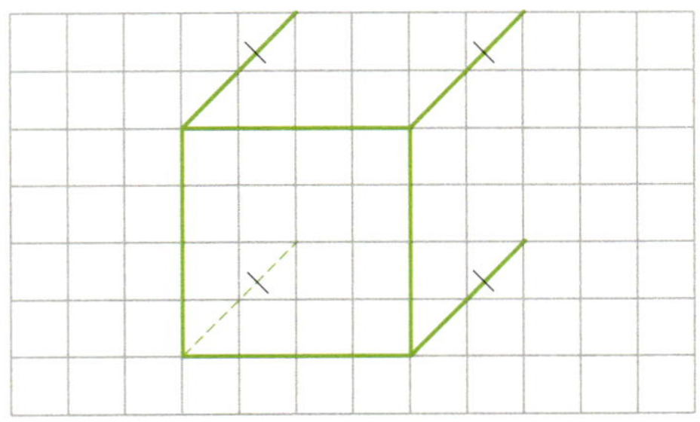

3. Schritt:

Verbinde die Eckpunkte. Zeichne alle nicht sichtbaren Kanten gestrichelt.

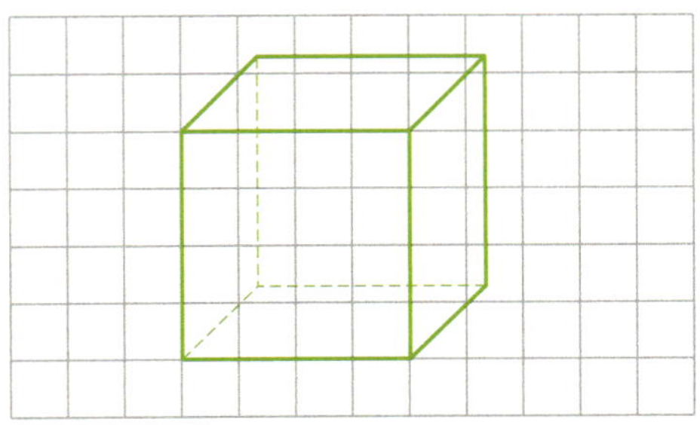

Übungen

3 Zeichne das Schrägbild eines Würfels mit den folgenden Kantenlängen.
a) 6 cm b) 4 cm c) 5 cm d) 4,8 cm e) 5,4 cm f) 3,6 cm

4 Übertrage die angefangenen Schrägbilder von Quadern in dein Heft und vervollständige sie.

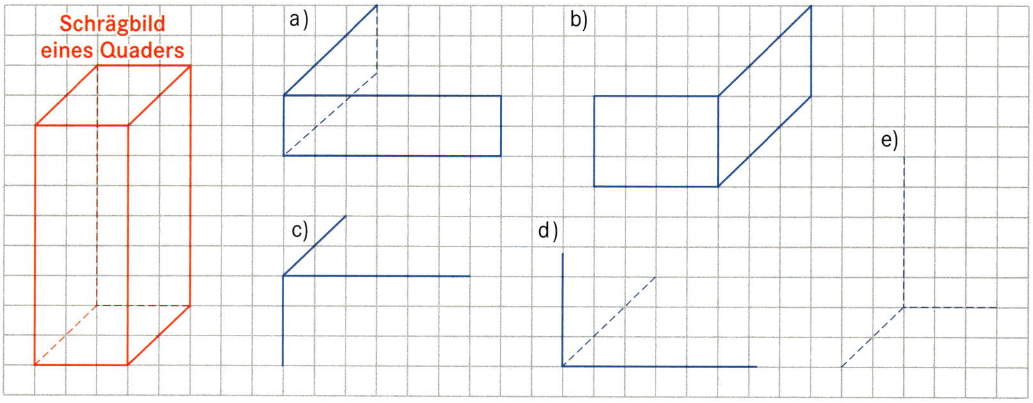

5 Zeichne das Schrägbild eines Quaders.

	a)	b)	c)	d)	e)	f)
Länge	6 cm	4,8 cm	52 mm	7,4 cm	42 mm	6 cm 4 mm
Breite	4 cm	2,6 cm	34 mm	3,6 cm	42 mm	4 cm 6 mm
Höhe	5 cm	5,4 cm	40 mm	5,2 cm	42 mm	3 cm 5 mm

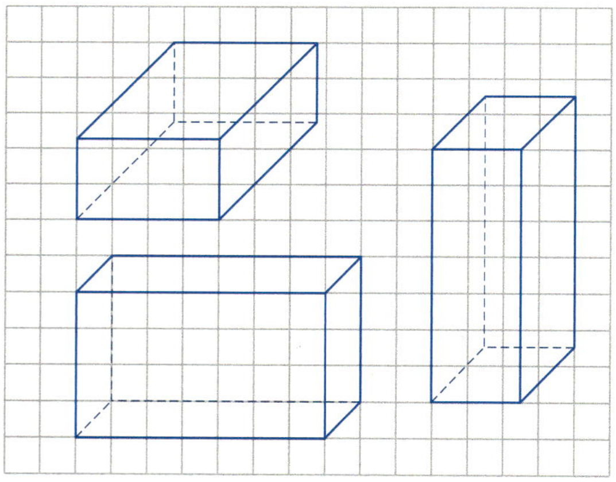

6 a) Was meinst du zu Inas Frage? Begründe deine Antwort.
b) Zeichne drei verschiedene Schrägbilder eines Quaders mit den Kantenlängen 2 cm, 4 cm und 6 cm (42 mm, 36 mm, 54 mm).

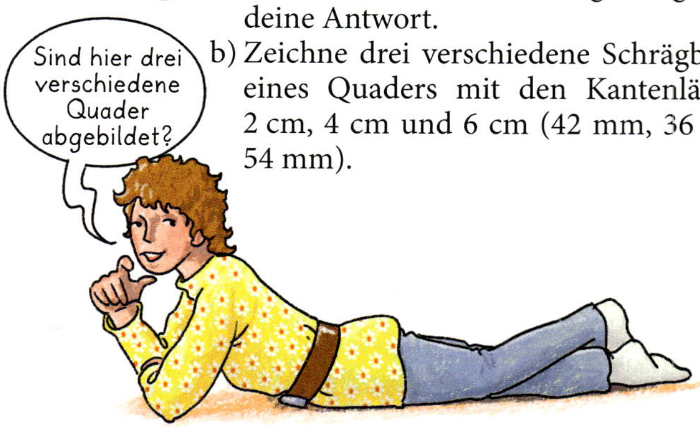

7 Zeichne zum abgebildeten Netz ein dazugehöriges Schrägbild des Quaders mit doppelter Anzahl der Kästchen.
Trage in Aufgabe b) die farbigen Strecken lagerichtig im Schrägbild ein.

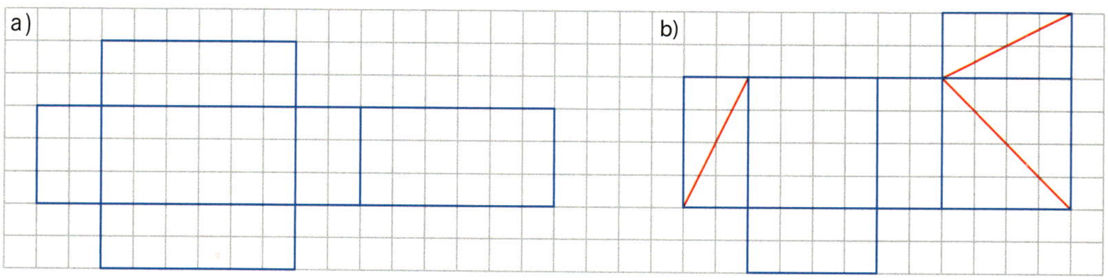

1 Kanten – Dreieck – räumliche Figuren – ebene Figuren – Quader – Flächen – Pyramide – senkrecht – Prisma – quadratisch – rechteckig – Rechteck – Trapez – Ecken – parallel – Würfel – Quadrat

a) Schreibt mindestens fünf Sätze zu den Eigenschaften geometrischer Figuren auf. Verwendet die angegebenen Begriffe.
b) Lest euch gegenseitig die Sätze vor und entscheidet, ob sie mathematisch korrekt sind.

2 Du willst aus Draht das Kantenmodell eines Würfels anfertigen. Welche Länge muss der Draht insgesamt haben, wenn eine Kante des Würfels 13 cm (24 cm, 10,5 cm) lang werden soll?

3 Melanie verarbeitet für das Kantenmodell eines Würfels einen 72 cm (168 cm, 1020 mm) langen Draht. Wie lang ist die Kante dieses Würfels?

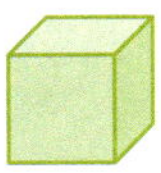

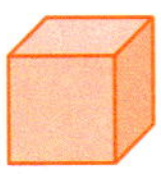

4 a) Aus wie vielen kleinen Würfeln mit der Kantenlänge 1 cm setzt sich der abgebildete Würfel zusammen?
b) Der Würfel wird an seiner Außenfläche grün angestrichen. Wie viele kleine Würfel haben danach zwei grüne Seitenflächen?
Gibt es auch kleine Würfel, die ungefärbt bleiben?

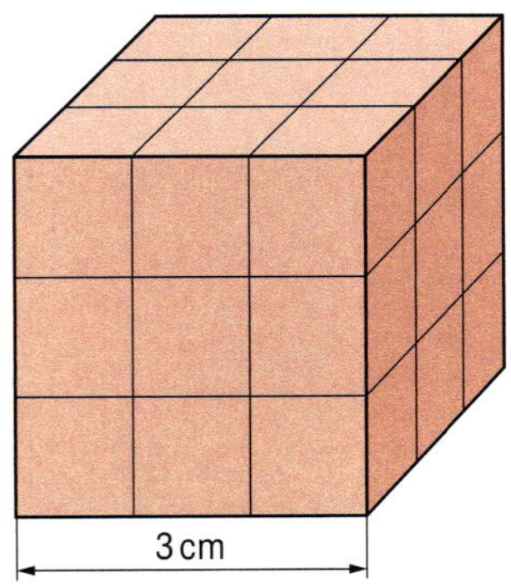

5 Stefan besitzt viele Würfel mit der Kantenlänge 1 cm. Er möchte damit größere Würfel bauen.
a) Wie viele kleine Würfel benötigt er zum Bau eines Würfels mit der Kantenlänge von 2 cm (4 cm, 6 cm)?
b) Er hat einen Würfel aus 125 kleinen Würfeln zusammengesetzt. Wie groß ist die Kantenlänge dieses Würfels?

6 Iris will aus 24 (36) Würfeln mit der Kantenlänge 1 cm einen Quader bauen. Welche Kantenlängen (Länge, Breite, Höhe) kann der Quader haben? Notiere fünf verschiedene Möglichkeiten.

7 Ein Holzstück mit den angegebenen Maßen soll so durchgesägt werden, dass Würfel mit der größtmöglichen Kantenlänge entstehen.
Wie groß wird die Kantenlänge der einzelnen Würfel?
Gib die Anzahl der Würfel an.

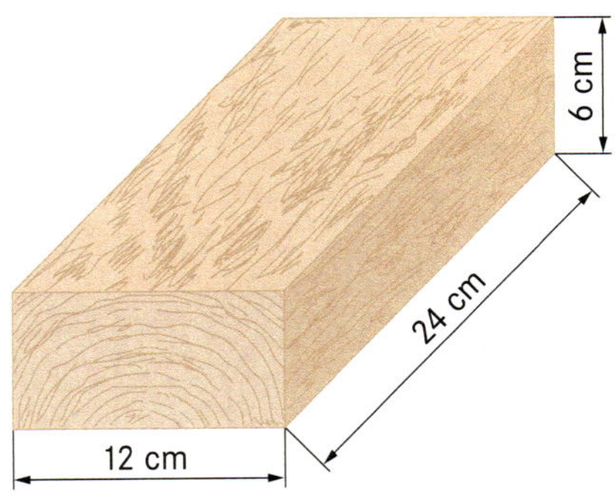

8 Aus Würfeln kannst du die Figuren nachbauen.
Zeichne von jeder Figur ein Schrägbild in dein Heft.

a) Sicht von oben | von vorn | von rechts

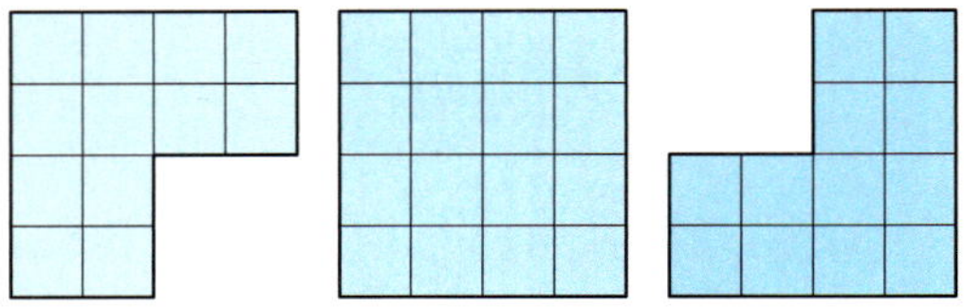

b) Sicht von oben | von vorn | von rechts

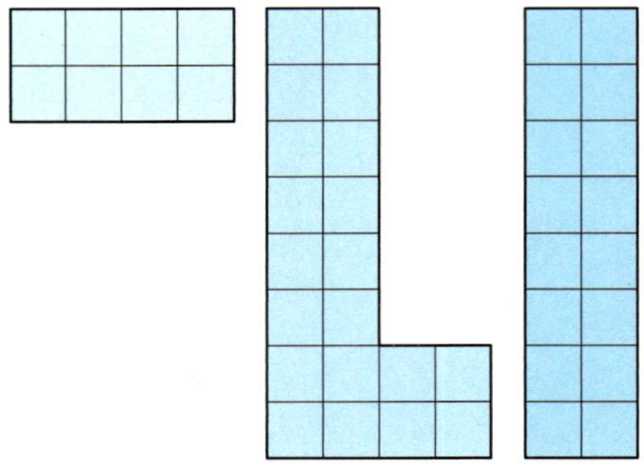

9 Baue die Figur aus Würfeln. Lege sie auf die schraffierte Seite. Zeichne ein mögliches Schrägbild.

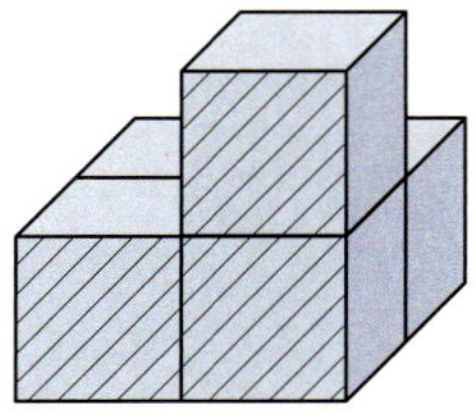

10 Welche der Figuren sind gleich? Wo findest du dann den schraffierten Würfel?

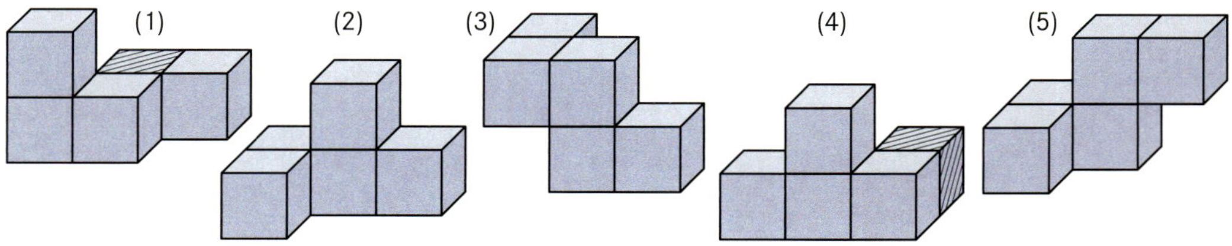

11 Zeichne die Figuren von oben, von vorn und von rechts.

a)

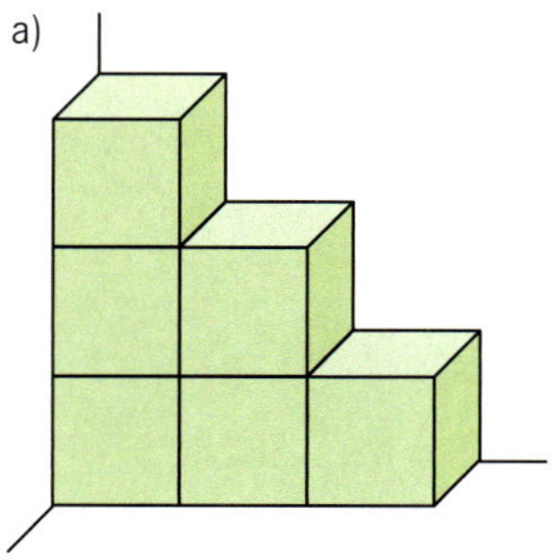

b)

12 a) Gib drei mögliche Baupläne für eine Anordnung von Würfeln an, die die abgebildeten Ansichten ergeben.
b) Stelle eine mögliche Anordnung im Schrägbild dar.

von vorn

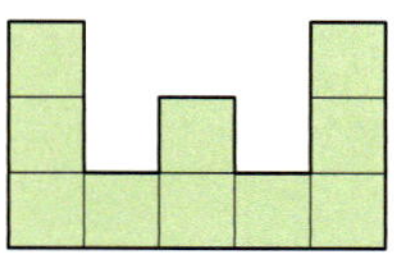

von rechts

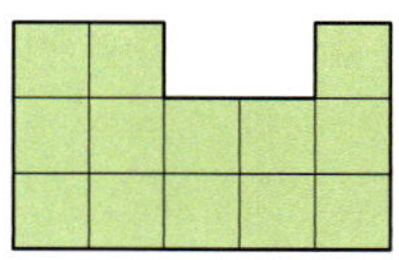

13 Stell dir vor, der Würfel wird wie in der Abbildung geschnitten. Zeichne in deinem Heft im Schrägbild und im Netz die Schnittlinien ein.

a)

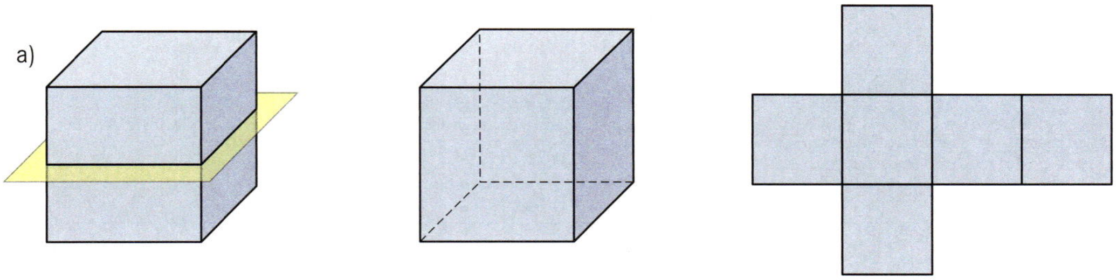

b)

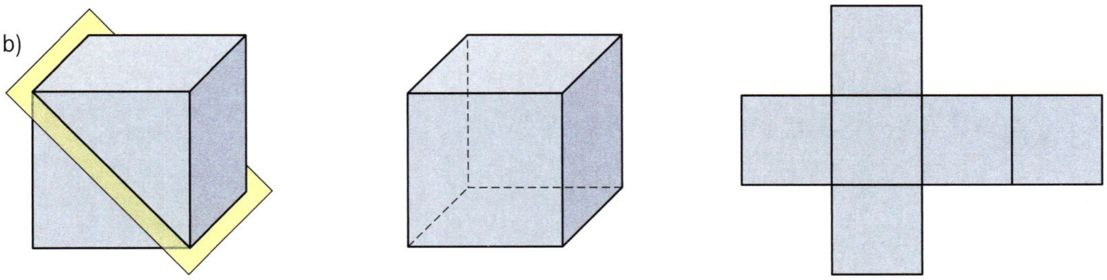

14 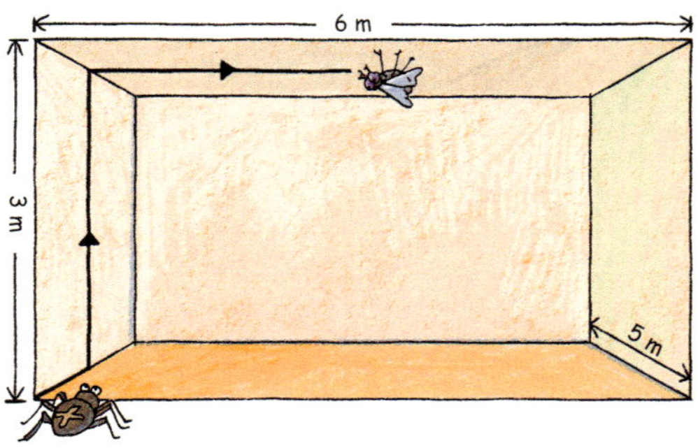

Genau in der Mitte der Decke sitzt eine fette Fliege. Die Spinne möchte zu ihr laufen.

a) Wie lang ist der eingezeichnete Weg?
b) Es gibt einen kürzeren Weg. Fertige dazu ein geeignetes Netz des Raumes an, in das du den kürzesten Weg einzeichnest. Maßstab 1 : 100.

15 Rechts siehst du das Schrägbild eines Würfels. Über die drei farbigen Außenflächen führt eine rote Linie.
Übertrage das Schrägbild in dein Heft.

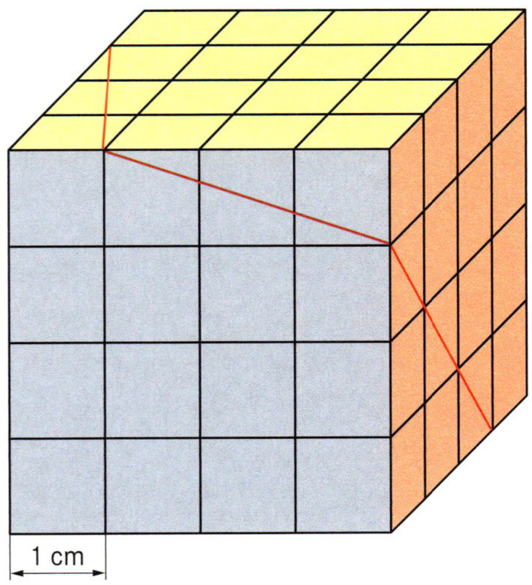

a) Ermittle die wahre Länge des abgebildeten Streckenzuges.
b) Zeichne deinem Nachbarn eine weitere Linie in das Schrägbild ein und lasse sie oder ihn wieder die wahre Länge bestimmen.
Kontrolliere und vergleiche mit dem Ergebnis in a).
Hinweis: Die Linie soll immer über alle drei Flächen laufen und an den Kanten genau auf einen Gitterpunkt treffen.
c) Untersuche, in welchen Fällen sich die wahre Länge besonders einfach bestimmen lässt.
In welchen Fällen gibt es besonders kurze, in welchen Fällen besonders lange Streckenzüge? Begründe deine Ergebnisse.

10 Umfang und Flächeninhalt

Vergleiche die Flächen von Schwaben und Niederbayern. Wie gehst du vor?
Bestimme ungefähr die Fläche deines Regierungsbezirkes. Vergleiche dein Ergebnis mit dem tatsächlichen Wert.
Welcher Regierungsbezirk hat die längste Grenze mit anderen Bundesländern?

1 Die Theater-AG benötigt für die nächste Aufführung neue Kostüme. Utes Mutter will sie nähen. Dazu nimmt sie von jedem Kind mehrere Körpermaße. Sie misst an der Hüfte (wie in der Abbildung), an der Taille, am Handgelenk und am Kopf.
Führe dieselben Messungen bei deinen Mitschülern durch.

2 Wie kannst du den Umfang von verschiedenen Gegenständen im Klassenraum bestimmen?

3 Miss den Umfang eines Baumes.

4 Zeichne die Umrisse von verschiedenen Dingen in dein Heft (z. B. Geodreieck, Lineal, Geldstück). Bestimme den Umfang.

5 Bei den folgenden Figuren ist die Entfernung zwischen zwei Punkten jeweils 1 LE.

a) Gib den Umfang der Figuren in Längeneinheiten an.

(1)
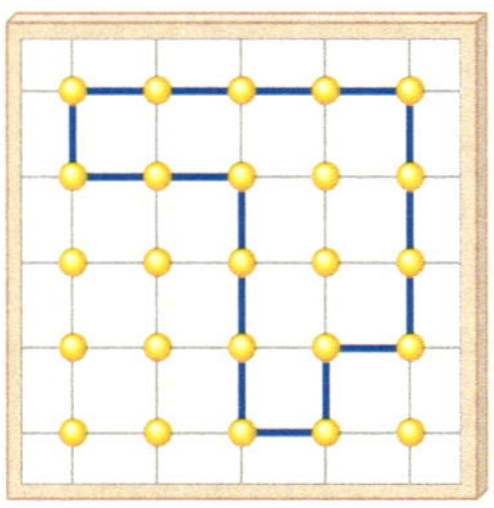

(2)
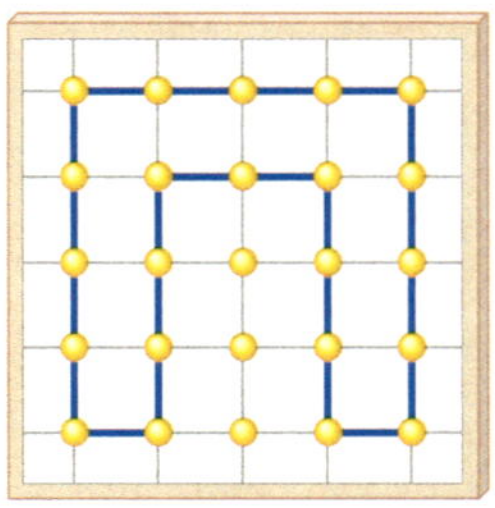

(3)
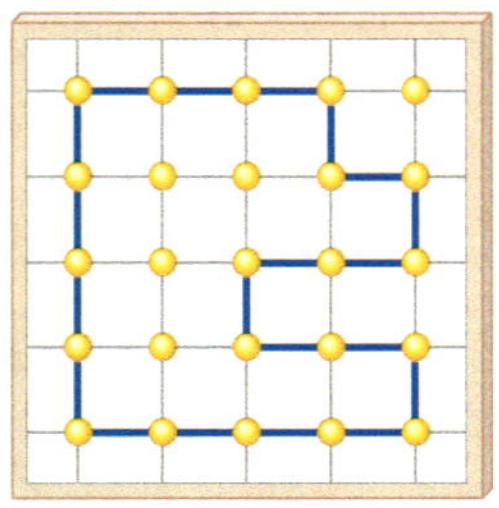

b) Spanne jeweils zwei weitere Figuren mit gleichem Umfang auf deinem Geobrett. Überprüft gegenseitig eure Ergebnisse. Vergleicht die Anzahl der umfassenden Kästchen.

c) Spanne auf deinem Geobrett ein Rechteck so, dass es den gleichen Umfang hat wie die gegebene Figur.

(1)
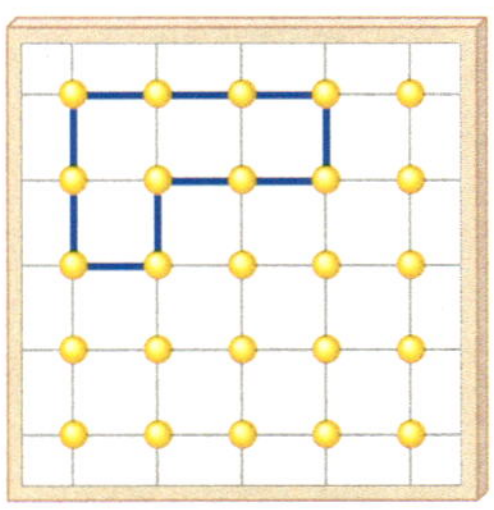

(2)
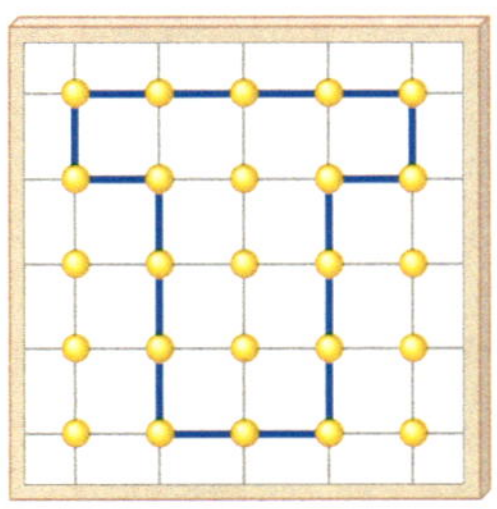

(3)
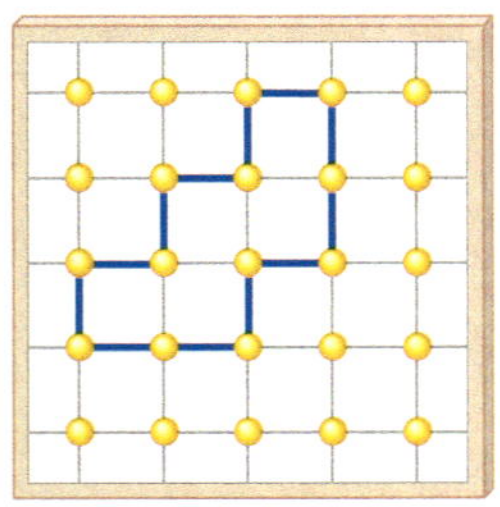

6

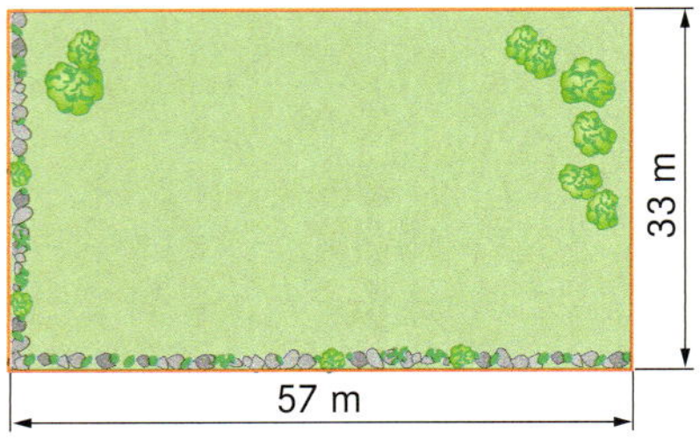

Umfang u des Grundstücks

$57\text{ m} + 33\text{ m} + 57\text{ m} + 33\text{ m} = 180\text{ m}$
oder
$2 \cdot 57\text{ m} + 2 \cdot 33\text{ m} = 180\text{ m}$
oder
$2 \cdot (57\text{ m} + 33\text{ m}) = 180\text{ m}$

Das abgebildete Grundstück wurde eingezäunt. Du siehst drei Möglichkeiten, wie der Umfang berechnet werden kann. Vergleiche die Lösungswege miteinander.

7 Zeichne ein Quadrat mit der Seitenlänge a = 6 cm. Bestimme seinen Umfang. Es gibt zwei Lösungswege. Schreibe sie auf.

Umfang Rechteck und Quadrat

M

Umfang eines Rechtecks
mit den Seitenlängen a und b

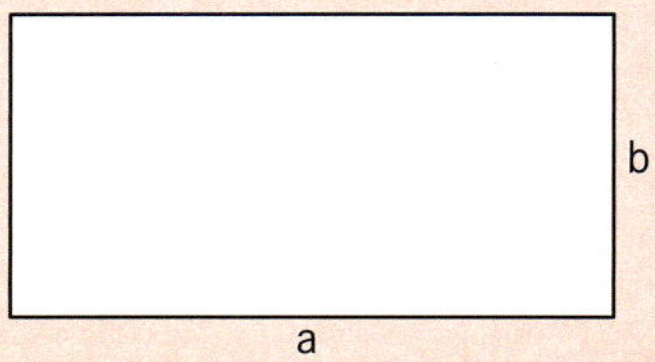

$\mathbf{u = a + b + a + b}$
oder $\mathbf{u = 2 \cdot a + 2 \cdot b}$
oder $\mathbf{u = 2 \cdot (a + b)}$

Umfang eines Quadrats
mit der Seitenlänge a

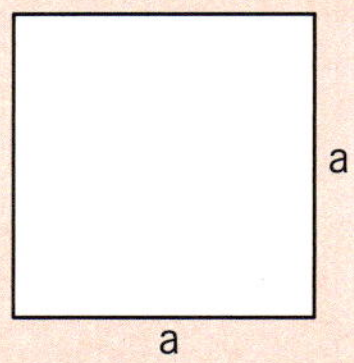

$\mathbf{u = a + a + a + a}$
oder $\mathbf{u = 4 \cdot a}$

Übungen

8 Wie groß ist der Umfang folgender Rechtecke? Achte auf die Einheiten.

	a)	b)	c)	d)	e)	f)	g)	h)	i)
Länge	20 cm	25 cm	78 cm	14 dm	81 mm	12,7 m	190 m	4,400 km	0,510 km
Breite	30 cm	35 cm	22 dm	140 cm	5 cm	127 dm	1010 m	440 m	5,100 km

Lösungen: 100, 120, 560, 262, 508, 596, 9680, 11 220, 2400

9 Ein Tennisplatz soll eingezäunt werden. Der Zaun soll jeweils von den Grundlinien 6,50 m und von den Seitenlinien 4,50 m entfernt sein. Wie viel Meter Maschendraht werden benötigt?

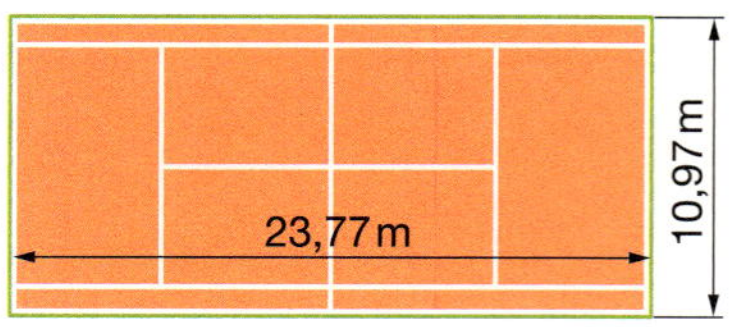

10 Vier gleichgroße Grundstücke haben durch den Verkauf von Teilflächen sehr verschiedene Formen bekommen. Berechne für jedes Grundstück den Umfang.

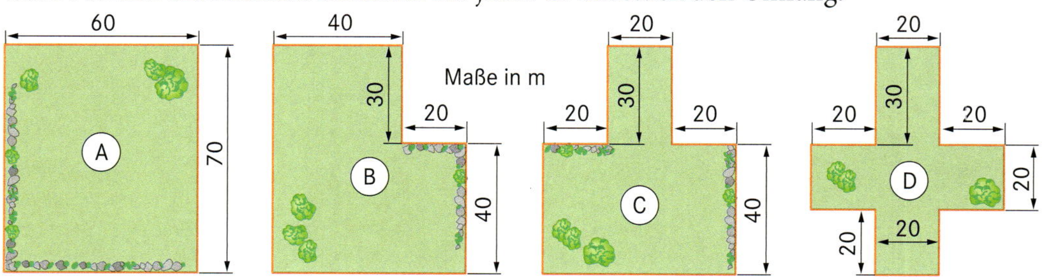

11 Spanne auf deinem Geobrett ein Rechteck mit einem Umfang von 8 LE (10 LE, 12 LE). Finde mehrere Lösungen.

12 Zeichne vier verschiedene Rechtecke mit dem Umfang u = 18 cm.

13 Übertrage die Tabelle in dein Heft und berechne die Platzhalter.

	Umfang	halber Umfang	Länge	Breite
a)	60 cm	■	20 cm	■
b)	80 cm	■	■	13 cm
c)	140 cm	■	50 cm	■

14 Ein Rechteck hat einen Umfang von 100 cm. Seine Länge beträgt 18 cm (40 cm, 30 cm, 26 cm, 25 cm, 24 cm, 20 cm, 10 cm, 2 cm). Berechne die Breite.

Lösungen: 10, 32, 25, 30, 40, 20, 24, 48, 26

15 Welche Rechtecke kannst du mit einer 60 m langen Leine abgrenzen? Gib mehrere Lösungen an. Die Seitenlängen sollen nur ganzzahlige Werte annehmen.

16 Berechne die fehlenden Seitenlängen.

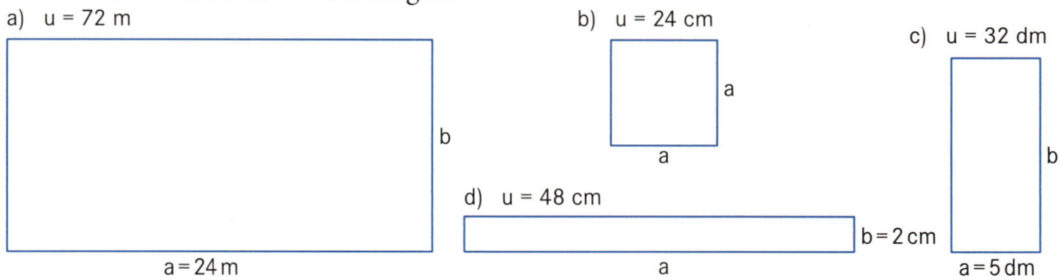

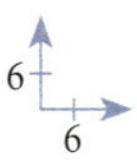

17 Wähle die Punkte Q, R, S im Gitternetz so, dass ein Rechteck PQRS mit einem Umfang von 7 cm (9 cm, 10 cm) entsteht (1 LE = 1 cm). Es gilt P (2 | 2). Beachte den Umlaufsinn. Gib die Koordinaten der weiteren Punkte an.

18 Zum Training laufen die Spieler achtmal um das 105 m lange und 75 m breite Spielfeld.
a) Welche Strecke hat jeder von ihnen dann zurückgelegt?
b) Wie viele Runden müssen sie für 3600 m laufen?

19 a) Berechne die Länge der Linien, die für das Beachvolleyball-Feld markiert werden müssen.
b) Für ein Turnier werden mehrere Felder durch Werbebanden abgegrenzt. Wie viel Meter Werbebande sind für drei Spielfelder nötig?

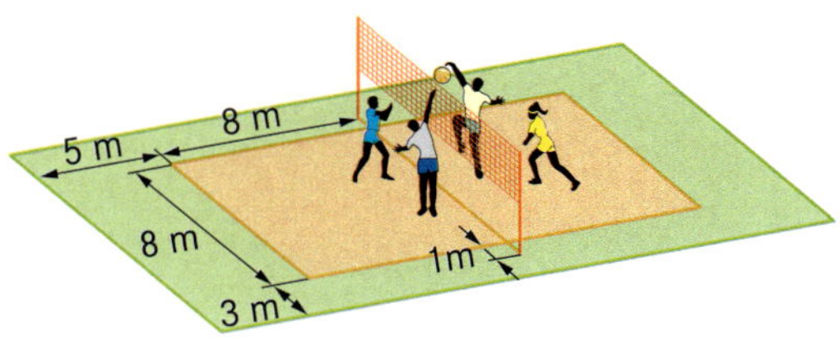

Vier radeln um die Wette
Heike fährt schneller als Steffi und Holger. Steffi fährt schneller als Holger, aber nicht so schnell wie Boris. Wer ist als Letzter im Ziel?

1

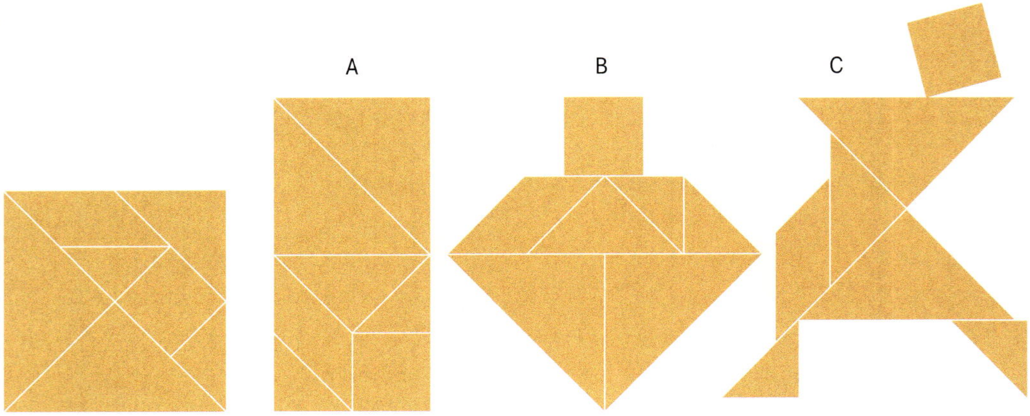

a) Sophie und Jonas haben mit ihrem Tangram die abgebildeten Figuren gelegt. Fertige dir ein Tangram an und lege die Figuren A, B und C nach. Welche Figur bedeckt die größte Fläche?
b) Lege Figuren mit gleicher Fläche. Klebe sie in dein Heft.

M

Flächeninhalt

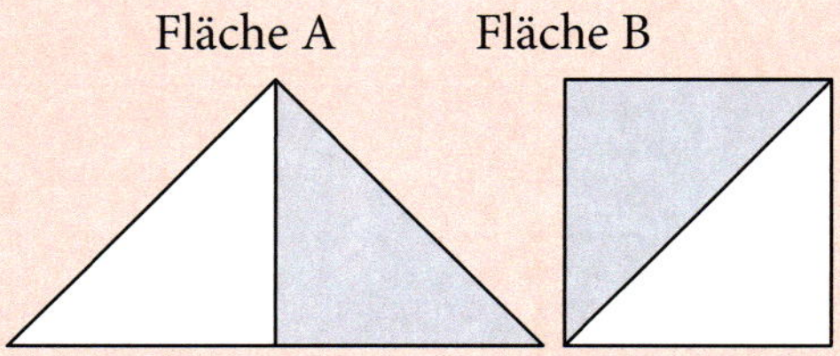

Der Inhalt der Fläche A ist ebenso groß wie der Inhalt der Fläche B.
Flächen, die in die gleichen Teilflächen zerlegt werden können, sind gleich groß. Sie haben denselben **Flächeninhalt.**

Übungen

2 Vergleiche die abgebildeten Flächen F_1 bis F_{12} miteinander. Ergänze die Sätze, so dass wahre Aussagen entstehen.

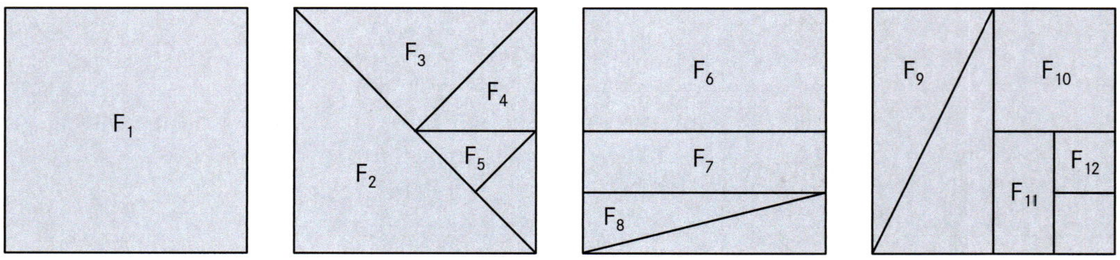

a) Der Flächeninhalt von F_1 ist doppelt so groß wie der Flächeninhalt von ▢
b) Der Flächeninhalt von F_1 ist viermal so groß wie der von ▢
c) Der Flächeninhalt von ▢ ist ebenso groß wie der von F_7 und der von ▢
d) Der Flächeninhalt von ▢ ist ebenso groß wie der von F_8 und der von ▢

3 Welche Figuren haben den gleichen Flächeninhalt? Bei welcher ist er am größten?

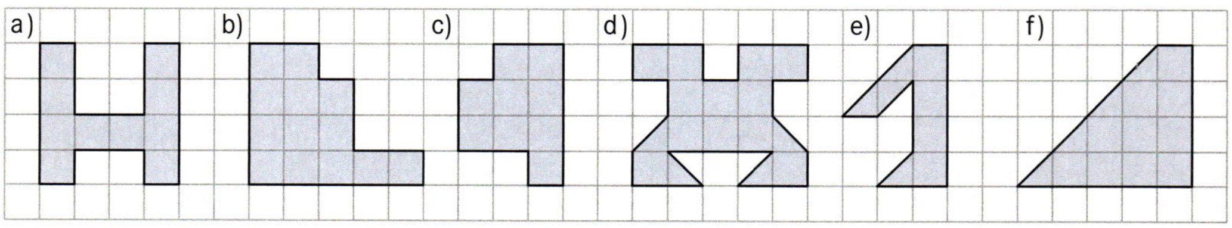

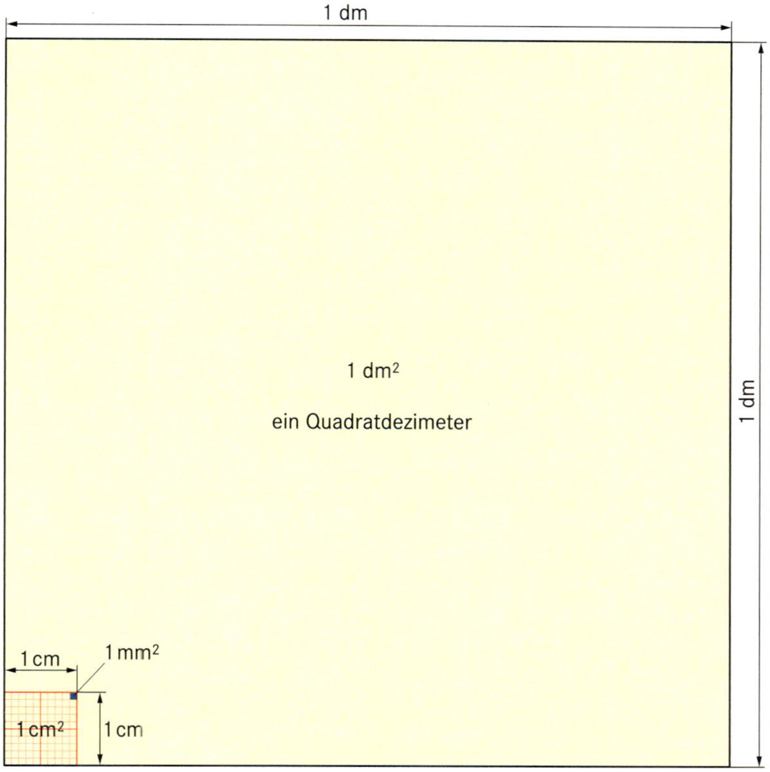

Zum Messen von Flächeninhalten werden Einheitsquadrate mit festgelegten Flächeninhalten verwendet.

Seitenlänge	Flächeninhalt	Name
1 mm	1 mm^2	Quadratmillimeter
1 cm	1 cm^2	Quadratzentimeter
1 dm	1 dm^2	Quadratdezimeter
1 m	1 m^2	Quadratmeter
10 m	1 a	Ar
100 m	1 ha	Hektar
1 km	1 km^2	Quadratkilometer

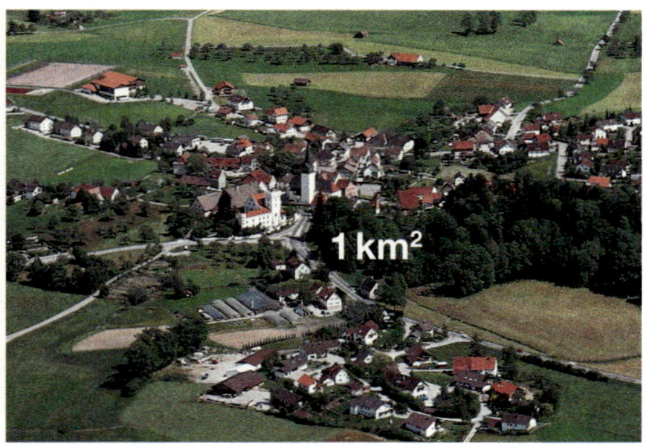

M

Ein Quadrat mit der Seitenlänge 1 cm hat den Flächeninhalt 1 cm^2.
Lies: „ein Quadratzentimeter“

1 cm^2
Maßzahl Maßeinheit
Größe

1 In welchen Flächeneinheiten würdest du folgende Flächen angeben?

a) Teppichboden, Schulhof, Postkarte
b) Briefmarken, Mikrochip, Familienfoto
c) Ackerfläche, Baugrundstück, Hauswand
d) Bayern, Bodensee, Sportplatz

Flächeneinheiten

M

$1\,km^2 = 100\,ha$

$1\,ha = 100\,a$

$1\,a = 100\,m^2$

$1\,m^2 = 100\,dm^2$

$1\,dm^2 = 100\,cm^2$

$1\,cm^2 = 100\,mm^2$

Übungen

2 Wandle um in die nächstkleinere Einheit.

a) $5\,m^2$, $8\,dm^2$, $17\,m^2$
b) $6\,km^2$, $60\,dm^2$, $81\,a$
c) $83\,km^2$, $60\,ha$, $99\,dm^2$
d) $99\,ha$, $16\,dm^2$, $55\,cm^2$
e) $4\,ha$, $23\,cm^2$, $39\,dm^2$
f) $90\,km^2$, $78\,dm^2$, $7\,km^2$

3 Wandle um in die nächstgrößere Einheit.

a) 6200 ha, 8300 ha, 1000 ha
b) $200\,m^2$, $8900\,dm^2$, $5200\,cm^2$
c) $5000\,m^2$, $4600\,mm^2$, 62 000 a
d) $2100\,cm^2$, $6700\,m^2$, 9000 a
e) $1500\,m^2$, 49 000 a, $300\,dm^2$
f) 3900 ha, $7800\,dm^2$, $540\,000\,m^2$

4 Gib den Flächeninhalt in der jeweils kleineren der beiden Flächeneinheiten an.

a) $4\,dm^2\,16\,cm^2$
b) $6\,dm^2\,3\,cm^2$
c) $3\,m^2\,58\,dm^2$
d) $8\,m^2\,7\,dm^2$
e) $8\,dm^2\,32\,cm^2$
f) $17\,dm^2\,24\,cm^2$
g) $9\,m^2\,28\,dm^2$
h) $13\,m^2\,9\,dm^2$
i) $9\,dm^2\,47\,cm^2$
k) $20\,dm^2\,30\,cm^2$
l) $11\,m^2\,17\,dm^2$
m) $17\,m^2\,3\,dm^2$
n) $2\,dm^2\,8\,cm^2$
o) $45\,dm^2\,9\,cm^2$

$2\,cm^2$	$85\,mm^2$	=	$285\,mm^2$
$53\,dm^2$	$79\,cm^2$	=	$5379\,cm^2$
$19\,m^2$	$30\,dm^2$	=	$1930\,dm^2$
7 a	$50\,m^2$	=	$750\,m^2$
$5\,cm^2$	$2\,mm^2$	=	$502\,mm^2$
$73\,dm^2$	$9\,cm^2$	=	$7309\,cm^2$

5 Übertrage die Tabelle in dein Heft und fülle sie aus.

km^2		ha		a		m^2		dm^2		cm^2		mm^2		Schreibweisen
Z	E	Z	E	Z	E	Z	E	Z	E	Z	E	Z	E	
										1	7	8	6	$17\,cm^2\,86\,mm^2 = 17{,}86\,cm^2 = 1786\,mm^2$
					3		5							
		4	4	9										
														= $= 661\,dm^2$
														= = $= 22045\,m^2$
						1	5		4	6				

6 Wandle in die nächstgrößere und in die nächstkleinere Einheit um.

a) $612\,cm^2$, $612\,dm^2$, $612\,m^2$, 612 a
b) $2040\,cm^2$, $2040\,dm^2$, $2040\,m^2$, 2040 ha
c) $350{,}08\,cm^2$, $350{,}08\,m^2$, 350,08 a, 350,08 ha
d) $107{,}5\,dm^2$, $107{,}5\,m^2$, 107,5 a, 107,5 ha

7 Wie groß sind die angegebenen Grundstücke in Quadratmeter?

a) Grundstück 5 a 25 m²
zu verk. Angebote unter …

c) Grundstück 12 a 5 m²
zu verk. Angebote unter …

b) folgende Grundstücke sollen versteigert werden
1) Flurstück 25/113 zu 15 a 25 m²
2) Flurstück 35/115 zu 77 a 53 m²
3) Flurstück 35/124 zu 2 a 3 m²

8

6 ha 75 a
= 600 a + 75 a
= 675 a

Verwandle wie im Beispiel.

a) 8 a 54 m²	b) 12 a 37 m²	c) 3 ha 89 a	d) 10 ha 56 a
e) 4 a 7 m²	f) 25 a 9 m²	g) 7 ha 30 a	h) 27 ha 9 a
i) 7 ha 3 m²	k) 40 a 6 m²	l) 9 ha 4 m²	m) 40 ha 8 m²

9 Schreibe in der kleinsten genannten Einheit.

a) 7 km² 55 ha	b) 5 ha 4 a	c) 14 m² 17 dm²	d) 70 dm² 30 cm²
70 km² 50 ha	95 a 20 m²	40 m² 5 dm²	7 dm² 30 cm²
55 ha 13 a	9 a 20 m²	6 m² 4 dm²	80 cm² 3 mm²

10

835 a
= 8 ha 35 a

Verwandle in die größere Einheit.

a) 458 m²	b) 1560 m²	c) 775 a	d) 368 ha
e) 704 m²	f) 2440 m²	g) 308 a	h) 505 ha
i) 20 908 m²	k) 300 225 m²	l) 107 050 a	m) 908 ha

11 Vergleiche (<, >, =)

a) 230 cm² ▢ 23 dm²	b) 34 000 dm² ▢ 34 a	c) 1750 m² ▢ 1 dm² 75 cm²
2500 mm² ▢ 25 cm²	57 000 ha ▢ 57 km²	4444 mm² ▢ 44 cm² 4 mm²
10 000 a ▢ 1 km²	43 400 ha ▢ 43 km² 400 ha	13 500 a ▢ 13 ha 50 a
1200 a ▢ 120 ha	51 000 mm² ▢ 5 dm² 10 cm²	90 909 dm² ▢ 9 a 9 m² 9 dm²

12 Ordne den Flächen eine passende Einheit zu. Überlege zuerst, wo du startest. Bei der richtigen Zuordnung ergeben die zugehörigen Buchstaben einen Sinn.

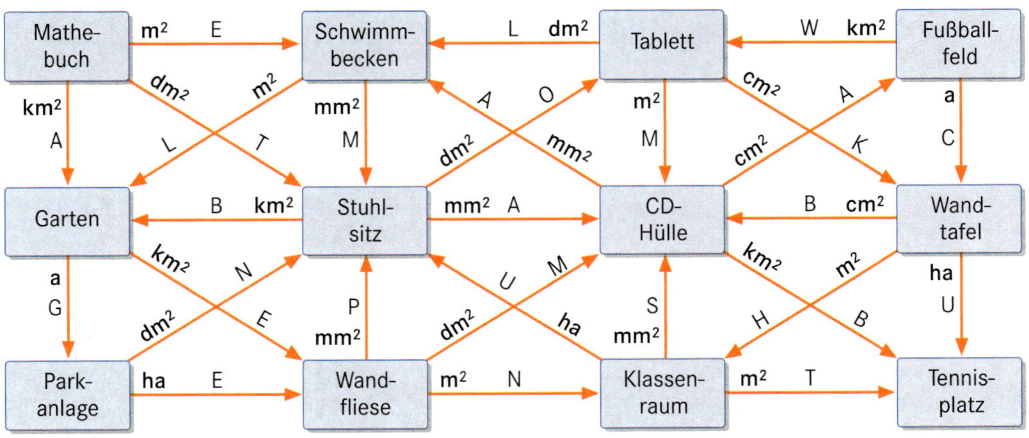

1 Sandras Zimmer soll mit einem Teppichboden ausgelegt werden. Ihr Bruder Holger hat den Grundriss des Zimmers auf kariertes Papier gezeichnet. Mit Hilfe der Zeichnung will er den Flächeninhalt des Zimmers bestimmen.
Wie wird Sandra rechnen?

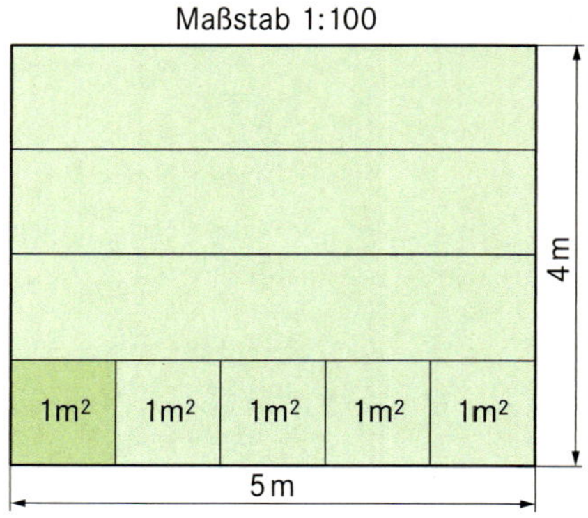

2 a) In dem Beispiel wird der Flächeninhalt eines Rechtecks mit den Seitenlängen 6 cm und 3 cm auf verschiedene Arten berechnet. Erläutere den Lösungsweg. Was muss anstelle der Platzhalter stehen?

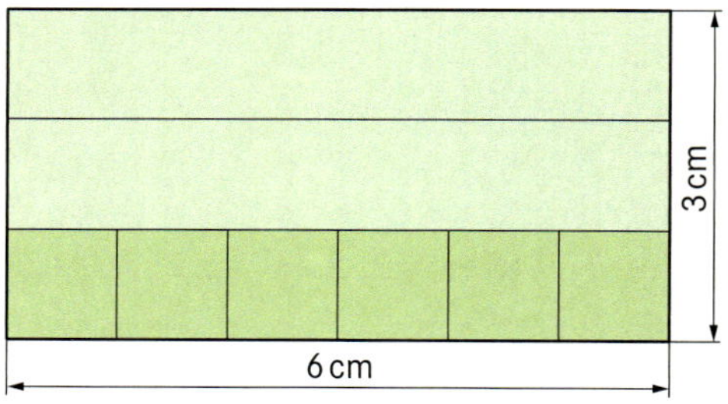

Flächeninhalt eines Streifens	·	Anzahl der Streifen	=	Flächeninhalt des Rechtecks
6 cm²	·	3	=	18 cm²

Länge des Rechtecks	·	**Breite des Rechtecks**	=	**Flächeninhalt des Rechtecks**
▢	·	▢	=	▢

b) Bestimme den Flächeninhalt der abgebildeten Rechtecke. Ergänze dazu die Tabelle im Heft.

Figur	Länge	Breite	Flächeninhalt
A	2 m	8 m	16 m²
B	3 dm	8 dm	▢ dm²

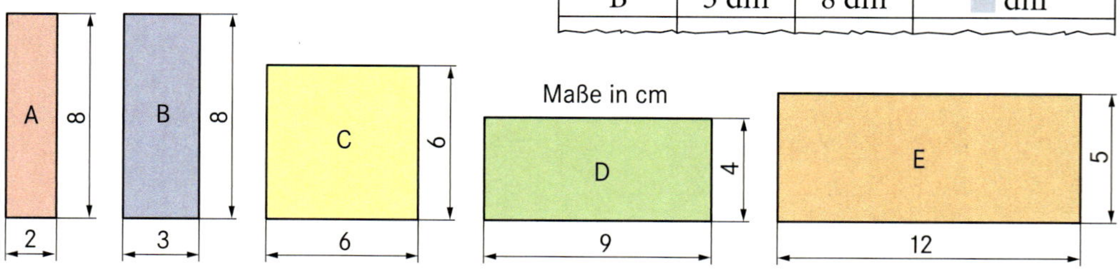

M **Flächeninhalt Rechteck und Quadrat**

Flächeninhalt eines Rechtecks
mit den Seitenlängen a und b

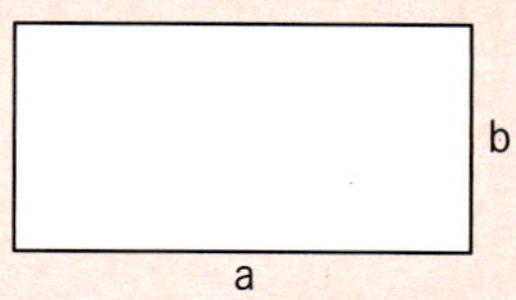

$A = a \cdot b$

Flächeninhalt eines Quadrats
mit der Seitenlänge a

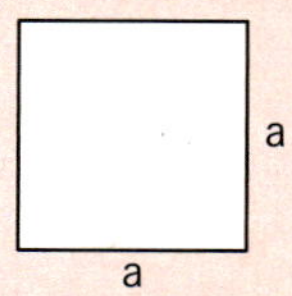

$A = a \cdot a = a^2$

Übungen

3 Berechne den Flächeninhalt des Rechtecks mit den angegebenen Seitenlängen a und b. Gib deine Lösung auch in der nächstgrößeren Flächeneinheit an.

	a)	b)	c)	d)
a	70 cm	550 cm	25 dm	260 m
b	40 cm	120 mm	84 dm	480 m

Flächeneinheiten

$1\ m^2 = 100\ dm^2$
$1\ dm^2 = 100\ cm^2$
$1\ cm^2 = 100\ mm^2$

$1\ km^2 = 100$ ha (Hektar)
1 ha = 100 a (Ar)
$1\ a = 100\ m^2$

4 Übertrage die Tabelle in dein Heft. Berechne. Was stellst du fest?

a	20 cm	40 cm	60 cm	60 cm	80 cm	80 cm
b	10 cm	10 cm	10 cm	30 cm	■	■
A	■	■	■	■	■	■

5 Berechne die fehlende Seitenlänge der abgebildeten Rechtecke.

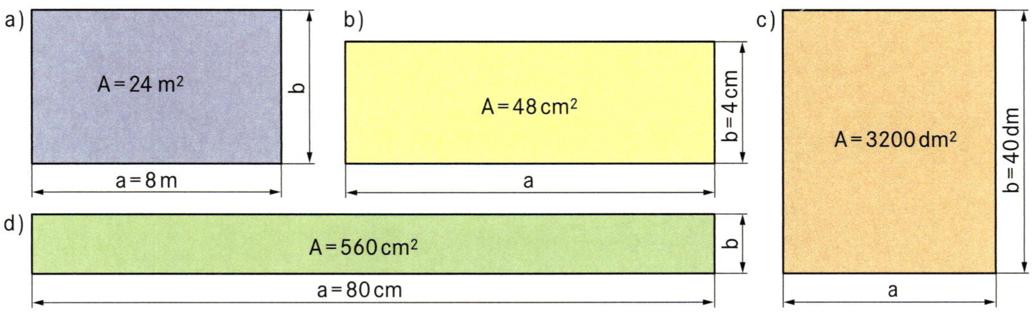

6 Das Quadrat mit den Seitenlängen 12 cm wird in vier flächengleiche Rechtecke zerteilt (siehe Abbildung).
a) Berechne den Flächeninhalt des Rechtecks A und dessen Breite.
b) Berechne den Umfang des Rechtecks B.
c) Berechne den Umfang des Rechtecks C.

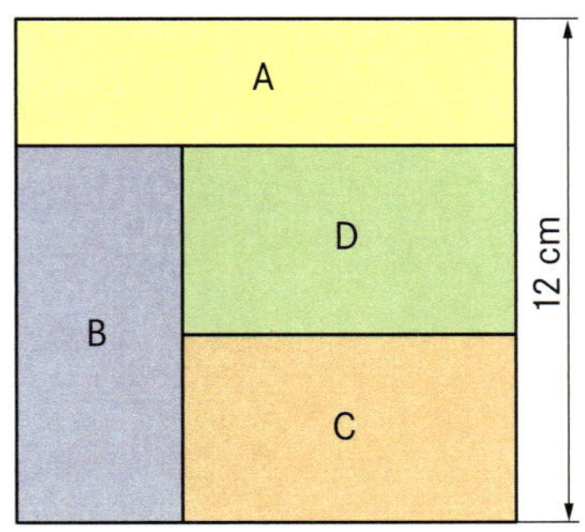

7 Berechne den Flächeninhalt der abgebildeten Figuren.

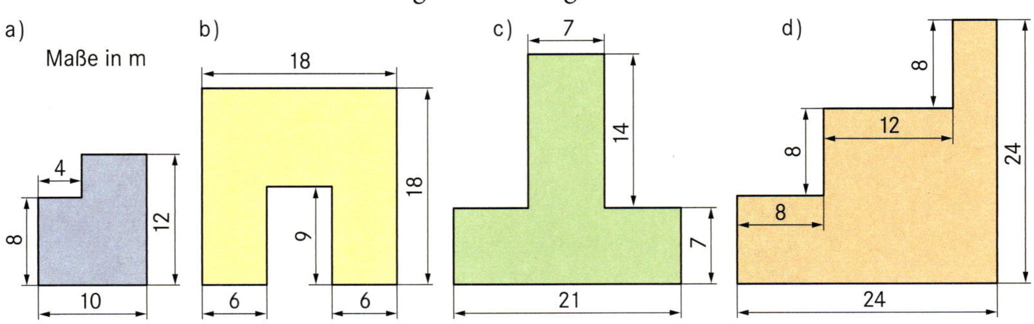

Lösungen 5, 6, 7: 3, 3, 7, 12, 25, 26, 36, 80, 104, 245, 352, 270

1 Rechne vom Kopf bis zum Schwanz der Schlange. Die Lösungszahlen der Zwischenergebnisse stehen vor den Buchstaben. Sie ergeben zusammen gesetzt das Lösungswort.

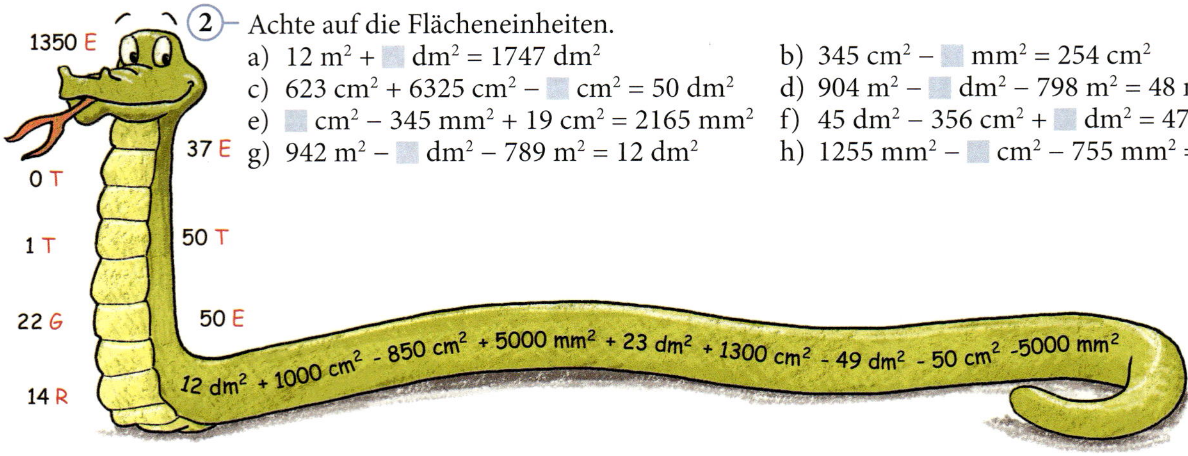

2 Achte auf die Flächeneinheiten.

a) $12\ m^2 + \square\ dm^2 = 1747\ dm^2$
b) $345\ cm^2 - \square\ mm^2 = 254\ cm^2$
c) $623\ cm^2 + 6325\ cm^2 - \square\ cm^2 = 50\ dm^2$
d) $904\ m^2 - \square\ dm^2 - 798\ m^2 = 48\ m^2$
e) $\square\ cm^2 - 345\ mm^2 + 19\ cm^2 = 2165\ mm^2$
f) $45\ dm^2 - 356\ cm^2 + \square\ dm^2 = 4744\ cm^2$
g) $942\ m^2 - \square\ dm^2 - 789\ m^2 = 12\ dm^2$
h) $1255\ mm^2 - \square\ cm^2 - 755\ mm^2 = 5\ cm^2$

3 Susi hat quadratische Plättchen mit 3 cm Kantenlänge.

a) Aus 16 Plättchen legt sie ein neues Quadrat. Berechne den Umfang und den Flächeninhalt des neuen Quadrates.
b) Wie viele Plättchen braucht sie, um das nächstgrößere Quadrat zu legen? Welchen Umfang hat dieses Quadrat?
c) Mit nur 8 Plättchen legt sie ein Rechteck, das nur halb so groß ist wie das Quadrat aus Teilaufgabe a). Ist der Umfang auch halb so groß?

Strategie Lösung

4 Ein Rechteck hat den Umfang 24 cm und den Flächeninhalt 20 cm². Welche Maße könnte es haben?

5 a) Wie viele graue Flächen mit dem Inhalt 1 cm² passen in die gesamte Fläche?
b) Bestimme die Summe der Längen der schwarz gefärbten Strecken.

6 In den nebenstehenden Figuren A und B ist ein Gitter hinterlegt. Die Seitenlänge eines Kästchens beträgt in Wirklichkeit 1 cm.

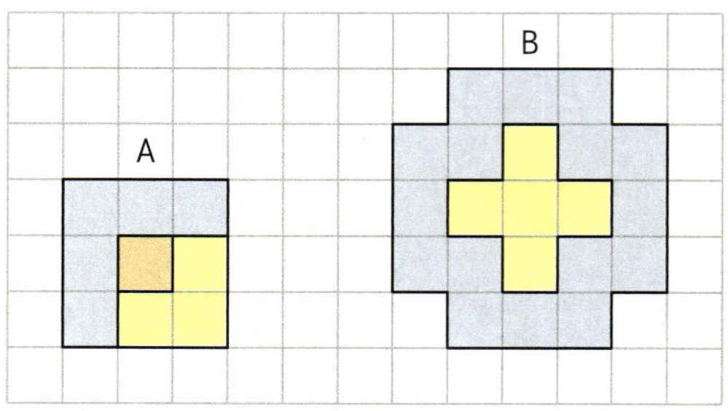

a) Ermittle jeweils die Gesamtlänge der fettgedruckten Linien.
Bestimme den Flächeninhalt der Figuren A und B.
b) Jeder der beiden Figuren lässt sich nach einer Gesetzmäßigkeit vergrößern. Zeichne jeweils die nächste Vergrößerung. Wie verändert sich der Flächeninhalt?
c) Berechne den Flächeninhalt der dargestellten Figuren, wenn die Seitenlänge eines Kästchens statt 1 cm nun 3 cm misst.

7 Familie Stanke besitzt ein 48 m langes und ein 36 m breites rechteckiges Grundstück. Im Tausch soll sie von ihrer Gemeindeverwaltung ein quadratisches Grundstück mit einer Seitenlänge von 42 m erhalten.
a) Ist der Tausch fair? Begründe.
b) Ist für das neue Grundstück ein längerer Zaun notwendig? Begründe.

8 a) Bestimme anhand der Abbildung die Größe der befestigten und bebauten Flächen (Zufahrt und Haus).
b) Wie groß ist die restliche Fläche?
c) Der Garten und der Teich werden von einer Gartenbaufirma gepflegt. Die Kosten betragen 450 € pro Ar.

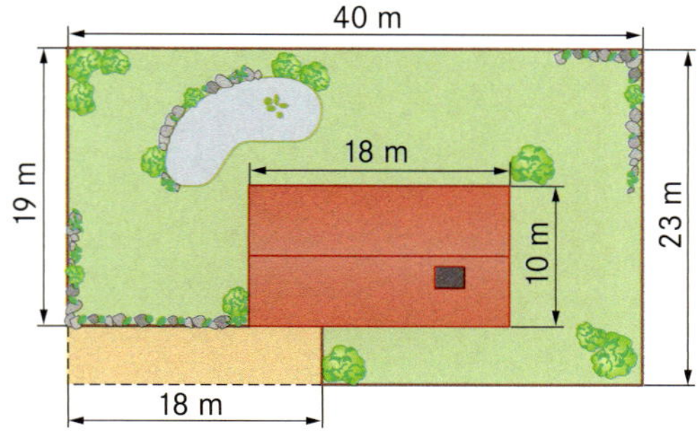

9 Die im Plan rechts grau gefärbte Fläche vor dem Wintergarten der Doppelhaushälfte der Familie Eckstein soll mit Terrassenplatten belegt werden. Dazu wurde 60 cm tief ausgebaggert und mit Kies aufgefüllt. Im Baumarkt werden Terrassenplatten in drei verschiedenen Größen angeboten. Familie Eckstein möchte nur Platten einer Sorte kaufen und nur ganze Platten verlegen. Was würdest du Familie Eckstein empfehlen? Begründe deine Antwort.

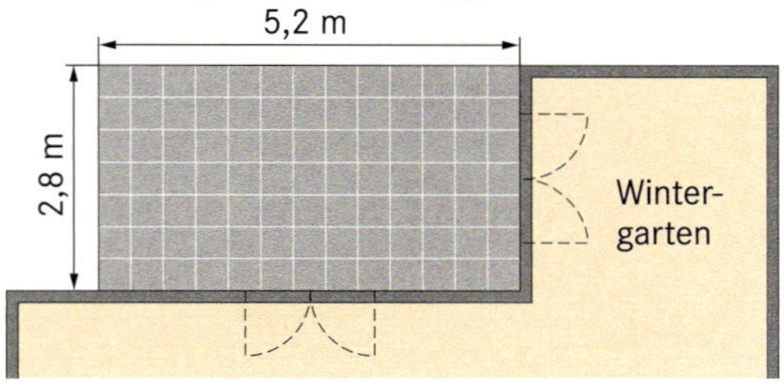

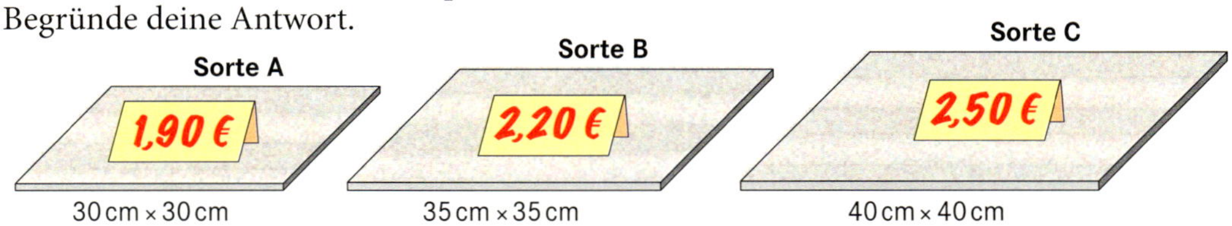

10 Ein Haus ist 16 m lang und 12 m breit. Um dieses Haus sollen in drei Reihen quadratische Platten mit der Seitenlänge 40 cm gelegt werden.
a) Fertige eine Zeichnung im Maßstab 1 : 200 an.
b) Wie viele quadratische Platten werden benötigt?
c) Um wie viel Meter ist der Umfang der letzten Plattenreihe außen länger als der Umfang des Hauses?

11 Familie Ober bezahlt für ihre 3-Zimmer-Wohnung von 82 m² pro Monat eine Kaltmiete von 574 €. In der Zeichnung ist ein Teil der Wohnung dargestellt.
a) Ergänze die Tabelle in deinem Heft:

	Fläche in m² und dm²
Kinderzimmer	
Wohnzimmer	
Küche	

b) Welchen Betrag an Kaltmiete macht das Kinderzimmer von Sebastian aus?

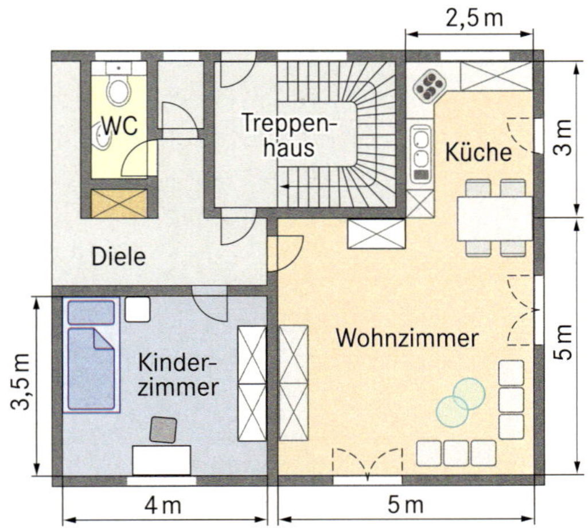

12 Eine gesprungene Fensterscheibe mit den Maßen l = 125 cm und b = 120 cm wird durch eine neue ersetzt. Das kostet ohne Arbeitslohn 165 €.
Wie viel kosten 5 m² Fensterglas?

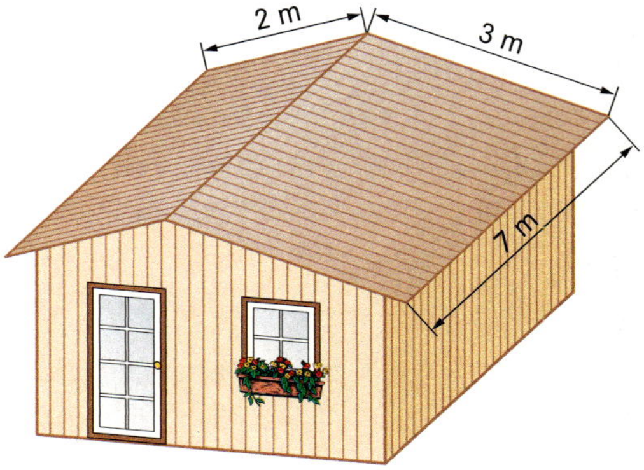

13 Das Dach einer Jagdhütte soll mit einem Dachbelag versehen werden. Beide Teilflächen des Daches sind rechteckig (siehe Abbildung). Jeder Quadratmeter Dachbelag kostet 15,00 €. Die Kosten für den Dachdecker betragen für jede Arbeitsstunde 30 €. Der Dachdecker arbeitet von 8:30 Uhr bis 13:00 Uhr sowie von 13:30 Uhr bis 16:00 Uhr.
a) Berechne die Materialkosten für den Dachbelag.
b) Ermittle die Gesamtkosten für die Dacheindeckung.

14 Die Abbildung unten zeigt das Netz eines Häuschens. Das Netz und damit das gesamte Häuschen soll vergrößert werden. Was jetzt 3 cm lang ist, soll nun eine Länge von 6 cm bekommen.
a) Zeichne auf einen DIN A3-Bogen das neue Netz. Die gelb markierten Klebelaschen kannst du beliebig groß zeichnen. Ergänze die Tabelle in deinem Heft.

Längen im Original	3 cm	2,5 cm	4,5 cm	■
Längen neu	6 cm	■	■	■

b) Ermittle den Flächeninhalt des Originals und des neuen Netzes (ohne Klebelaschen).
c) Zeichne in dein neues Netz Fenster und Türen ein, färbe die Wände und das Dach. Klebe dein neues Netz auf einen Karton, schneide es aus und stelle dein Häuschen auf.

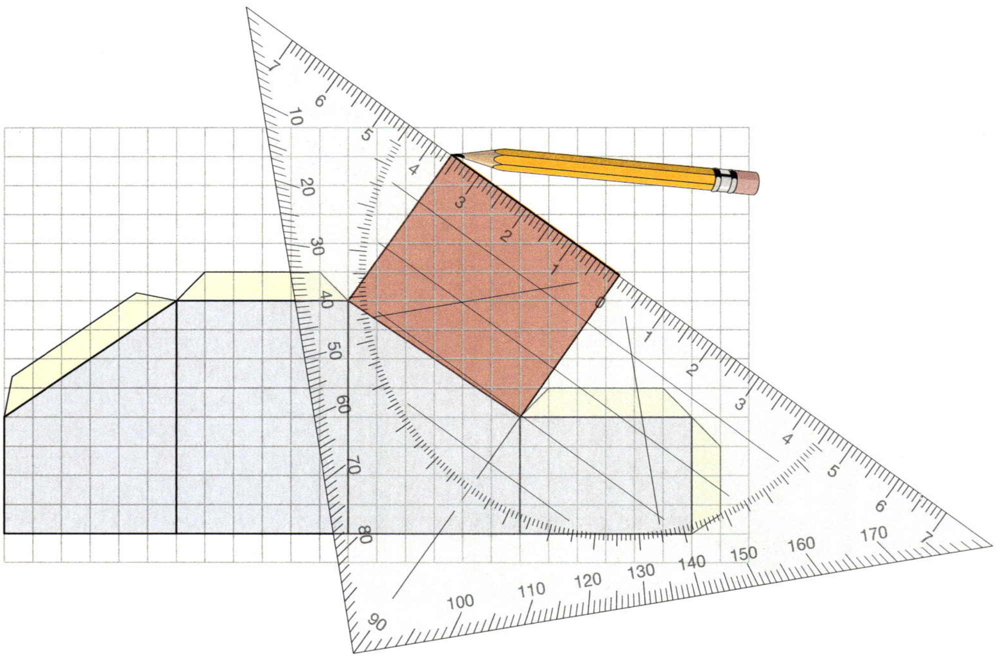

1 

Maßstab 1 : 20 000

Franz und Xaver diskutieren über die Größe der Herreninsel. Franz meint, dass bestimmt über 300 Fußballfelder auf die Insel passen würden. Xaver glaubt, das sei viel zu viel. Wer hat Recht?

So kannst du den Flächeninhalt einer unregelmäßigen Figur abschätzen:

1. Zerlege die Fläche in Rechtecke oder Quadrate.
2. Berechne den Gesamtflächeninhalt.
3. Berechne mit Hilfe des Maßstabes den Flächeninhalt.

Auf Seite 102 findest du weitere Bilder von Herrenchiemsee

2 Franz und Xaver möchten mit einem Paddelboot einmal die Herreninsel umfahren. Wie lange wird die Bootstour ungefähr dauern, wenn die beiden in einer Stunde 4 km schaffen?

3 Sucht auf einer Karte in eurer Umgebung einen See oder eine Insel oder eine große Parkanlage und bestimmt näherungsweise Umfang und Flächeninhalt.

4 Bäume geben über ihre Blätter Sauerstoff ab, den die Menschen einatmen. Das Kohlendioxid, das die Menschen ausatmen, nehmen die Bäume über ihre Blätter auf.
Das menschliche Atemorgan ist die Lunge mit ihren 350 Millionen Lungenbläschen. Ihre gesamte Oberfläche ist etwa 150 m² groß. Vergleiche diesen Flächeninhalt jeweils mit dem Inhalt der Blattoberflächen der angegebenen Bäume.

11 Volumen und Oberfläche

Das Fassungsvermögen von Rucksäcken wird in Liter angegeben. Schätzt, wie viel Liter in diesen Rucksack passen.
Wie könnte man das Fassungsvermögen genauer ermitteln?

Bestimmt das Fassungsvermögen eurer Schultasche oder Sporttasche. Gebt die Größe in der Einheit Trinkpäckchen oder Milchpackung oder … an.

1

Peter findet zwei Ersatzkartons. Welchen soll er nehmen?

2

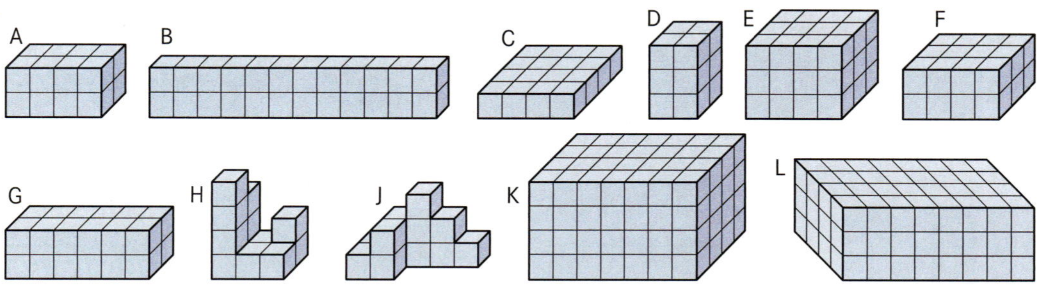

a) Welcher Körper besitzt den größten und welcher den kleinsten Rauminhalt?
b) Der Rauminhalt von A ist genau so groß wie der von □.
c) Der Rauminhalt von B ist doppelt so groß wie der von □ und der von □.
d) Der Rauminhalt von L ist □ mal so groß wie der von J und □ mal so groß wie der von B.
e) Der Rauminhalt von L ist □ mal so groß wie der von F und □ mal so groß wie der von D.

M

Volumen (Rauminhalt)

Das **Volumen** eines Körpers wird mit Würfeln ausgemessen.
Für Volumen sagt man auch **Raum-inhalt.**

Körper A Körper B

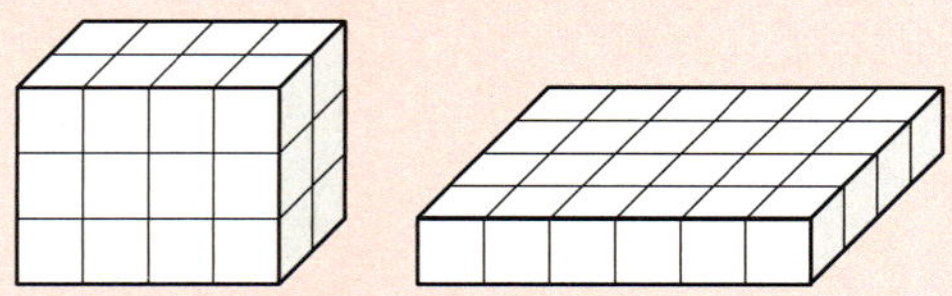

Das Volumen des Körpers A ist ebenso groß wie das Volumen des Körpers B.

Übungen

3 a) Aus wie vielen Würfeln bestehen die einzelnen Körper?
b) Es sollen Quader entstehen. Wie viele Würfel müssen dazugelegt werden?

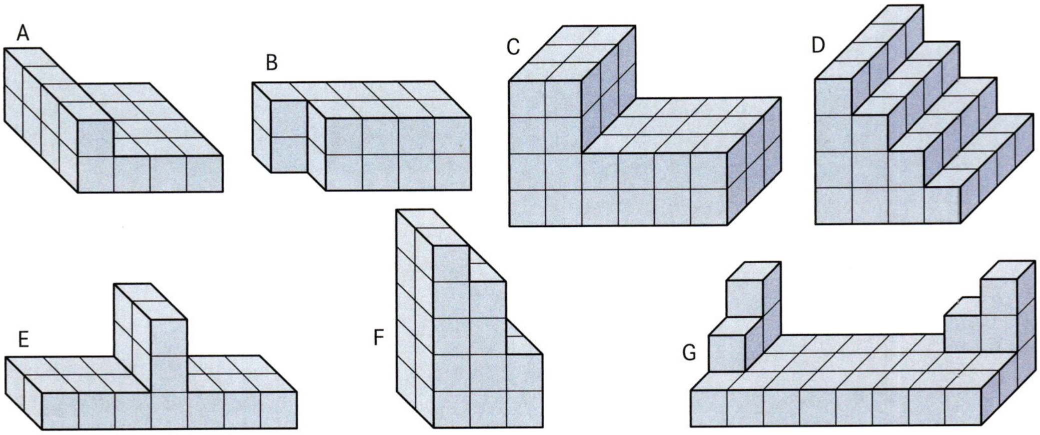

4 In welche Kiste kannst du am meisten Sand einfüllen?

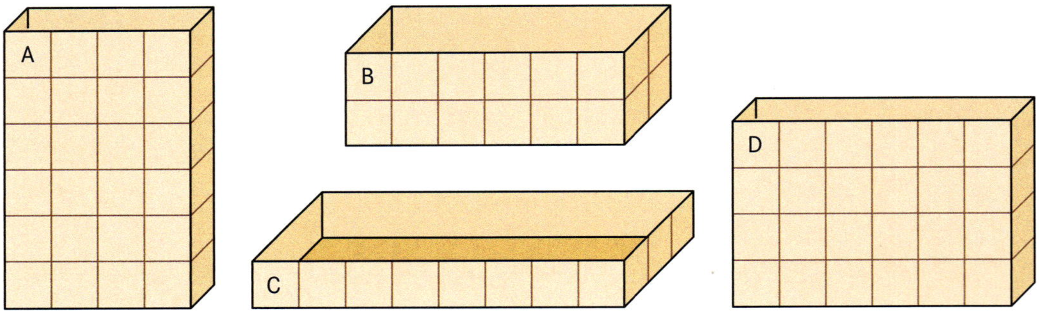

5 Wie viele Würfel passen in die folgenden Kisten?

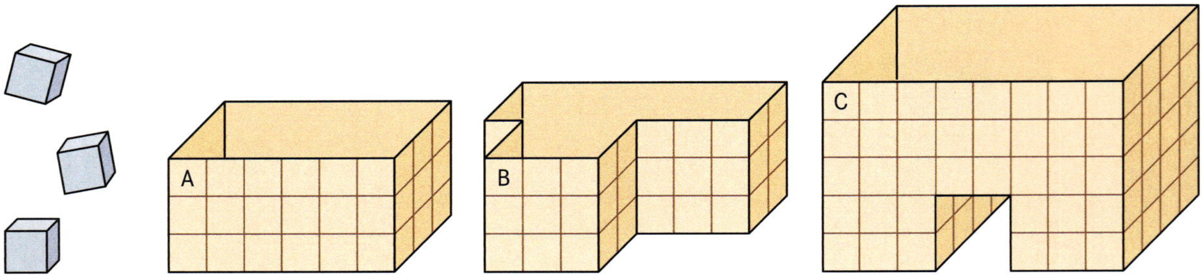

6 Wie viele Quader lassen sich aus 10 (19) Würfeln mit 1 cm Kantenlänge aufbauen? Gib für jede Möglichkeit die Kantenlängen des Quaders an.

7 a) Die abgebildeten Quader sind jeweils aus 48 Würfeln mit der Kantenlänge von 1 cm aufgebaut. Gib für jeden Quader die Kantenlängen an.
b) Aus den 48 Würfeln lassen sich weitere Quader unterschiedlicher Form zusammensetzen. Nenne die Möglichkeiten und gib für jeden Quader die einzelnen Kantenlängen an.

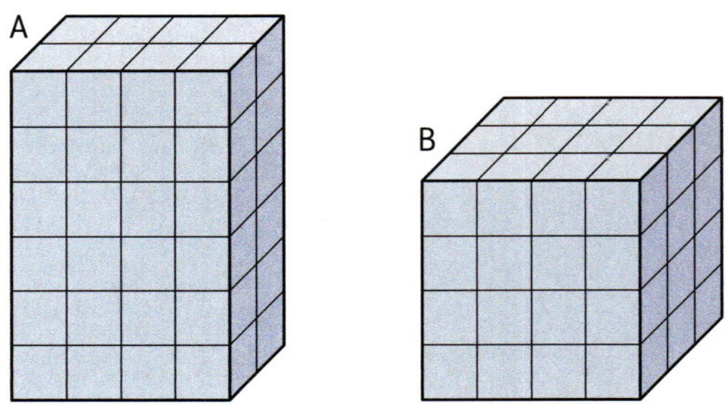

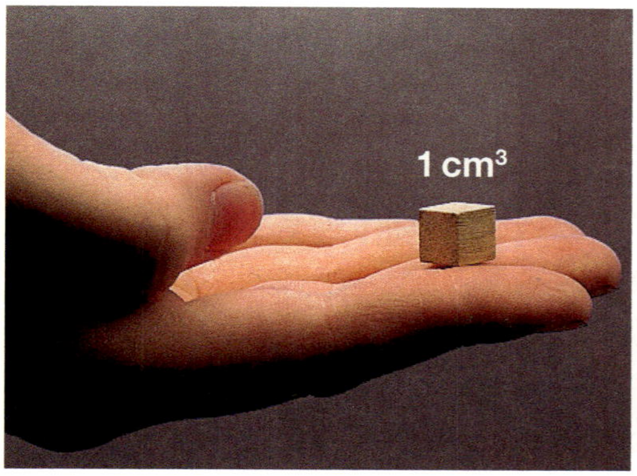

M Ein Würfel mit der Kantenlänge 1 cm hat das Volumen 1 cm^3.
Lies: „ein Kubikzentimeter“

1 cm^3
Maßzahl Maßeinheit
Größe

Würfel mit der Kantenlänge	1 mm	1 cm	1 dm	1 m
Volumen (Rauminhalt)	1 mm^3	1 cm^3	1 dm^3	1 m^3
Name	Kubik-millimeter	Kubik-zentimeter	Kubik-dezimeter	Kubik-meter

1 In welchen Volumeneinheiten werden die angegebenen Räume und Körper sinnvoll ausgemessen: Streichholz, Spielwürfel, Schrankfach, Streichholzschachtel, Schuhkarton, Klassenraum, Lkw-Ladung?

2 Ersetze die Platzhalter.

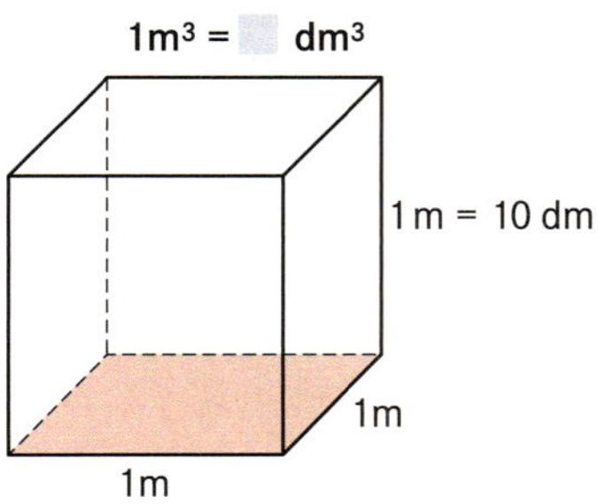

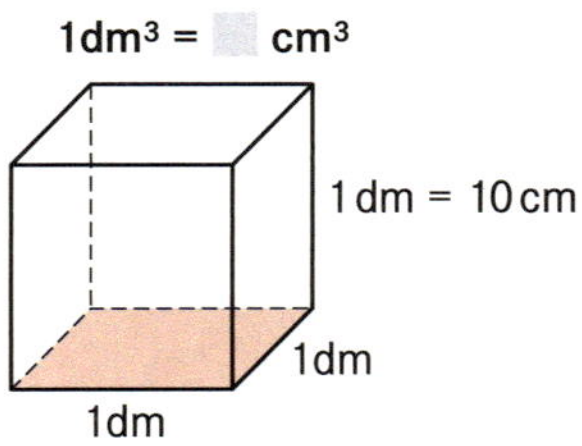

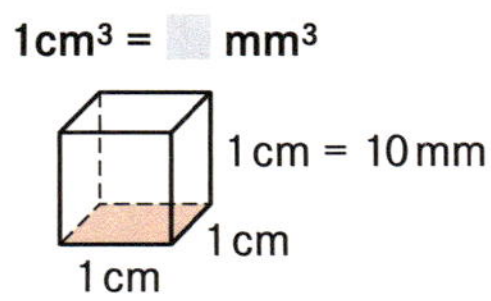

M

Volumeneinheiten

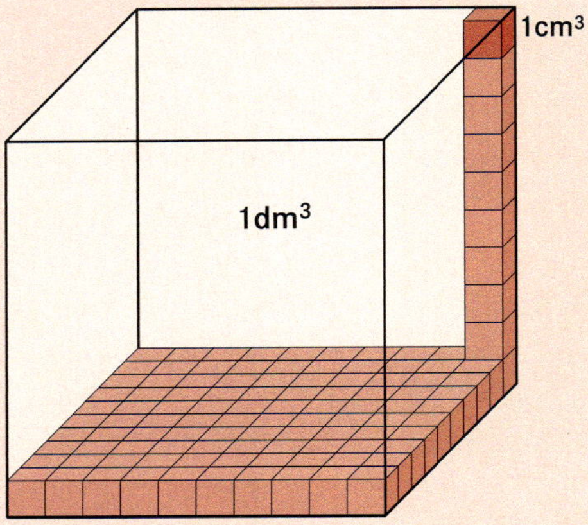

$1\ m^3 = 1000\ dm^3$

$1\ dm^3 = 1000\ cm^3$

$1\ cm^3 = 1000\ mm^3$

Das Volumen von Körpern, die Flüssigkeiten enthalten (z. B. Flaschen, Fässer, Ampullen), wird oft in Litern (*l*), Millilitern (ml) oder Zentilitern (cl) ausgedrückt. Bei größeren Rauminhalten verwendet man auch Hektoliter (hl).
Diese Maße werden auch als Hohlmaße bezeichnet.

$1\ dm^3 = 1\ l$ | $1\ hl = 100\ l$

$1\ l = 1000\ ml$ | $1\ l = 100\ cl$

$1\ ml = 1\ cm^3$

Übungen

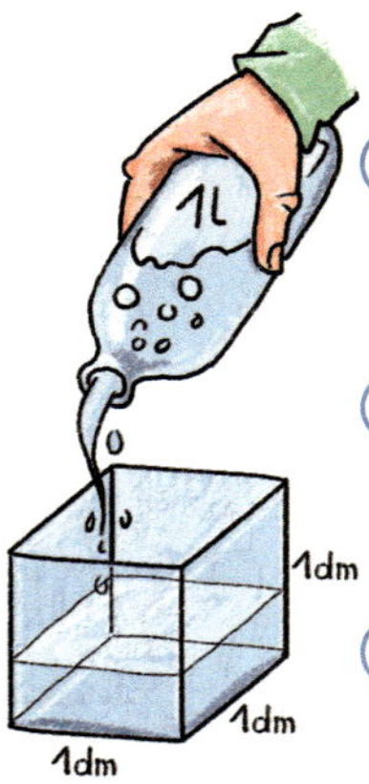

3 Verwandle in die nächstkleinere Einheit.

a) $27\ m^3$	b) $21\ dm^3$	c) $415\ m^3$	d) $17\ cm^3$	e) $111\ dm^3$
$14\ m^3$	$118\ cm^3$	$77\ cm^3$	$5\ dm^3$	$7\ m^3$

4 Schreibe in der nächstgrößeren Einheit.

a) $67\,000\ cm^3$	b) $300\,000\ cm^3$	c) $5000\ mm^3$	d) $7000\ dm^3$	e) $420\,000\ dm^3$
$74\,000\ mm^3$	$49\,000\ mm^3$	$6000\ cm^3$	$10\,000\ cm^3$	$320\,000\ cm^3$

5 Wandle um in Liter.

a) 2 hl	b) $19\ dm^3$	c) 500 cl	d) 1700 cl	e) 66 000 ml	f) $40\,000\ cm^3$
11 hl	$222\ dm^3$	1200 cl	4600 cl	340 000 ml	$216\,000\ cm^3$

6 Wandle in die angegebene Einheit um.

a) 7 l (dm^3)	b) 4 *l* (ml)	c) $7\ cm^3$ (ml)	d) 3 hl (*l*)	e) 50 cl (cm^3)
26 *l* (dm^3)	13 *l* (ml)	$48\ cm^3$ (ml)	45 hl (dm^3)	$50\ cm^3$ (cl)

7 a) Wandle in die nächstkleinere und (außer Kubikmeter) in die nächstgrößere Einheit um.
b) Ordne die Volumeneinheiten richtig.

1

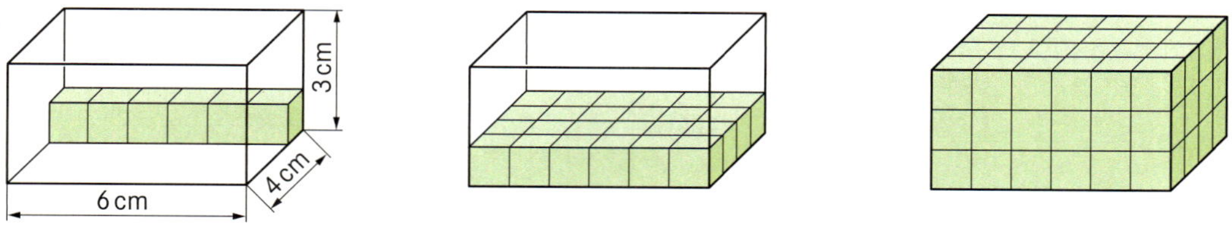

Kannst du vorteilhaft berechnen, wie viele Würfel mit dem Volumen 1 cm^3 in den Quader passen? Denke dir deshalb den Quader in Stangen und Schichten aufgeteilt. Erläutere den Lösungsweg.

2 In dem Beispiel wird das Volumen eines Quaders mit den Kantenlängen 5 cm, 4 cm und 3 cm auf verschiedene Arten berechnet. Erläutere den Lösungsweg. Was muss anstelle der Platzhalter stehen?

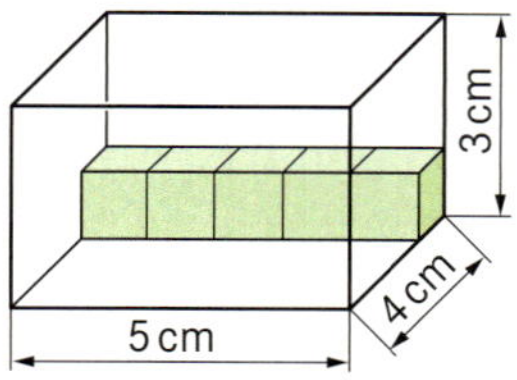

Volumen einer Stange	·	Anzahl der Stangen	·	Anzahl der Schichten	=	Volumen des Quaders
5 cm^3	·	4	·	3	=	60 cm^3

Länge des Quaders	·	**Breite des Quaders**	·	**Höhe des Quaders**	=	**Volumen des Quaders**
■	·	■	·	■	=	■

Berechne jeweils das Volumen der abgebildeten Quader.

Maße in cm

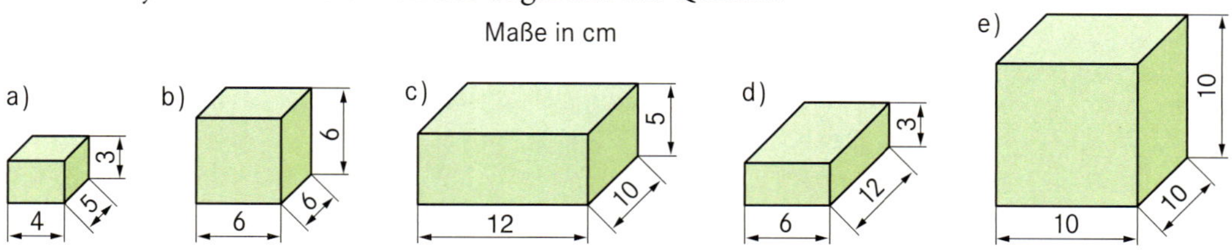

M

Volumen Quader und Würfel

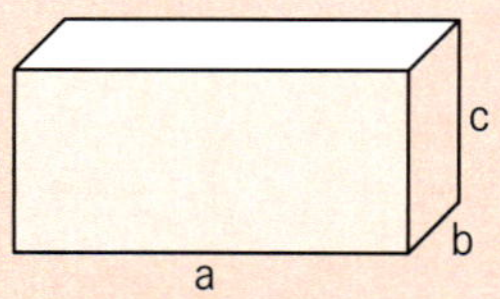

Volumen eines Quaders
mit den Kantenlängen a, b und c

$$V = a \cdot b \cdot c$$

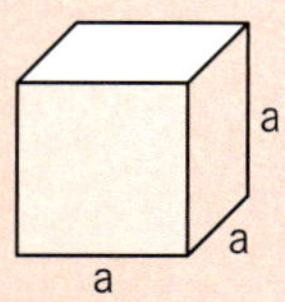

Volumen eines Würfels
mit der Kantenlänge a

$$V = a \cdot a \cdot a = a^3$$

Übungen

3 Berechne das Volumen folgender Quader. Bringe, falls notwendig, die Kantenlängen a, b, c auf dieselbe Einheit.

Kantenlänge	a)	b)	c)	d)	e)	f)	g)
a	4 cm	17 dm	25 m	12 cm	3 m	6,4 m	1,5 cm
b	6 cm	6 dm	8 m	12 cm	25 dm	50 dm	24 mm
c	8 cm	6 dm	12 m	5 cm	2 m	3 m	6 cm

4 Berechne jeweils das Volumen. Rechne in die benachbarten Einheiten um.

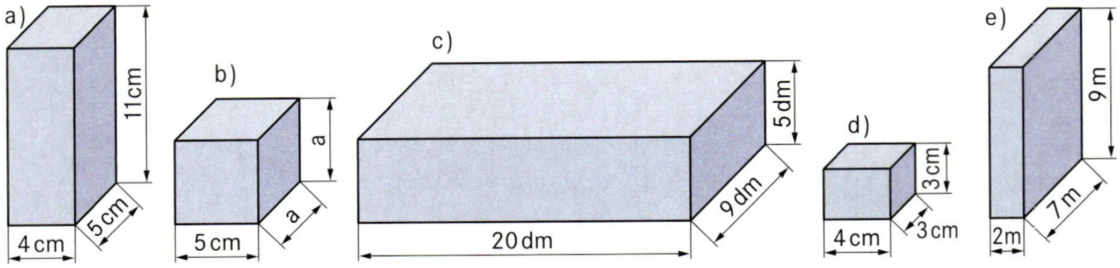

5 Berechne jeweils das Volumen des Quaders. Welche Gesetzmäßigkeiten erkennst du? Ergänze die vierte Zeile.

a) (1) a = 2 cm; b = 3 cm; h = 4 cm
(2) a = 2 cm; b = 6 cm; h = 4 cm
(3) a = 2 cm; b = 3 cm; h = 8 cm

b) (1) a = 2 cm; b = 4 cm; h = 5 cm
(2) a = 2 cm; b = 8 cm; h = 10 cm
(3) a = 4 cm; b = 4 cm; h = 10 cm

6 Ein Spielwürfel hat eine Kantenlänge von 2 cm, ein Schaumstoffwürfel eine Kantenlänge von 20 cm.

a) Berechne das Volumen jedes Würfels.
b) Wie viele Spielwürfel passen in den Schaumstoffwürfel?

7 Eine Turnhalle ist 21 m breit, 45 m lang und 6 m hoch. Wie viel Kubikmeter Luft fasst die Turnhalle?

8 Ein Aquarium ist 1 m lang, 4 dm breit und 6 dm hoch. Es soll zu drei Viertel mit Wasser gefüllt werden. Wie viel Liter Wasser müssen eingelassen werden?

9 Durch eine Weide sollen Entwässerungsrohre gelegt werden. Dazu muss ein Bagger einen 425 m langen Graben ziehen, 1,2 m tief und 0,90 m breit. Wie viel Kubikmeter Erde sind auszubaggern?

10 Berechne das Volumen.

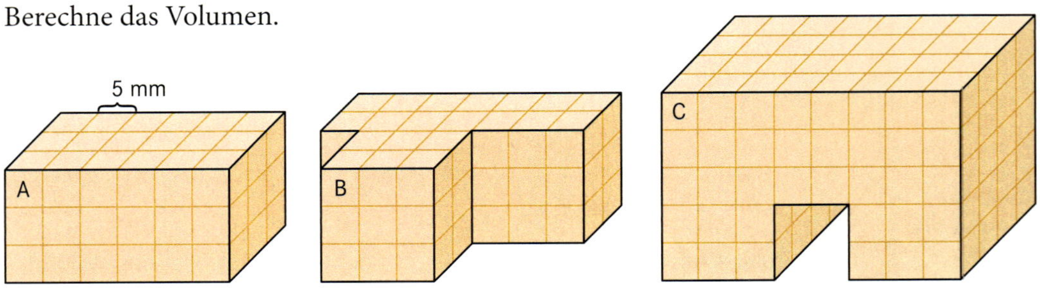

11 Berechne das Volumen der zusammengesetzen Körper.

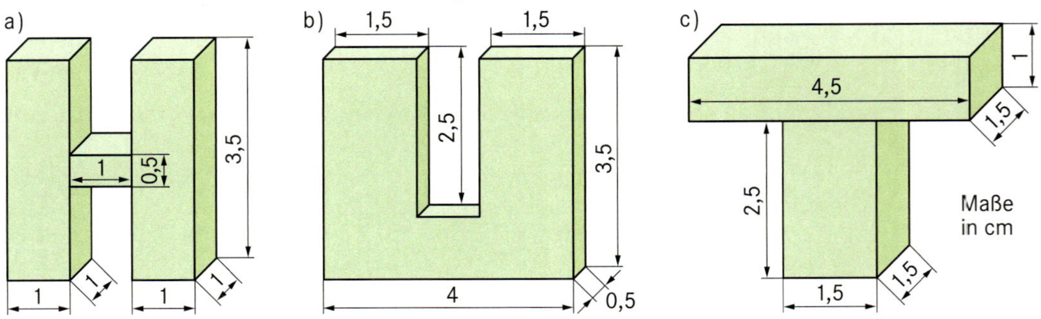

1

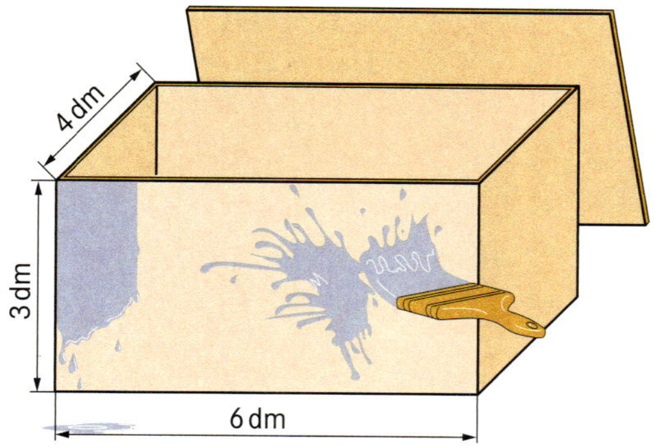

Tanja will eine quaderförmige Spielzeugkiste mit Deckel bauen.
Die gegenüberliegenden Flächen möchte sie außen mit der gleichen Farbe anstreichen.
Berechne die gesamte anzustreichende Fläche.

2 Nico hat ein Netz eines Quaders gezeichnet. Berechne den Oberflächeninhalt.

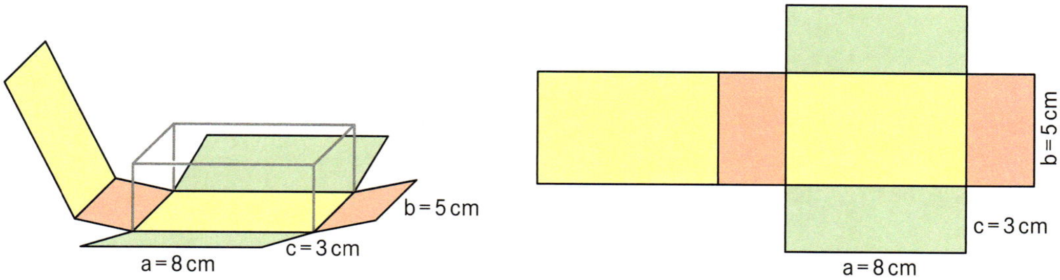

3 Bestimme den Inhalt aller sechs Flächen des Quaders. Sie bilden zusammen die **Oberfläche** des Quaders.

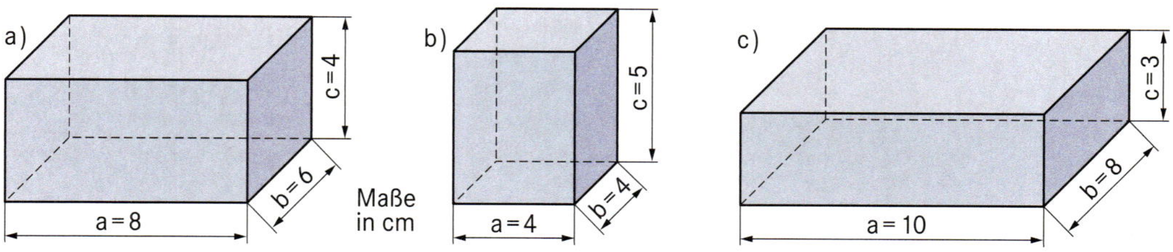

4 Berechne den Oberflächeninhalt folgender Würfel.

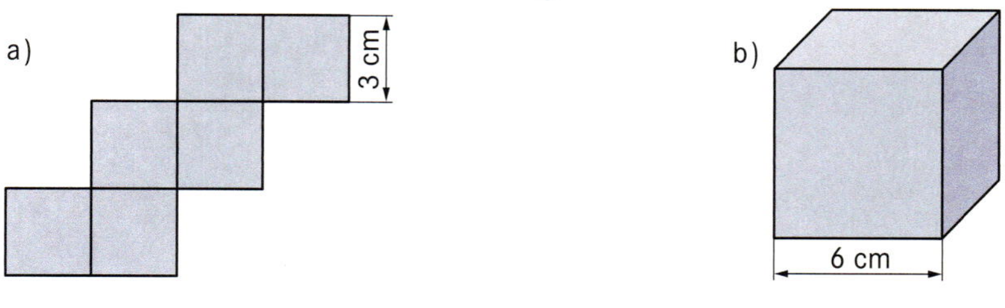

5 Christina will jede Schachtel mit Buntpapier bekleben. Wie viel Quadratzentimeter benötigt sie?

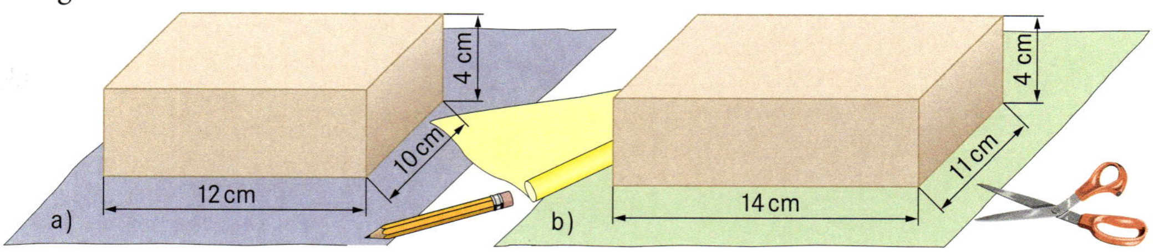

6 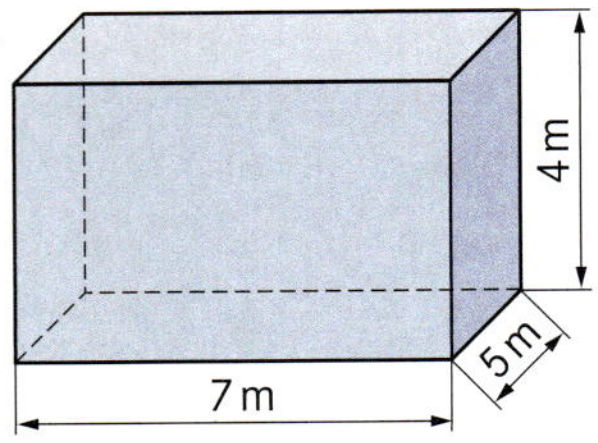

Meike und Thomas berechnen die Oberfläche des abgebildeten Quaders.
Vergleiche ihre Lösungswege miteinander.

Meike

$O = 2 \cdot 7\,m \cdot 5\,m + 2 \cdot 7\,m \cdot 4\,m + 2 \cdot 5\,m \cdot 4\,m$

$O = 2 \cdot 35\,m^2 + 2 \cdot 28\,m^2 + 2 \cdot 20\,m^2$

$O = 70\,m^2 + 56\,m^2 + 40\,m^2$

$O = 166\,m^2$

Thomas

$O = 2 \cdot (7\,m \cdot 5\,m + 7\,m \cdot 4\,m + 5\,m \cdot 4\,m)$

$O = 2 \cdot (35\,m^2 + 28\,m^2 + 20\,m^2)$

$O = 2 \cdot 83\,m^2$

$O = 166\,m^2$

M **Oberfläche Quader und Würfel**

Die Oberfläche eines Körpers besteht aus allen Seitenflächen.

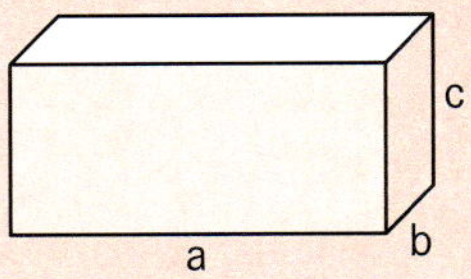

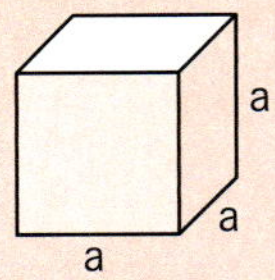

Oberfläche eines Quaders
mit den Kantenlängen a, b und c

$O = 2 \cdot a \cdot b + 2 \cdot b \cdot c + 2 \cdot a \cdot c$

oder $O = 2 \cdot (a \cdot b + b \cdot c + a \cdot c)$

Oberfläche eines Würfels
mit der Kantenlänge a

$O = 6 \cdot a \cdot a$

$O = 6 \cdot a^2$

7 Berechne die Oberfläche folgender Quader. Achte auf die Einheiten.

a) a = 2 cm, b = 8 cm, c = 6 cm
b) a = 4 dm, b = 6 dm, c = 9 cm
c) a = 20 cm, b = 6 dm, c = 90 cm
d) a = 8 dm, b = 2 dm, c = 40 cm
e) a = 2,5 cm, b = 40 mm, c = 2,2 cm

8 Berechne die Oberfläche eines Quaders mit den folgenden Kantenlängen. Was stellst du fest?

(1) a = 2 cm, b = 4 cm, c = 6 cm
(2) a = 4 cm, b = 8 cm, c = 12 cm
(3) a = 6 cm, b = 12 cm, c = 18 cm

9 Berechne die Oberfläche eines Würfels mit der Kantenlänge 8 cm (0,7 m; 1,2 m).

10 In einer Ziegelei werden die Steine zu Quadern aufgeschichtet und anschließend in eine Folie eingeschweißt. Ein Stapel ist 1 m lang, 90 cm breit und 1,40 m hoch.
Berechne, wie viel Quadratmeter Folie benötigt wird.

1 Berechne in deinem Heft die fehlenden Größen (Die Körper in e) und f) sind Würfel).

	a)	b)	c)	d)	e)	f)
Länge	3 dm	3 dm	14 dm	24 dm	10 dm	5 dm
Breite	4 dm		5 dm	12 dm		
Höhe	5 dm	5 dm		25 dm		
Oberfläche						
Volumen		105 dm^3	700 dm^3			

Lösungen: 60, 7200, 94, 600, 1000, 125, 150, 142, 520, 2376, 7, 10, 10, 10, 5, 5

2 Peter will aus Würfelbausteinen eine Stufenpyramide bauen, die zehn Schichten hoch ist. Jede Stufe soll nur die Höhe und die Breite eines Würfels haben.

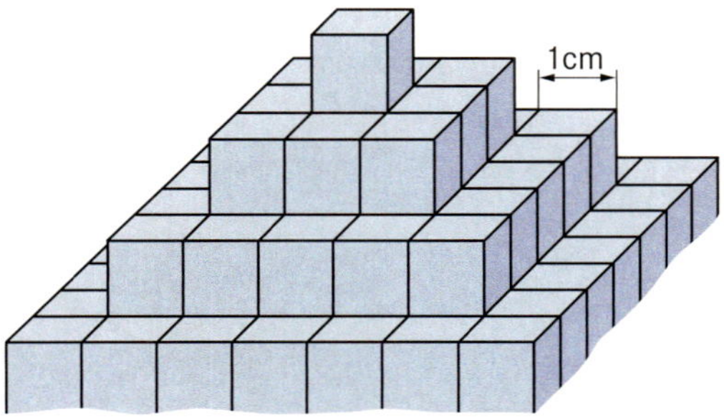

a) Wie viele Würfel muss Peter in der untersten Schicht legen?
b) Wie viele Würfel braucht Peter für die ganze Pyramide?
c) Wie groß ist die Fläche, auf der die Pyramide steht?
d) Welches Volumen hat die Stufenpyramide?

3 a) Berechne das Volumen des blauen Quaders in Liter und die Oberfläche in Quadratmeter.
b) Ein Quader soll das halbe Volumen des großen blauen Quaders haben. Gib sinnvolle Längenmaße an.
c) Vergleiche die Oberflächen des blauen Quaders und des in Aufgabe b) ermittelten Quaders.
d) Berechne das Volumen des roten Quaders. Vergleiche mit dem Volumen des blauen Quaders.

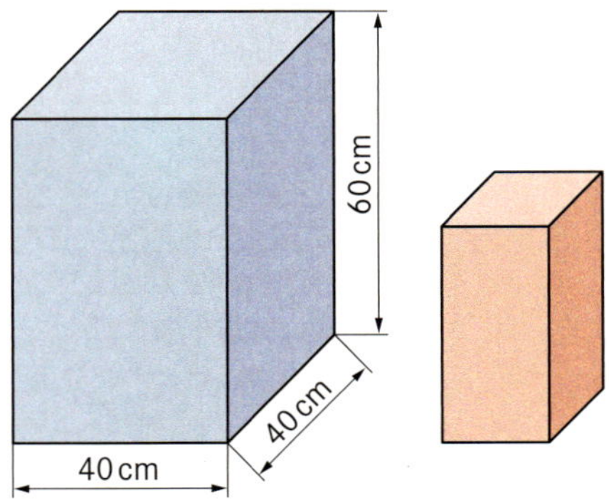

4 Der im Bild dargestellte Stapel besteht aus Blöcken, die alle die gleiche Form und Größe haben.
a) Wie viele Blöcke braucht man mindestens, um den Stapel zu einem vollständigen Quader zu ergänzen?
Welches Volumen und welchen Oberflächeninhalt hätte dieser Quader?
b) Ermittle das Volumen des dargestellten Blockstapels.
c) Berührt jeder Block gleich viele andere Blöcke? Überprüfe.

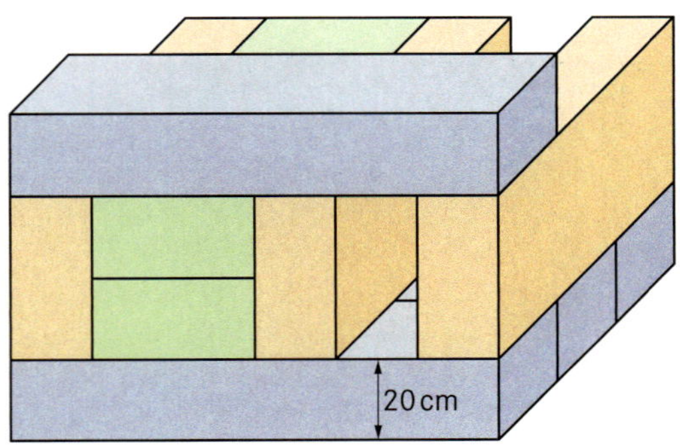

5 a) Im Prospekt werden zwei Kühlschränke mit 160 Liter und mit 210 Liter Fassungsvermögen angeboten. Kontrolliere die Angaben.
b) Bei einem Tischkühlschrank misst Bert folgende Innenmaße: 80 cm breit, 40 cm tief, 50 cm hoch. Berechne seinen Inhalt (in *l*).

6 Ein quaderförmiges Schwimmbecken ist 8 m lang und 3 m breit. Die Wassertiefe soll 1,70 m betragen. Überlege dir mindestens drei sinnvolle Aufgaben und löse sie.

7 Markus möchte seine Musikboxen mit Furnierfolie bekleben. Die Vorderseite bleibt für eine Stoffbespannung frei.
Wie viel Folie benötigt er?

8 Das Dach des Hauses ist mit einer 50 cm hohen, feuchten Schneeschicht bedeckt.
a) Welche Schneelast muss das Dach aushalten, wenn ein Kubikmeter feuchter Neuschnee 200 kg wiegt?
b) In den nächsten Tagen werden weitere Schneefälle erwartet. Deshalb soll das gesamte Dach vom Schnee befreit werden. Es steht ein Container mit einem Fassungsvermögen von 5000 *l* zum Abtransport zur Verfügung.

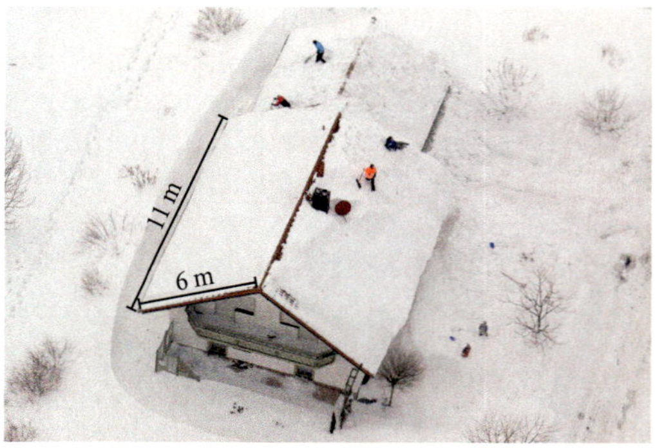

9 Ein Aquarium ist 80 cm lang und 30 cm breit. Die Höhe beträgt 40 cm. Das Aquarium ist zu drei Viertel gefüllt.
a) Wie viel Liter Wasser sind darin enthalten?
b) Wie viel Liter Wasser könnte man noch hinzuschütten?
c) Zeichne ein Schrägbild des Aquariums. Überlege dir einen geeigneten Maßstab.
d) Wie viel Quadratdezimeter Glas werden für die Seitenwände benötigt?
e) Drückt man einen Ball im Aquarium unter Wasser, steigt der Wasserstand um 1 cm. Welches Volumen hat der Ball?

(10) Bei einem Autotest werden u. a. die Herstellerangaben zur Größe des Pkw-Kofferraums überprüft. Dazu wird nach ISO-Norm 3832 der Kofferraum mit Schaumstoffquadern ausgefüllt. Als Kofferraumvolumen gilt nach dieser Norm das Gesamtvolumen der Quader. Diese Quader haben folgende Maße: a = 5 cm, b = 10 cm, c = 20 cm. Der Hersteller gibt das Kofferraumvolumen eines Kleinwagens mit 183 l an. Wie viele der Quader müssten dann in den Kofferraum passen?

(11) Herr Moser hat Leisten aus Tannenholz gekauft und möchte sie auf dem Dach seines Autos nach Hause bringen. Der Dachgepäckträger darf mit 50 kg belastet werden. Jede Leiste ist 2,20 m lang, 10 cm breit und 5 cm dick. 2 dm^3 Holz wiegen 1 kg. Wie viele Leisten darf Herr Moser höchstens aufladen?

(12) Lisa möchte eine alte quaderförmige Truhe (1,10 m breit, 40 cm tief und 45 cm hoch) mit Bauernmalerei verzieren. Dazu muss sie das Holz zweimal vorstreichen. Kauft sie eine kleine oder eine große Dose Lackfarbe ein? Eine kleine Dose reicht für ca. 5 m^2, eine große Dose für ca. 7 m^2.

(13) Die Größe eines Schiffes wird in Bruttoregistertonnen (BRT) angegeben. Diese Zahl gibt den Rauminhalt des Schiffes an
(1 BRT = 2832 dm^3).
Das Foto zeigt ein Schiff mit 37 012 BRT. Vergleiche mit dem Rauminhalt eines Klassenraums von 5 m Länge, 6 m Breite und 3 m Höhe.

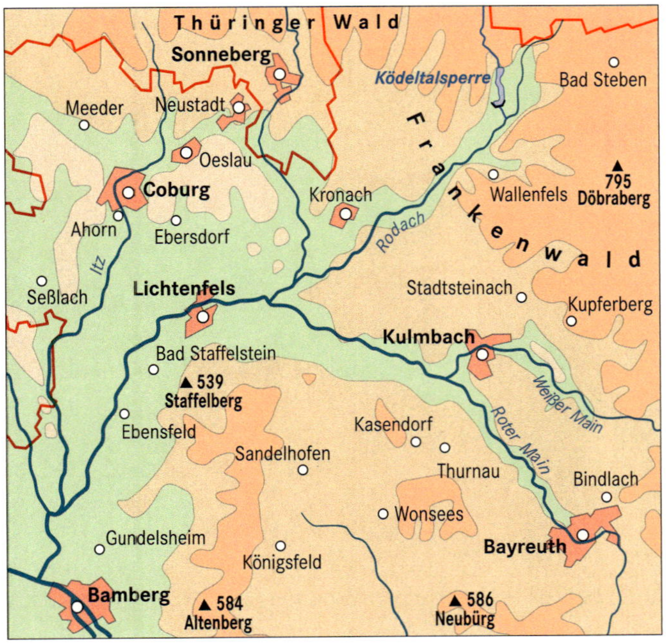

(14) Frankenwald und Thüringer Wald dienen als Wasserfänger und Wasserspeicher. Große Teile Oberfrankens erhalten von dort ihr Trinkwasser. Hier werden pro Jahr im Durchschnitt 1200 mm Niederschlag je Quadratmeter gemessen. Die Ködeltalsperre im Landkreis Kronach z. B. versorgt ein Gebiet bis Bamberg, Bayreuth und Hof.

a) Das Einzugsgebiet der Ködeltalsperre beträgt 40 km^2. Berechne wie viel Kubikmeter Wasser auf diese Fläche fallen.
b) In den Trinkwasserspeicher fließen je Sekunde 670 *l* Wasser. Wie viel Kubikmeter Wasser sind es in einem Jahr?
c) Dem Trinkwasserspeicher werden je Sekunde 500 *l* entnommen. Wie viele Menschen können mit dem Wasser versorgt werden, wenn jeder von ihnen täglich 150 *l* benötigt.

1

Durchschnittliche Niederschlagsmenge (in mm)

Jan	Feb	Mrz	Apr	Mai	Jun	Jul	Aug	Sep	Okt	Nov	Dez
17	94	20	40	39	63	50	77	75	20	65	55

Familie Tatjen leitet seit dem 1. Juli das Regenwasser vom Dach in den neuen Wasserbehälter.

In welchem Monat wird dieser voraussichtlich gefüllt sein?

2 a) Ergänze die Tabelle in deinem Heft. Zeichne für den Pro-Kopf-Verbrauch ein Säulendiagramm (1 cm ≙ 5 *l*).

Pro-Kopf-Verbrauch	Pro-Tag in Liter
Toilettenspülung	35
Baden, Duschen	30
Wäsche waschen	▢
Essen zubereiten	▢

b) Ermittle den Pro-Kopf-Verbrauch bei dir zu Hause pro Woche (Monat). Wo kannst du im Haushalt Wasser sparen?

1 Die Post bietet Packsets in verschiedenen Größen an:
a) Was bedeuten die Bezeichnungen XS, S, M, L, F?
b) Wie viele Pakete der Größe XS passen ungefähr in ein Paket der Größe L?
c) Gib das Fassungsvermögen des Packsets F in Litern an.

Größe	Maße
Packset XS	22,5 cm x 14,5 cm x 3,5 cm
Packset S	25,0 cm x 17,5 cm x 10,0 cm
Packset M	37,5 cm x 30,0 cm x 13,5 cm
Packset L	45,0 cm x 35,0 cm x 20,0 cm
Packset F	38,0 cm x 12,0 cm x 12,0 cm

2 Welche Gegenstände könntest du mit einem Packset S verschicken?

3 Bei drei Internet-Auktionen hat Familie Zuschlag 10 CDs, eine Sammlung von 30 Kinderüberraschungsfiguren (im Plastikei) und 10 Taschenbücher versteigert. Welche Paketgröße ist jeweils für das Verschicken günstig? Eine Skizze kann dir beim Packen helfen.

Höhe des Plastikeis: 4,5 cm

4 Familie Weinheimer verschickt im Packset F eine Flasche Wein. Das Paket wird zusätzlich verschnürt.
Gib die Mindestlänge für die jeweils benötigte Schnur an.

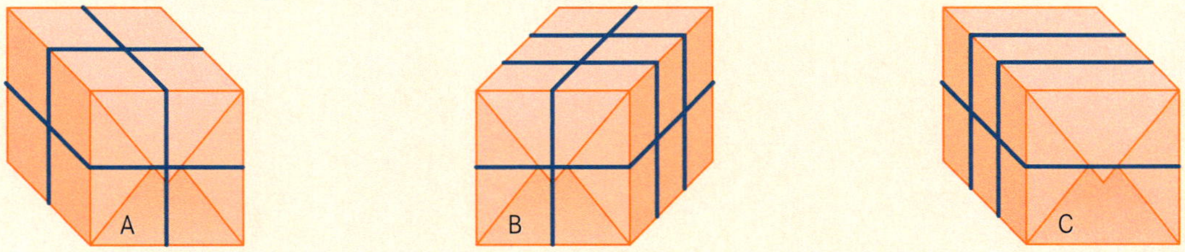

5 In der Postagentur werden die Pakete in Container geladen. Ein Container hat die Innenmaße L: 1156 mm, B: 940 mm, H: 1670 mm. Er kann bis zu 591 kg belastet werden.
a) Wie viele Pakete der Größe L passen in diesen Container?
b) Welches Gewicht könnte jedes Paket der Größe L haben?

6 Eine Spedition verwendet zwei Sorten quaderförmiger Umzugskartons. Der große Karton mit einem Volumen von 72 *l* hat folgende Abmessungen: Länge 60 cm, Breite 30 cm, Höhe 40 cm. Das Volumen des kleinen Kartons ist halb so groß. Gib eine sinnvolle Möglichkeit für die Abmessungen des kleinen Kartons an.

7 

Für den Umzug eines Büros wird ein Lkw vollständig mit Aktenkartons beladen. Schätze das Gesamtvolumen der Umzugskartons. Ein Karton fasst 72 *l*.

1 *Quader*

a) Schreibe auf, welche Kanten des Quaders senkrecht aufeinander stehen und welche parallel sind.
b) Der Quader wird nun zur Hälfte in Farbe getaucht. Übertrage die Quadernetze auf ein Blatt (Maßstab 1 : 4) und färbe sie entsprechend ein.

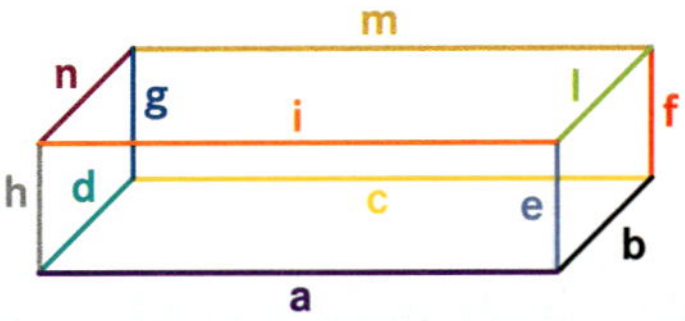

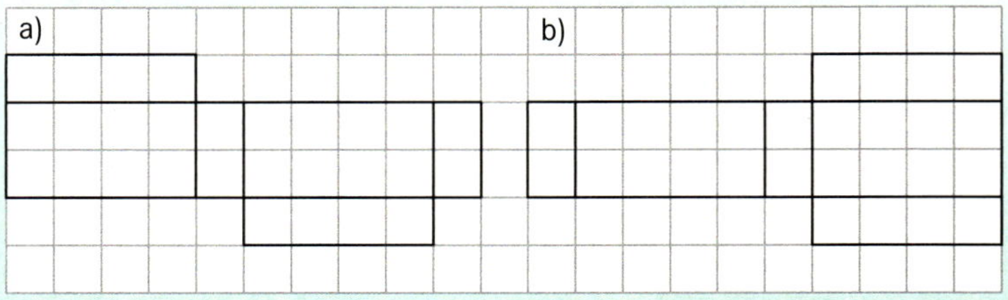

6 *Neues Schwimmbad*

Die Skizze soll eine 625 a große quadratische Fläche darstellen, die in eine Liegewiese mit Schwimmbad umgebaut werden soll. Auf der Nord-, West- und Ostseite wird ein 10 m breiter Streifen mit Sträuchern bepflanzt (vgl. Skizze). Das Schwimmbad soll einschließlich Rand 55 m lang und 35 m breit sein.

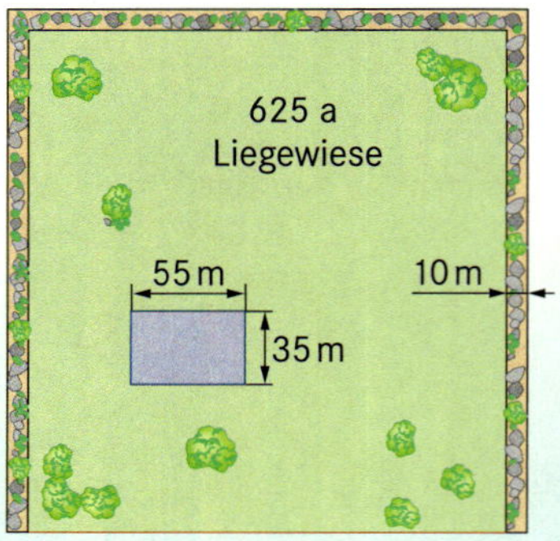

a) Wie viele Pflanzen werden auf dem Streifen benötigt, wenn auf 1 m² eine Pflanze vorgesehen ist?
b) Wie viel Quadratmeter bleiben für die Liegewiese übrig?
c) Schätze, wie viele Liter Wasser in das Schwimmbecken passen.

5 *Raumbilder*

Lege die Figur auf die schraffierte Seite. Zeichne dann ein Schrägbild.

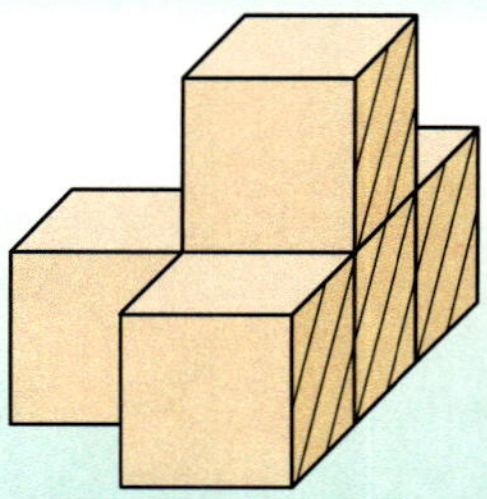

2 *Neubaugebiet Mooshofen, Maßstab 1 : 1000*

Der Bauer Moser besitzt die Grundstücke A und C, der Bauer Hofer B und D.

a) Schätze, welche von den Flächen am größten und welche am kleinsten ist.
b) Berechne die Flächen durch genaues Ausmessen. Beachte den Maßstab!
c) Die Grundstücke werden von der Gemeinde als Baugebiet ausgewiesen. Jeweils den dritten Teil seiner Grundstücksfläche darf jeder Bauer frei verkaufen, den Rest muss er für 40 € an die Gemeinde abtreten. Welchen Geldbetrag erhält jeder Bauer?
d) Für den frei verkaufbaren Grundstücksanteil verlangt Bauer Moser 180 € pro m^2. Bauer Hofer verkauft seinen Anteil für insgesamt 75 000 €.
Welcher Bauer hat den Quadratmeter Baugrund teurer verkauft?

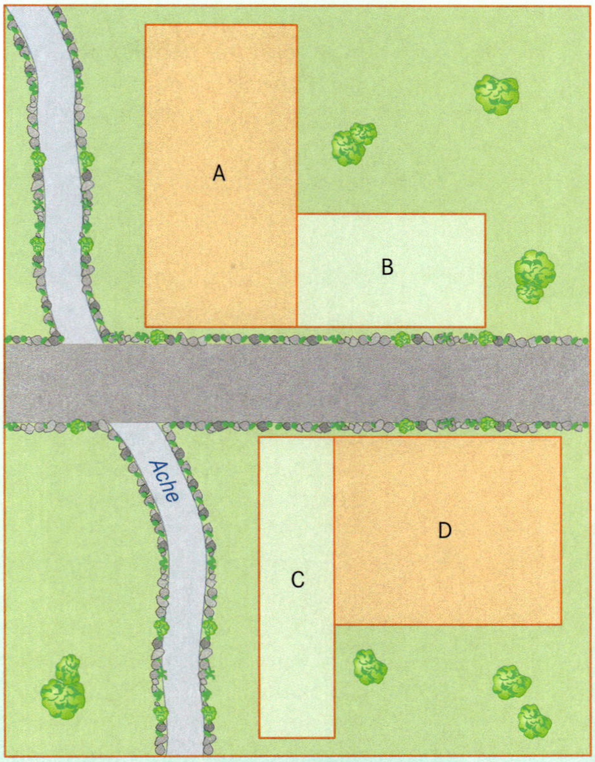

3 *Mathe international 1*

Tante Rosi von Hansi Moser wohnt am Stadtrand von München. Sie verkauft einen Bauplatz von 560 m^2 zu 201 600 €.
Wie viel Quadratmeter hat Tante Rosi einem anderen Kunden verkauft, wenn sie bei gleichem Quadratmeterpreis 162 000 € erhalten hat?
Im Zentrum von Tokio ist 1 m^2 Grund sehr teuer. Berechne den Quadratmeterpreis, wenn für 560 m^2 umgerechnet 199 360 000 € bezahlt wurden.

4 *Mathe international 2*

Tom Backham aus England ist zu Besuch bei seinem Cousin Hansi Moser in Mooshofen. In Toms Mathematikbuch findet Hansi folgende Aufgabe:
What is the area of the white paper not covered by the picture?

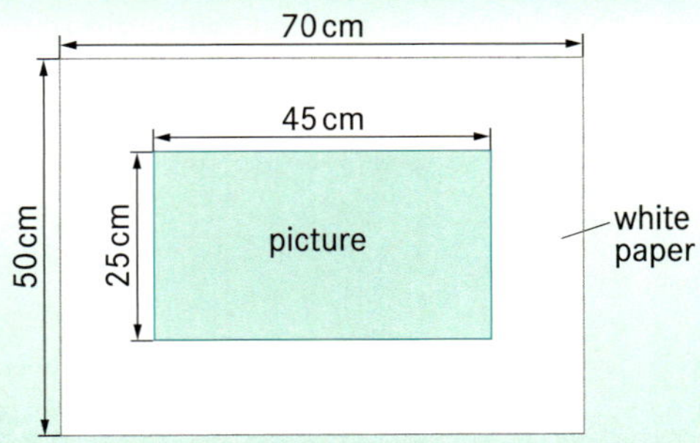

12 Teste dein Grundwissen

Zahlen – Daten – Zufall

1 Wie heißen die markierten Zahlen?

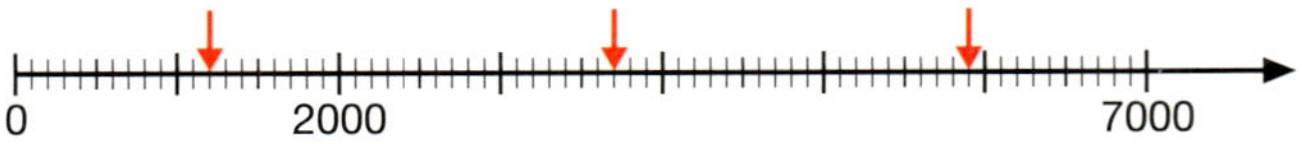

2 a) Wie heißt die zweitkleinste vierstellige Zahl, die du aus den Ziffern 3, 6, 7 und 8 bilden kannst?
b) Schreibe alle dreistelligen Zahlen mit der Quersumme 3 auf.

3 Welche Zahl liegt in der Mitte zwischen 99 und 999?
A 449 **B** 450 **C** 500 **D** 549 **E** 550

4 Setze die Zahlenfolge nach rechts und links um jeweils zwei Zahlen fort.
… 8 5 12 9 16 13 20 …

5 a) Runde auf die in Klammern angegebene Stelle.
(1) 64 185 (Tausender) (2) 64 185 (Hunderter) (3) 64 185 (Zehner)
b) Lucca sagt: „Auf Zehner gerundet bekomme ich 10 € Taschengeld." Welches ist der größte mögliche Betrag, welches der kleinste, wenn Luccas Taschengeld in ganzen Euro bezahlt wird?

6 Das Diagramm zeigt das Ergebnis einer Umfrage in einer Realschule.
a) Welche Diagrammart wird verwendet?
b) Wie viele Schüler benutzen den Bus?
c) „Es kommen mehr Schüler zu Fuß oder mit dem Fahrrad zur Schule als mit dem Bus oder der Bahn." Stimmt das?

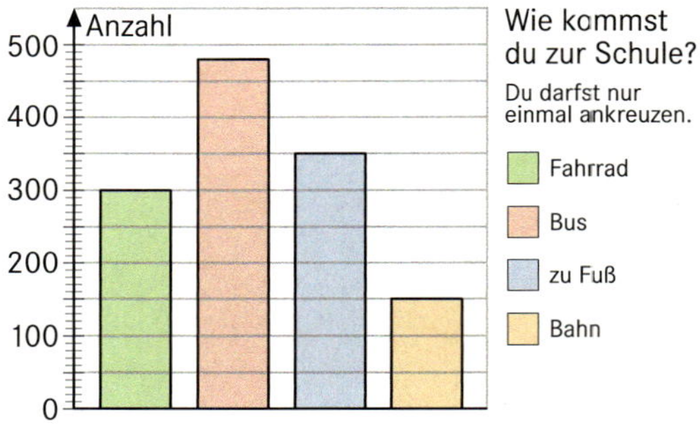

7 Die Körpergrößen der 26 Schüler der Klasse 5b sind in der Urliste unten erfasst. Alle Angaben sind in Zentimeter.

149	137	142	148	154	158	139	145	156	159	143	153	153
150	161	150	152	163	147	155	139	151	143	147	157	160

a) Ergänze die Häufigkeitstabelle in deinem Heft.
b) Zeichne zu b) ein passendes Diagramm.
c) Laut Straßenverkehrsordnung dürfen Kinder unter 1,50 m nur im Kindersitz im Auto mitfahren. Für wie viele Kinder der Klasse 5b trifft dies zu?

Körpergröße in cm	Anzahl
130 – 139	
140 – 149	
150 – 159	
160 – 170	

8 Mit einem normalen Spielwürfel wurden in fünf Würfen die Zahlen 1, 2, 3, 4 und 5 geworfen. Jetzt ist David an der Reihe. Welche Zahl wird er würfeln?

9 Julian hat einen Würfel mit nebenstehendem Netz gebastelt. Tim hat auf einer 1 €-Münze das Wappen mit der Zahl 6 überklebt. Wer hat bessere Gewinnchancen, wenn die 1 gewinnt (wenn die 6 gewinnt)?

Addition und Subtraktion

1 Rechne nebeneinander.
a) 5684 + 4732
b) 964 – 589
c) 6 432 840 – 71 064 – 509 867
d) 357 980 – 6278 + 938 649

2 Rechne geschickt. Wie heißen die Rechengesetze, die du dabei anwendest?
a) 69 + 137 + 31 + 23
b) 198 + 76 + 24 + 102
c) 238 + 147 + 132 + 233

3 Stelle einen passenden Rechenausdruck auf und berechne.
a) Subtrahiere von der Summe der Zahlen 79 548 und 54 818 die Differenz der Zahlen 3509 und 955.
b) Subtrahiere von der Zahl 365 008 die Summe der Zahlen 8247 und 3812 und subtrahiere anschließend noch 85.

4 658 Schüler besuchen die Kaiser-Realschule. Am Ende des Schuljahres verlassen 95 Schüler die Schule. Nach den Sommerferien kommen 127 Schüler neu in die fünfte Jahrgangsstufe. Wie viele Schüler hat die Schule jetzt?

5 Die Zahlen 1, 2, 3, 4, 5, 6, 7 und 8 sollen so in zwei Gruppen mit je vier Zahlen zusammengefasst werden, dass die Summen in beiden Gruppen gleich sind. In der einen Gruppe befinden sich die Zahlen 1 und 3. Welche Zahlen gehören noch in diese Gruppe?

Multiplikation und Division

1 Berechne schriftlich.
a) $467 \cdot 56$
b) $25\,584 : 12$
c) $1745 \cdot 704$
d) $27\,488 : 32$

2 Rechne geschickt. Wie heißen die Rechengesetze, die du dabei anwendest?
a) $4 \cdot 239 \cdot 25$
b) $250 \cdot 38 \cdot 8$
c) $50 \cdot 27 \cdot 20$

3 Es soll $27 \cdot 14$ berechnet werden. Welche Rechenwege sind richtig.
A $20 \cdot 10 + 7 \cdot 4$
B $27 \cdot 10 + 27 \cdot 4$
C $20 \cdot 10 + 20 \cdot 4 + 7 \cdot 4$
D $27 \cdot 10 + 1 \cdot 4$
E $20 \cdot 14 + 7$
F $10 \cdot 20 + 4 \cdot 20 + 10 \cdot 7 + 4 \cdot 7$

4 Berechne
a) $(721 + 336 : 12) : 7 + 24 \cdot 38$
b) $2617 + 4908 : 12 - 89 \cdot 34$

5 Stelle einen passenden Rechenausdruck auf und berechne.
Subtrahiere den Quotienten der Zahlen 2184 und 12 von dem Produkt der Zahlen 27 und 9.

6 Für welche Zahl steht der Platzhalter? $3 \cdot 12 \cdot 15 = \square \cdot 6 \cdot 5$

7 a) Berechne: 3^4; 25^2; 4^3; $7 \cdot 10^6$; $4 \cdot 5^2$; $6^3 \cdot 3$
b) Schreibe als Potenz: 1000; 8; 49; 125; 216; 32; 64

8 Für den Getränkeautomaten einer Realschule werden täglich 126 Tüten Eistee Pfirsich, 92 Tüten Schokoladenmilch und 70 Tüten Eistee Zitrone benötigt. Wie viele Tüten sind das in einer Schulwoche?

9 Schreibe dir eine zweistellige Zahl zweimal nebeneinander. Du erhältst eine vierstellige Zahl. Mit welcher Zahl musst du die zweistellige Zahl multiplizieren, um die vierstellige zu erhalten?

Rechnen mit Größen

1. Wandle in die angegebene Einheit um

a) 9000 Cent (€)	b) 60,06 € (Cent)	c) 38 kg (g)	d) 10 000 g (kg)
e) 6 min (s)	f) 81 dm (cm)	g) 1 km 835 m (m)	h) 30 cm (m)
i) 720 min (h)	k) 3 d (h)	l) 5 min 24 s (s)	m) $\frac{1}{4}$ h (min)

2. Die 81 Millionen Bürger in Deutschland essen pro Kopf 17 kg Bananen im Jahr.
   a) Wie viel kg Bananen verzehren alle Menschen in Deutschland insgesamt?
   b) 10 kg Bananen kosten ungefähr 15 €. Wie viel Geld gibt jeder Bürger durchschnittlich im Jahr für Bananen aus?

3. Einer der größten Tanker der Welt kann etwa 360 000 t Öl laden. Vier Kesselwagen der Bahn fassen zusammen etwa 192 000 kg. Wie viele Güterzüge mit je 30 Wagen sind nötig, um die Ölmenge des Hochseetankers abzutransportieren?

4. Bei einer Fernsehübertragung der Olympischen Spiele kosteten zwei Minuten Werbung 540 000 €. Die Werbesendungen einer Firma liefen montags $\frac{1}{4}$ Minute, mittwochs 20 Sekunden und freitags 45 Sekunden.
   a) Wie viele Sekunden betrug die Werbezeit in einer Woche?
   b) Wie viel musste das Unternehmen für die Werbung zahlen?

5. Sven und Max wollen von Klosterlangheim nach Weismain wandern. Auf einer Karte im Maßstab 1 : 50 000 misst Sven mit dem Lineal eine Entfernung von 9,5 cm.
   a) Berechne, wie lang der Wanderweg ist.
   b) Max meint, Sven hat zu ungenau gearbeitet. Ist der Weg länger oder kürzer? Begründe.

6. Familie Frohsinn steht während der Fahrt in den Urlaub in einem Stau von 1 km Länge. Die Autos stehen dicht hintereinander. Wie viele Autos stehen in diesem Stau etwa auf einer Spur?

Geometrische Grundbegriffe

1. Trage die Punkte A (1 | 5), B (4 | 1) und C (8 | 4) in ein Gitternetz ein.
   a) Zeichne das Dreieck ABC und gib die Länge der Strecke [AB] an.
   b) Finde besondere Eigenschaften des Dreiecks ABC.
   c) Ergänze das Dreieck zu einem Quadrat ABCD. Gib die Koordinaten von D an.
   d) Zeichne alle Symmetrieachsen rot ein.

2. Zeichne einen Kreis k (M; r = 4 cm). Lege auf dem Kreis einen Punkt A fest.
   a) Zeichne die Gerade g = AM ein.
   b) Ergänze in der Zeichnung die Gerade s, die senkrecht zu g und durch den Punkt M verläuft. Nenne die Schnittpunkte der Geraden s mit dem Kreis B und C.
   c) Zeichne durch den Punkt B eine Gerade h, die g nicht schneidet. Wie verlaufen h und s zueinander?
   d) Zeichne zwei Kreise mit dem Radius 2 cm, die den Kreis k im Punkt A berühren. Begründe: Einer der beiden Kreise verläuft durch M.

3. Die Punkte A (6 | 2) und B (18 | 10) sind Eckpunkte eines Rechtecks ABCD.
   M (10 | 9) ist der Schnittpunkt der Diagonalen des Rechtecks.
   Zeichne die Punkte in ein Gitternetz (1 LE ≙ 1 Kästchen) und ergänze zum Rechteck. Gib die Koordinaten der Punkte C und D an.

Terme, Gleichungen, Ungleichungen

1 Bestimme die Lösungsmenge. $\mathbb{G} = \mathbb{N}_0$

a) $80 - x = 56$ b) $7 \cdot x = 77$ c) $19 + x = 95$ d) $48 : x = 16$

e) $x \cdot 4 > 36$ f) $x + 37 < 72$ g) $7 \cdot x > 11 + 10$ h) $30 < 5 \cdot x$

2 Setze das richtige Zeichen (<, =, >).

a) $x + 12 \; \square \; 22 \quad \mathbb{L} = \{1; 2; 3; 4; 5; 6; 7; 8; 9\}$ b) $4 \cdot x \; \square \; 50 \quad \mathbb{L} = \{13; 14; 15; \dots\}$

3 Maxi sagt: „Wenn ich zu einer Zahl 105 addiere und dann 1005 subtrahiere, erhalte ich 10 005.“ Wie heißt diese Zahl?

A 105 **B** 10 095 **C** 10 905 **D** 11 005 **E** 12 005

4 Gib die Lösung der Gleichung an. $\mathbb{G} = \{2; 3; 4; \dots 10\}$

a) $9 \cdot x + 13 = 49$ b) $9 \cdot x - 13 = 32$ c) $9^x + 1 = 82$

5 Das Bild rechts zeigt Elemente von Quadratzäunen.

a) Übertrage die Tabelle in dein Heft und ergänze sie.

b) Aus wie vielen Elementen besteht ein Zaun mit 102 Hölzchen?

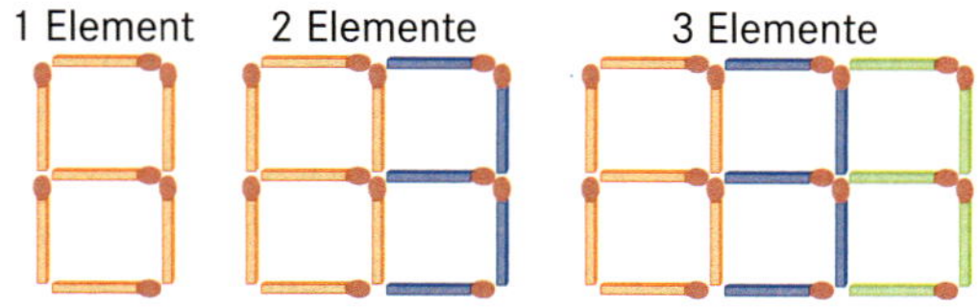

Anzahl der Elemente	1	2	3	x
Anzahl der Hölzchen	7	□	□	□

Teilbarkeit

1 Bestimme alle Teiler a) von 48 b) von 60 c) von 72.

2 Wo ist die Menge aller Vielfachen richtig angegeben?

a) $V_{30} = \{60; 90; 120; 150, \dots\}$ b) $V_8 = \{8; 16; 24; 32; 40\}$ c) $V_{13} = \{13; 26; 39; 52, \dots\}$

3 Untersuche, ob die Zahlen 144, 2400, 4896 und 13 005 teilbar sind durch 2 (3, 4, 5, 9).

4 Vervollständige folgende Teilermenge: $T_{\square} = \{\square; \square; 9; \square; 33; \square\}$

5 Bestimme den ggT mit Hilfe der Primfaktorzerlegung:

a) 36 und 60 b) 72 und 180 c) 75, 90 und 225

6 Bestimme das kgV mit Hilfe der Primfaktorzerlegung.

a) 56 und 84 b) 35, 54 und 63 c) 28, 35 und 56

7 Jonas, Daniel und Jannik treffen sich am 1. Ferientag in den Sommerferien im Freibad. Jonas geht jeden dritten Tag zum Schwimmen, Daniel regelmäßig alle sechs Tage und Jannik jeden 5. Tag. An welchem Ferientag treffen sich die drei Jungen wieder gemeinsam im Schwimmbad?

8 Die Weide des Pferdezüchters Köllner ist 150 m lang und 144 m breit. Sie soll neu eingezäunt werden. An der Längs- und auch an der Breitseite sollen Pfosten in der gleichen Entfernung stehen. Berechne die größtmögliche Entfernung.

Flächeninhalt, Umfang

1. Verwandle in die angegebene Einheit.
   a) $3460\ km^2$ (ha) b) $333\ a\ (m^2)$ c) 50 000 a (ha) d) 1300 ha (km^2)

2. Berechne den Umfang und den Flächeninhalt des folgenden Rechtecks: a = 6,5 m; b = 4,4 m

3. Ein Bauplatz mit einem Flächeninhalt von $1215\ m^2$ hat eine Länge von 45 m. Wie breit ist er?

4. Ein 100 m langes rechteckiges Grundstück hat einen 320 m langen Zaun. Wie breit ist das Grundstück?

5. Maria hat quadratische Plättchen von 3 cm Länge. Aus 16 Plättchen legt sie ein neues Quadrat. Berechne den Umfang und den Flächeninhalt des neuen Quadrates.

6. Ein Garten mit den Seitenlängen 44 m und 24 m wird mit Maschendraht eingezäunt, fünf Meter kosten 8 €. Alle vier Meter wird ein Pfosten gesetzt, der Pfosten zu 2,90 €. Das Gartentor ist 4 m breit und kostet 38 €. Was kostet die Umzäunung?

7. Übertrage die rechte Figur in dein Heft und vervollständige sie zu einem Rechteck, das den gleichen Flächeninhalt hat wie der Stern.

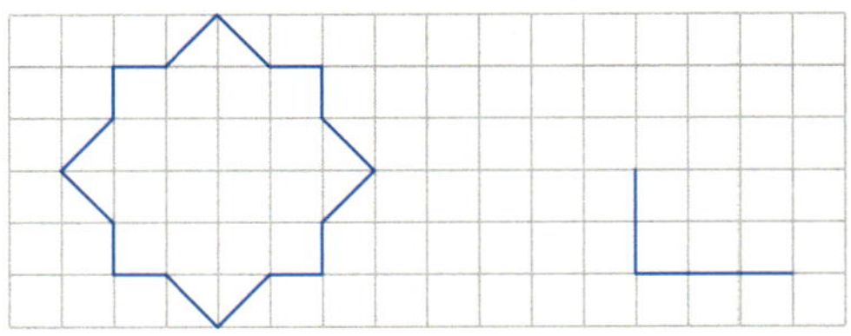

Volumen Oberfläche

1. Verwandle in die angegebene Einheit.
   a) $245\ cm^3\ (mm^3)$ b) $50\,000\ cm^3\ (dm^3)$ c) $30\ cm^3\ (mm^3)$ d) 124 hl (*l*)
   $700\ dm^3\ (cm^3)$ $3000\ mm^3\ (cm^3)$ $15\ dm^3\ (cm^3)$ 800 cl (*l*)
   $85\ m^3\ (dm^3)$ $5000\ dm^3\ (m^3)$ $4000\ cm^3$ (*l*) $26\ m^3$ (*l*)

2. a) Berechne das Volumen und den Oberflächeninhalt eines Würfels mit der Kantenlänge 12 cm.
   b) Berechne den Oberflächeninhalt und das Volumen eines Quaders, der 12 m lang, 4 m breit und 5 m hoch ist.

3. Ein Schwimmbecken ist 8 m lang, 3 m breit und 1,50 m tief.
   a) An den Wänden und auf dem Boden sollen quadratische Fliesen gelegt werden. Wie viel Quadratmeter Fliesen werden benötigt?
   b) Wie viel Liter Wasser können bis 20 cm unter den Rand des Beckens eingefüllt werden?

4. Die Baugesellschaft Peter + Pan baut die abgebildete Lagerhalle.
   a) Berechne den Inhalt der Dachfläche.
   b) Bestimme den umbauten Raum (das Volumen) des Gebäudes.

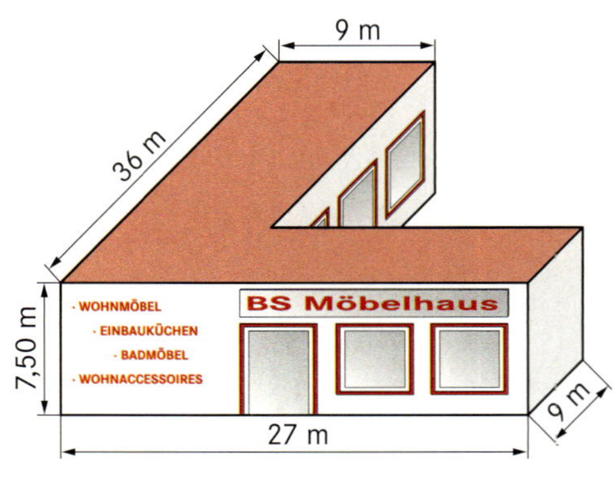

zu Seite 200 Zahlen – Daten – Zufall

1 1200, 3700, 5900

2 a) 3687 b) 111, 120, 210, 201,102, 300

3 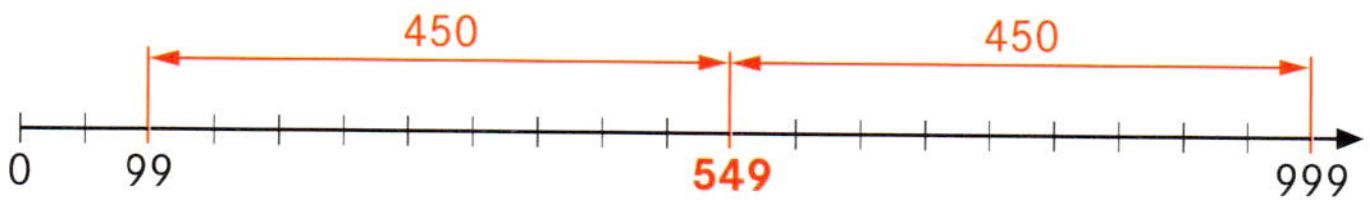

Die Skizze zeigt: Die richtige Antwort ist D.

4 4 1 8 5 12 9 16 13 20 17 24 Regel: plus 7; minus 3

5 a) 64 000
64 200
64 190

b) kleinster möglicher Betrag: 5 €;
größter möglicher Betrag: 14 €

6 a) Säulendiagramm b) Mit dem Bus kommen 480 Schüler.
c) Die Aussage stimmt. Grund: Zu Fuß oder mit dem Fahrrad kommen 650 (300 + 350) Schüler. Mit dem Bus oder der Bahn fahren 530 (480 + 150) Schüler.

7 a)

Körpergröße in cm	Anzahl
130 – 139	3
140 – 149	8
150 – 159	12
160 – 170	3

b) 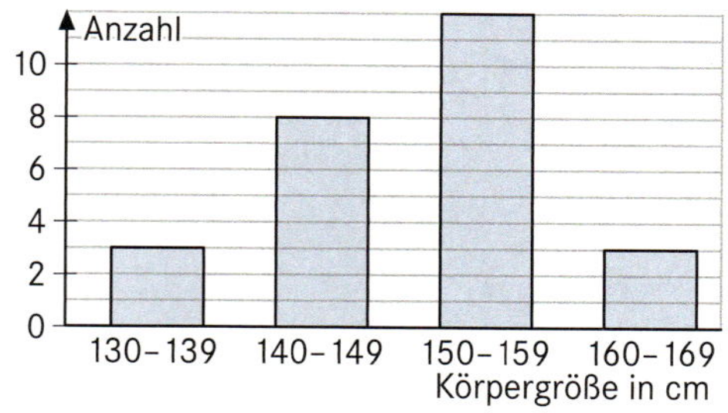

c) 11 Kinder müssten noch den Kindersitz benützen.

8 Alle Zahlen von 1 bis 6 sind möglich.

9 Wenn die 1 gewinnt, hat Tim mit der Münze bessere Chancen, da man bei der Münze durchschnittlich mit jedem zweiten Wurf mit einer 1 rechnen könnte. Wenn die 6 gewinnt, sind die Chancen für beide Spieler gleich.

---

zu Seite 201 Addition und Subtraktion

1 a) 10 416 b) 375 c) 5 851 909 d) 1 290 351

2 a) (69 + 31) + (137 + 23) = 260 b) (198 + 102) + (76 + 24) = 400 c) (238 + 132) + (147 + 233) = 750
Rechengesetze: Kommutativ- und Assoziativgesetz der Addition

3 a) 79 548 + 54 818 – (3509 – 955) = 131 812 b) 365 008 – (8247 + 3812) – 85 = 352 864

4 690 Schüler **5** Gruppe 1 mit den Zahlen: 1, 3, 6 und 8

Multiplikation und Division

1 a) 26 152 b) 2132 c) 1228480 d) 859

2 a) 239 · (4 · 25) = 23 900 b) (250 · 8) · 38 = 76 000 c) (50 · 20) · 27 = 27 000
Rechengesetze: Kommutativ- und Assoziativgesetz der Multiplikation

3 **A** falsch **B** richtig **C** falsch **D** falsch **E** falsch **F** richtig

4 a) 1019 b) 0 **5** 27 · 9 – 2184 : 12 = 61 **6** 18

7 a) $3^4 = 81$ $25^2 = 625$ $4^3 = 64$ $7 \cdot 10^6 = 7\,000\,000$ $4 \cdot 5^2 = 100$ $6^3 \cdot 3 = 648$
b) $1000 = 10^3$ $8 = 2^3$ $49 = 7^2$ $125 = 5^3$ $216 = 6^3$ $32 = 2^5$ $64 = 4^3$ oder 8^2

8 Es sind 1440 Tüten in einer Schulwoche.

9 Die zweistellige Zahl muss mit 101 multipliziert werden.
Beispiel: zweistellige Zahl 57 vierstellige Zahl: 5757 5757 : 57 = 101

---

zu Seite 202 Größen

1 a) 90 € b) 6006 Cent c) 38 000 g d) 10 kg e) 360 s f) 810 cm
g) 1835 m h) 0,30 m i) 12 h k) 72 h l) 324 s m) 15 min

2 a) 1 377 000 000 kg b) 25,50 € **3** 250 Züge **4** a) 80 Sekunden b) 360 000 €

5 a) 4750 m = 4,750 km
b) Der Weg verläuft sicher nicht gerade wie mit dem Lineal gemessen. Also ist er vermutlich länger.

6 1 Auto ist etwa 4,50 m lang; 1000 m : 4,50 m = 222 R 1. Es stehen etwa 222 Autos im Stau.

---

zu Seite 202 Geometrische Grundbegriffe

1 a) $\overline{AB} = 10$ LE b) das Dreieck ist gleichschenklig und rechtwinklig. c) D $(5|8)$

2

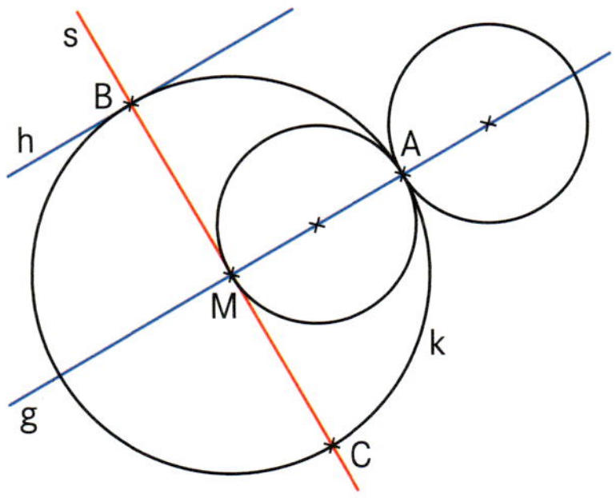

c) $h \perp s$
d) Der Durchmesser des Kreises, der A berührt, ist so groß wie der Radius $\overline{AM}$ des Kreises k.

3 C $(14|6)$; D $(2|8)$

zu Seite 203 Terme – Gleichungen – Ungleichungen

1 a) $\mathbb{L} = \{24\}$, b) $\mathbb{L} = \{11\}$, c) $\mathbb{L} = \{76\}$ d) $\mathbb{L} = \{3\}$ e) $\mathbb{L} = \{10; 11; 12; \ldots\}$,
f) $\mathbb{L} = \{0; 1; 2; 3; \ldots; 33; 34\}$, g) $\mathbb{L} = \{4; 5; 6; 7; \ldots\}$, h) $\mathbb{L} = \{7; 8; 9; 10; \ldots\}$

2 a) $1 + 12 < 22$
…
$9 + 12 < 22$
$x + 12 < 22$

b) $4 \cdot 13 > 50$
…
$x \cdot 13 > 50$

3 $x + 105 - 1005 = 10\,005$
Umkehrung der Rechenschritte!
$x = 10\,005 + 1005 - 105$
$x = 11\,010 - 105$
$x = 10\,905$

4 Setze für x Zahlen aus {2; 3; 4; … 10} ein und überprüfe!

a) $9 \cdot 2 + 13 = 49$ f
$9 \cdot 3 + 13 = 49$ f
$9 \cdot 4 + 13 = 49$ w
$\mathbb{L} = \{4\}$

b) $9 \cdot 2 - 13 = 32$ f
$9 \cdot 3 - 13 = 32$ f
$9 \cdot 4 - 13 = 32$ f
$9 \cdot 5 - 13 = 32$ w
$\mathbb{L} = \{5\}$

c) $9^2 + 1 = 82$ w
$\mathbb{L} = \{2\}$

5 a)

Anzahl der Elemente	1	2	3	x
Anzahl der Hölzchen	7 = $2 + 5 \cdot 1$ $7 + 5 \cdot 0$	12 = $2 + 5 \cdot 2$ $7 + 5 \cdot 1$	17 = $2 + 5 \cdot 3$ $7 + 5 \cdot 2$	$2 + 5 \cdot x$ $7 + 5 \cdot (x - 1)$

b) $2 + 5 \cdot x = 102$
$x = 20$
Antwort: Der Zaun mit 102 Hölzchen besteht aus 20 Elementen.

Teilbarkeit

1 a) Teiler von 48: 1; 2; 3; 4; 6; 8; 12; 16; 24; 48
b) Teiler von 60: 1; 2; 3; 4; 5; 6; 10; 12; 15; 20; 30; 60
c) Teiler von 72: 1; 2; 3; 4; 6; 8; 9; 12; 18; 24; 36; 72

2 richtig bei c)

3 144 teilbar durch 2; 3; 4; 9
2400 teilbar durch 2; 3; 4; 5
4896 teilbar durch 2; 3; 4; 9
13 005 teilbar durch 3; 5; 9

4 $T_{99} = \{1; 3; 9; 11; 33; 99\}$

5 a) ggT $(36; 60) = 2^2 \cdot 3 = 12$
b) ggT $(72; 180) = 2^2 \cdot 3^2 = 36$
c) ggT $(75; 90; 125) = 3 \cdot 5 = 15$

6 a) kgV $(56; 84) = 2^3 \cdot 3 \cdot 7 = 168$
b) kgV $(35; 54; 63) = 2 \cdot 3^3 \cdot 5 \cdot 7 = 1890$
c) kgV $(28; 35; 56) = 2^3 \cdot 5 \cdot 7 = 280$

7 kgV $(3; 5; 6) = 30$, d. h. 1. Tag + 30 Tage, d. h. am 31. Ferientag.

8 ggT $(150; 144) = 6$, größtmögliche Entfernung: 6 m

zu Seite 204 Flächeninhalt Umfang

1 a) 346 000 ha b) 33 300 m² c) 500 ha d) 13 km²

2 u = 21 m 80 cm, A = 2860 dm²

3 b = 27 m

4 b = 60 m

5 u = 48 cm, A = 144 cm²

6 (136 – 4) m Zaun, 34 Pfosten, 1 Tor 211,20 € + 98,60 €+ 38 € = 347,80 €

7 z. B. Länge: 5 Kästchen, Breite: 4 Kästchen

Volumen Oberfläche

1 a) 245 000 mm³; 70 000 cm³; 85 000 dm³ b) 50 dm³; 3 mm³; 5 m³
c) 30 000 mm³; 15 000 cm³; 4 *l* d) 12 400 *l*; 8 *l*; 26 000 *l*

2 a) V = 1728 cm³; O = 864 cm² b) V = 240 m³; O = 256 m²

3 a) A = 57 m²; b) V = 31 200 *l*

4 a) A = 486 m²; b) V = 3645 m³

Mengen

$\mathbb{N}$	Menge der natürlichen Zahlen	$\mathbb{N}_0$	Menge der natürlichen Zahlen einschließlich der Null
$\mathbb{G}$	Grundmenge	{a; b; c}	aufzählende Form der Mengendarstellung „Menge mit den Elementen a, b und c“
$\mathbb{L}$	Lösungsmenge		
Ø	Leere Menge		

$\in$	„… Element von …“	$\notin$	„… nicht Element von …“
$\subseteq$	„… Teilmenge von …“	$\nsubseteq$	„… nicht Teilmenge von …“

Beziehungen zwischen Zahlen

$=$	„… gleich …“	$\neq$	„… nicht gleich …“
$>$	„… größer als …“	$<$	„… kleiner als …“
$\geqq$	„… größer oder gleich …“	$\leqq$	„… kleiner oder gleich …“

$a \mid b$	„a ist Teiler von b“	$a \nmid b$	„a ist nicht Teiler von b“
$\approx$	„… ungefähr gleich …“	a^n	Potenzschreibweise für $\underbrace{a \cdot a \cdot a \ldots \cdot a}_{n \text{ Faktoren}}$
$\triangleq$	„… entspricht …“		

Geometrie

A, B, C …	Punkte	P(3∣4)	Punkt im Gitternetz mit dem x-Wert 3 (Rechtswert) und dem y-Wert 4 (Hochwert)
[AB]	Strecke mit den Endpunkten A und B	[AB	Halbgerade durch B mit dem Anfangspunkt A
$\overline{AB}$	Länge der Strecke [AB]	AB	Gerade durch die Punkte A und B
k (M; r)	Kreis mit dem Mittelpunkt M und dem Radius r	g, h …	Geraden
⦜	zwei Geraden schneiden sich unter einem rechten Winkel	$g \parallel h$	g ist parallel zu h
		$g \perp h$	g ist senkrecht zu h

Verknüpfungen von Zahlen

a + b	Summe (*lies:* a plus b)	a · b	Produkt (*lies:* a mal b)
a – b	Differenz (*lies:* a minus b)	a : b	Quotient (*lies:* a geteilt durch b)

Rechengesetze

Kommutativgesetz

$3 + 7 = 7 + 3$ $\qquad$ $3 \cdot 7 = 7 \cdot 3$

Assoziativgesetz

$3 + (7 + 5) = (7 + 3) + 5$ $\qquad$ $3 \cdot (7 \cdot 5) = (3 \cdot 7) \cdot 5$

Distributivgesetz

$6 \cdot (8 + 5) = 6 \cdot 8 + 6 \cdot 5$ $\qquad$ $6 \cdot (8 - 5) = 6 \cdot 8 - 6 \cdot 5$

Achsensymmetrie 128
Addieren 28
– Schriftliches ~ 35, 36
Assoziativgesetz
– der Addition 34
– der Multiplikation 46

Balkendiagramm 7
Basis 56
Baumdiagramm 65

Code 52

Dezimalsystem 16
Diagonale 117
Diagramm 7, 65
Differenz 29
Differenzwert 29
Distributivgesetz 47
Dividend 43
Dividieren 43
– Schriftliches ~ 59
Divisor 43
Dreieck
– Gleichschenkliges ~ 119
– Gleichseitiges ~ 119
– Rechtwinkliges ~ 119
Dreisatz 86
Dualsystem 18
Durchmeser 124

Element 14, 104
Elle 76
Ereignis 68
Ergebnis 68
Exponent 56

Faktor 43
FERMI 97
Flächeneinheiten 175, 176
Flächeninhalt 174
– des Quadrats 178
– des Rechtecks 178
Fuß 76

GAUß, CARL FRIEDRICH 62
Geld 78
Geobrett 114, 129, 171
Gerade 104
Gitternetz 107
Gleichung 139
– Allgemeingültige ~ 142
– lösen 139
– Nicht erfüllbare ~ 142
Größe 78
Größter gemeinsamer Teiler 152
Grundmenge 139, 144
Grundwissen 200
Grundzahl 56

Halbgerade 104
HEIN, PIET 160
Hochwert 107
Hochzahl 56

Klafter 76
Klammern 33, 47
Kleinstes gemeinsames Vielfache 152
Kommutativgesetz
– der Addition 34
– der Multiplikation 46
Koordinate 107
Kreis 124

Länge 78
Längeneinheit 12
LEIBNIZ, WILHELM 18
Liniendiagramm 7
Lösungsmenge 139, 144

Magisches Quadrat 39
Malkreuz 49
Masse 78
Maßeinheit 69, 175, 187
Maßstab 90
Maßzahl 78, 175, 187
Menge 14
Minuend 29
Mittellinie 117
Multiplizieren 43
– Schriftliches ~ 54

Nachfolger 12
Natürliche Zahlen 12
Netz 162

Oberfläche 191
– des Würfels 192
– des Quaders 192

Parallel 110
PICK, GEORG 127
PIPPI-Zahlen 35
Platzhalter 135
Potenz 56
Potenzieren 56
Primfaktor 153
Primzahl 149
Produkt 43
Produktwert 43
Prüfziffer 52, 53
Punkt 103
Punktrechnung 47

Quader 161
Quadrat 115
Quadratzahl 56, 58
Quersummenregel 151
Quotient 43
Quotientenwert 43

Radius 124
Rauminhalt 185
Rechenausdruck 33
Rechenbaum 33
Rechteck 115
Rechtswert 107
Römische Zahlen 19
Runden 21

Säulendiagramm 7
– zeichnen 8, 22
Schrägbild 165
Schritt 76
Senkrecht 110
Soma-Würfel 160
Spanne 76
Spitze-Fuß-Kopplung 28
Spitze-Spitze-Kopplung 29
Stellenwertsystem 16
Stellenwerttafel 16, 18
Strecke 103
Strichliste 8
Strichrechnung 47
Stufenzahlen 16, 18
Subtrahend 29
Subtrahieren 29
– Schriftliches ~ 35, 36
Summand 28
Summe 28
Summenwert 29
Symmetrieachse 128

Tabellenkalkulation 143
Teilbarkeitsregeln 150, 151
Teiler 147
Teilermenge 148
Teilmenge 144
Term 135
Termwert 135
Treppenskizze 86

Umfang 172
– des Quadrats 172
– des Rechtecks 172
Umfrage 7
Umwandlungszahl 176, 188
Ungleichung 144

Variable 135
Vieleck 121
Vielfachenmenge 148
Vielfaches 147
Viereck 114
Volumen 185
– des Quaders 189
– des Würfels 189
Volumeneinheiten 187, 188
Vorgänger 12

Würfel 161

Zahlenfolge 14
Zahlenhalbgerade 12
Zahlenmauer 27
Zahlenmenge 14
Zehnersystem 16
Zeit 78
Zufallsgerät 68
Zufallsversuch 68
– Einstufiger ~ 69
– Zweistufiger ~ 70
Zweiersystem 18

Bildquellenverzeichnis

A1PIX, Taufkirchen: 97 (Weißkohl); akg-images, Berlin: 18, 62, 76 (Leonardo Figur); alimdi.net, Deisenhofen: 6 (Thomas Müller – Kfz-Kennzeichen Libyen); alimdi.net, Deisenhofen: 135 (Michael Weber); Andy Tong Creations Company Limited, Hong Kong, China: 42 (CD Installation); Arco Images GmbH, Lünen: 6 (K. Hinze – Kfz-Kennzeichen Japan); argum, München: 97 (Volker Listl – Stau), 102 (Christian Lehsten – Schloss Herrenchiemsee – Innenraum); artur architekturbilder agentur, Essen: 158 (Stefan Müller-Naumann – BMW-Welt München); artvertise, Gütersloh: 63 (New York, Bahnhof „Grand central Terminal"); AVW Werbeagentur, Herrenberg: 194 (Aquarium); „Bayerische Verwaltung der staatlichen Schlösser, Gärten und Seen Schloss Nymphenburg, München": 130; Berschneider + Berschneider, Pilsach/Neumarkt: 158 (Erich Spahn – Museum Lothar Fischer); Biosphoto: 92 (Da Cunha Tristan); blickwinkel, Witten: 39 (L. Fohrer), 102 (Luftbild Bertram – Luftbild Herrenchiemsee), 103 (H. Kuczka), 194 (Luftbild Bertram – Hausdach); Blume Bild, Celle-Osterloh: 76 (Goliath-Haus); bridgemanart.com, Berlin: 64 (Würfel aus Knochen), 93; DB AG, Berlin: 82 (Roland Horn), 91 (Michalke); Wolfgang Deuter, Willich: 77 (AIDAblu); Deutsche Post AG, Frankfurt: 197 (PackSet), 197 (Postagentur); dpa picture-alliance, Frankfurt: 35 (dpa – Fotoreport); Christa Englmaier, Trostberg: 69; EUROPEAN SPACE IMAGING: 183; F1 Online, Frankfurt: 78 (RelaXimages RF); Fotex, Hamburg: 128 (Camerique – Blatt); Fotoagentur Visum, Hamburg: 24 (Andreas Meichsner); Fotostudio Druwe & Polastri, Weddel: 7, 12, 19, 33, 37, 52, 64 (moderne Würfel), 72, (Würfel), 79, 81, 88, 90 124, 128 (Klecksbild), 145, 150, 159, 160 (Soma-Würfel), 165, 171, 175 (Tafel, Parkplatz), 187; Getty Images (Geoff Du Feu), München: 128 (Schmetterling); IFA-Bilderteam, München: 110, 175 (Stadion, Dorf); Image Source, Köln: 42 (Staffel); Dieter Kannengießer: 77 (Afalina); Keystone Bilderdienst, Hamburg: 97 (Fermi); Karl-Heinz Kuhlmann, Bielefeld: 160 (Kinder basteln (2)); Helga Lade, Frankfurt: 102 (Schloss Herrenchiemsee – Ansicht); Bernd Liebau, Leipzig: 158 (Befreiungshalle Kehlheim), 184 (Riesenrucksack); Liebherr Hausgeräte GmbH, Ochsenhausen: 194 (Kühlschrank (2)); LIMA Deutschland, Eitorf: 50; LOOK GmbH, München: 6 (Jürgen Stumpe – Stop-Schild, Kfz-Kennzeichen Russland); Mauritius, Mittenwald: 192; Katja Mohr, Karsbach: 27, 73 (Spielkarten, Münzen); Heinz Morgenstern Foto-Service, Leipzig: 122; Boris Paulien, Hamburg: 77 (Aenne Rickmers); Photothek.net GbR, Radevormwald: 16 (Ute Grabowsky – Besucherzähler); Pictor Bildagentur, Hamburg: 195 (Schiff); Dieter Rixe, Braunschweig: 80; Katrin Schäfer, Hannover: 47; Schuster Bildagentur, Oberursel: 95 (Gewitter); Thomas Seilnacht, Schweiz, Bern: 121; Spedition Julius Mühleck, Bad Mergentheim: 197 (Umzugs-Lkw); STOCK4B, München: 95 (Derek Henthorn – Parkscheibe); Technisch-Grafische Abteilung Westermann, Braunschweig: 170; The Walt Disney Company (Germany) GmbH, Eschborn: 134; Frank Wilde, Hannover: 99; vario images, Bonn: 48, 184 (Safttüten), 197 (Spielzeugfigur); Arjan Verweij: 64 (Würfel aus Blei (2)); Volkswagen AG, Wolfsburg: 195 (Kofferraum); Klaus Wefringhaus, Braunschweig: 34; Josef Widl, Vogtareuth: 66; www.christoph-papsch.com, Bonn: 184 (Schulranzen); www.go-images.com, Mittenwald: 43 (Wolfgang Ehn); xd: 16 (Tacho); Zefa/Corbis, Düsseldorf: 131 (Fridmar Damm)

Illustrationen: Matthias Berghahn, Bielefeld

Technische Zeichnungen: Technisch-Graphische-Abteilung Westermann, Braunschweig

---

Lösungen zum Kopfrechentraining

Innendeckel vorn:

linke Seite: 9; 7; 54; 7; 42; 54; 64; 27; 7; 27; 9; 14; 7

rechte Seite: 4; 21; 42; 6; 27; 7; 55; 88; 56; 6; 35; 63; 108

Geometrische Tüfteleien

Innendeckel hinten:

linke Seite: **1** A 23; 10 B 33; 12 C 28; 15 **2** 1C 2D 3A 4B **3** 18 **4** e

rechte Seite: **1**

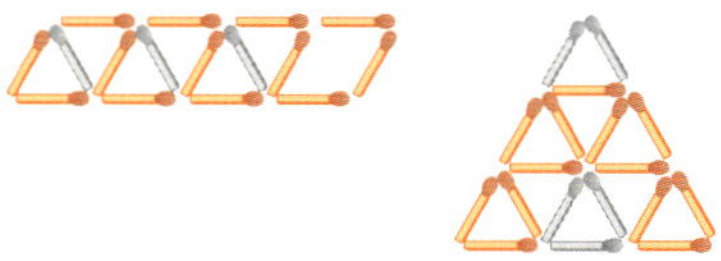

2 9 Quader

3

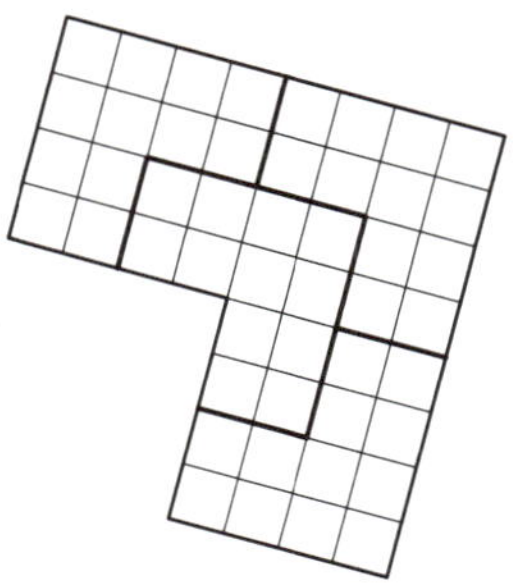

4 8 000

Geometrische Tüfteleien

1

Wie viele Würfel zählst du? Wie viele liegen auf dem Boden?

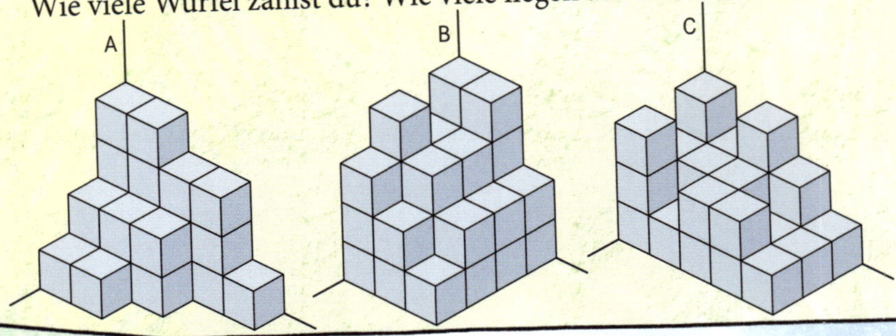

2

Welcher Schlüssel passt in welches Loch?

3

Wie viele Flächen hat dieser Körper?

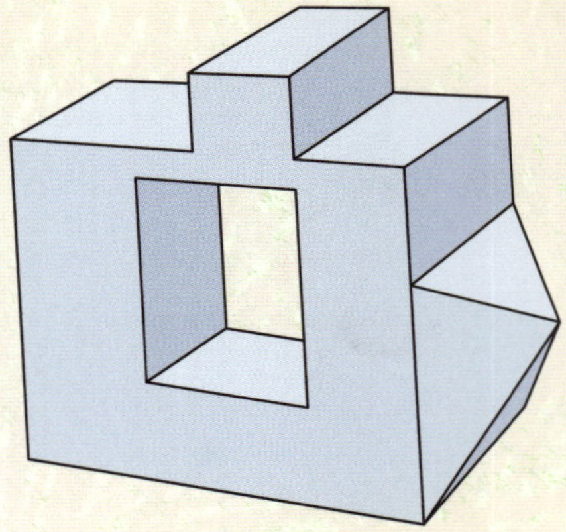

4

Welches Teil passt genau in das Werkstück?

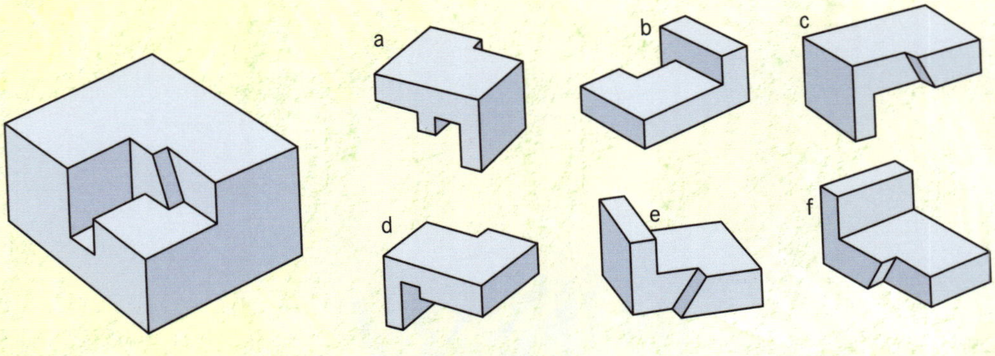